AF345225

DE LA

CRÉATION DE LA TERRE

ET DES CORPS CÉLESTES.

SAINT-CLOUD. — IMPRIMERIE DE BELIN-MANDAR.

DE LA CRÉATION

DE

LA TERRE

ET DES CORPS CÉLESTES,

OU EXAMEN DE CETTE QUESTION :

L'ŒUVRE DE LA CRÉATION EST-ELLE AUSSI COMPLÈTE POUR L'UNIVERS QU'ELLE PARAIT L'ÊTRE POUR LA TERRE?

PAR MARCEL DE SERRES,

CONSEILLER, PROFESSEUR DE MINÉRALOGIE ET DE GÉOLOGIE A LA FACULTÉ DES SCIENCES DE MONTPELLIER ;
CHEVALIER DE LA LÉGION D'HONNEUR.

Ecce enim ego creo cœlos novos et terram novam.
ISAIE, *Proph.* c. XLV, v. 17.

PARIS,

LAGNY FRÈRES, LIBRAIRES,

RUE BOURBON-LE-CHATEAU, 1.

1843.

A MONSIEUR

DE SALVANDY,

DE L'ACADÉMIE FRANÇAISE,
ANCIEN MINISTRE DE L'INSTRUCTION PUBLIQUE,
ETC.

MONSIEUR,

Je m'estime heureux de pouvoir vous offrir un travail destiné à éclaircir un des points les plus élevés de la science. Vous avez trop bien prouvé, par votre exemple, quelles ressources la culture des lettres peut fournir à l'intelligence, pour que je n'ambitionne pas votre suffrage.

Je dois cet hommage à l'académicien, qui, pendant son trop court ministère, a daigné m'honorer de sa bienveillance et de son intérêt.

Je suis avec respect,

Monsieur,

Votre très-humble et très-obéissant serviteur,

MARCEL DE SERRES.

Montpellier, juin 1842.

TABLE DES MATIÈRES.

AVIS DES ÉDITEURS.

Les soins que l'auteur de la *Cosmogonie de Moïse* a donnés à la seconde édition de cet ouvrage l'ont porté à concentrer son attention sur la création de la terre et de l'univers. Il a dû d'autant plus méditer ce grand sujet, qu'il avait à démontrer l'accord du récit de Moïse avec les faits de la science moderne.

En réfléchissant sur l'ensemble de ces faits, il lui a paru que si tout est achevé sur la terre, il est loin d'en être ainsi pour l'univers. Ce travail, destiné à l'établir, roule sur un des points les plus délicats et les plus élevés de la science. Malgré sa haute portée, il est écrit avec une telle clarté, qu'il peut être compris par toutes les intelligences : il se recommande donc à toutes les classes de lecteurs.

Ce nouvel ouvrage de M. de Serres offre encore un autre intérêt; on y trouve une défense du texte de la Genèse, et une réfutation des objections qui lui ont été adressées par le fils d'un des plus grands philosophes du siècle.

Les hommes éclairés accorderont à cette nouvelle œuvre la bienveillance avec laquelle ils ont accueilli la *Cosmogonie de Moïse*. Les deux ouvrages se confondront bientôt, nous l'espérons du moins, et se prêteront mutuellement appui.

Le public nous saura gré, sans doute, de la confiance que nous avons mise dans l'auteur de ce traité, et des efforts que nous avons faits pour le seconder dans ses vues uniquement dirigées vers le bien et le triomphe de la vérité.

PRÉFACE.

Avant d'entrer dans l'examen de la question que nous nous sommes proposé d'éclaircir dans cet ouvrage, qu'il nous soit permis de répondre aux *Observations* qui nous ont été adressées relativement à notre travail sur la cosmogonie de Moïse. Nous le devons d'autant plus que les recherches auxquelles nous allons nous livrer sont le complément et, pour ainsi dire, la conséquence de tout ce que nous avons écrit sur le premier et le meilleur des livres.

Nous remercions d'abord l'auteur de ces *Observations* du ton de politesse avec lequel il a présenté ses objections. Nous voudrions bien le remercier également ment au nom de la religion, dont il croit avoir servi les intérêts ; mais nous nous permettrons de lui faire remarquer qu'il paraît s'être éloigné du but qu'il s'est proposé.

Il est certains faits physiques dont il n'est plus

possible à l'époque où nous vivons, de contester et de nier la réalité; on le peut d'autant moins qu'on parle au nom d'une religion aussi amie des lumières que jalouse du bonheur des hommes.

Sans doute, ainsi que M. de Bonald l'observe lui-même dès le début de son livre, la révélation ne saurait être en désaccord avec la science; car la vérité est une, et ne peut souffrir le moindre partage. Mais il ne saurait ignorer que, dans le siècle dernier, où le scepticisme tyrannisait en quelque sorte l'opinion, on a constamment considéré comme inconciliables avec les livres saints, les faits physiques que l'on ne pouvait pas comprendre.

Dès lors n'est-il pas utile, et l'on pourrait peut-être dire nécessaire, de démontrer, en prouvant l'accord des faits géologiques avec les vérités révélées, que les progrès de la science ont détruit de fond en comble toutes ces hypothèses gratuites inventées par les philosophes du siècle qui vient de finir.

Eh quoi! les travaux des Cuvier, des Buckland et des Herschel auraient été inutiles, et nos efforts auraient été également vains pour suivre de loin l'exemple de ces grands maîtres? Tout au plus auraient-ils abouti à créer des suppositions hasardées, et à imaginer des systèmes bizarres. Mais n'y a-t-il donc pas quelque avantage à prouver à ceux qui ne croient pas à la révélation, que ce n'est point sans

— 3 —

raison que les Leibnitz, les Newton, les Pascal et les Bossuet ont incliné leurs fronts devant les saintes Ecritures? N'y a-t-il pas également quelque profit à faire sentir aux hommes qui ne sont point dominés par des idées préconçues, que l'Ecriture, source inépuisable de toutes les vérités morales, contient la substance des principaux faits physiques, que nous n'avons connus qu'après dix-huit siècles d'observation.

Aussi, en invoquant les progrès de la science, et cherchant à profiter de tout ce qu'ils nous ont récemment appris, nous avons cru reconnaître que le véritable sens du texte de la Genèse n'avait pas été encore bien compris. Nous avons particulièrement porté notre attention sur le mot hébreu *iom*, dont l'interprétation est d'une si haute importance pour saisir l'ensemble du récit de la création. C'est ce mot *iom* que, faute d'en comprendre toute la portée, on a traduit d'abord par ἡμέρα, puis par *dies*, et enfin par *jour*, comme s'il pouvait désigner un espace de temps aussi court que le sont les jours de vingt-quatre heures. Cette interprétation a paru à la fois singulière et surannée à l'auteur des *Observations ;* mais il s'agit de savoir si elle mérite ce double reproche.

Nous ferons seulement remarquer, relativement au dernier, qu'entre les traductions adoptées du mot *iom,* celle que nous avons suivie est la plus moderne de toutes. Elle serait même tout à fait de notre époque si saint Augustin ne l'avait en quelque sorte autorisée, en faisant observer qu'il était difficile de se prononcer sur la nature des jours de Moïse, quoiqu'il parût bien constant qu'ils ne pouvaient être semblables aux jours de vingt-quatre heures.

L'intervalle de temps nommé *jour* est mesuré par la révolution de la terre sur son axe, en présence du soleil éclairant; dès lors il n'y a pas eu de véritable jour avant le moment où le soleil a pu répandre d'une manière constante la lumière sur notre planète. Cet astre n'a reçu qu'à la quatrième époque les atmosphères lumineuses qui lui donnent ce pouvoir; aussi dès ce moment seulement il a été disposé à servir de signe pour séparer les temps et les saisons, les jours et les années, ainsi que le dit expressément le quatorzième verset de la Genèse.

Antérieurement à cette coordination du soleil, rien ne mesurait donc la durée du temps, et le temps proprement dit n'existait pas encore. Aussi, d'après la remarque judicieuse de M. Cahen (1), l'expression *iom* ne peut être considérée du moins pour l'intervalle écoulé avant l'appropriation ou la coordination

---

(1) La **Bible,** traduction nouvelle avec l'hebreu en regard, par S. Cahen, tom. 1, pag. 3, vers. 14.

de l'astre auquel nous devons le bienfait de la lumière, que comme exprimant l'idée d'une époque indéterminée. S'il en est ainsi pour cette première partie du récit de la Genèse, comment douter qu'il n'en soit pas de même relativement aux époques qui ont suivi cette coordination ?

La fausse interprétation donnée au mot *iom* en a fait admettre une non moins inexacte, pour les mots *ereb* et *boker* ; ces mots signifient non le soir et le matin d'un jour, mais la fin et le commencement d'une période. Une observation bien simple semble du moins le démontrer. Toutes les époques actuellement terminées offrent ce même refrain d'*ereb* et de *boker*, c'est-à-dire que les mots *de la fin jusqu'au commencement* y sont constamment répétés. Il n'en est plus de même lorsqu'il est question de l'époque à laquelle nous appartenons ; celle-ci, n'étant pas encore achevée, n'a pas dû avoir ce même refrain, quoiqu'elle ait eu plus d'un soir et plus d'un matin.

Pour donner au mot *iom* l'interprétation en faveur de laquelle M. de Bonald se prononce, on est forcé de prendre les expressions du cinquième verset de la Genèse, pour *jour, nuit, soir et matin*. Or, pour entendre ces expressions dans ce sens, il faut nécessairement concevoir le jour, comme la demi-révolution diurne, et la nuit comme l'autre partie de la même révolution. On est ainsi obligé d'admettre

la révolution diurne à une époque où le soleil n'a-
vait pas reçu ses atmosphères lumineuses, et où, par
conséquent, il n'était pas encore un corps éclairant.

Une pareille conséquence, aussi contraire à un fait
si clairement exprimé dans le quatorzième verset de
la Genèse, devrait rendre fort circonspect dans l'appréciation d'une interprétation qui a du moins l'a-
vantage d'être plus conforme au texte que celle que
l'on voudrait faire adopter.

Bossuet, Cuvier, Deluc et Champollion ont donc
eu raison de ne pas considérer le mot *iom* comme
exprimant des intervalles de temps aussi courts que
le sont les jours de vingt-quatre heures, mais bien
comme des époques indéterminées pendant lesquelles
ont été effectuées les opérations successives de la
création. Quoique cette opinion ait paru singulière et
surannée à M. de Bonald, elle est cependant la seule
qui se puisse concilier avec le texte, de même qu'avec
les faits physiques qui ont aussi leur autorité.

Puisque à ses yeux les Pères de l'Eglise ont pu, sans
trop accorder à la métaphore, prendre la création
partielle ou successive de Moïse comme une pure
fiction, on ne voit pas pourquoi il ne permettrait pas
de conserver exactement le sens de ce récit, et de donner au mot *jour* la signification qu'il a en hébreu.
M. de Bonald semble accorder trop facilement des

titres d'admission aux explications qui favorisent sa manière de voir, et ne pas agir de la même manière à l'égard de celles qui peuvent la contrarier.

Faut-il, par exemple, expliquer la création des sept époques ou *des sept jours?* Il regarde comme une haute sagesse de la part de Dieu d'avoir mis des intervalles entre ses créations ; et le Créateur lui paraît avoir montré par là qu'il agissait avec toute liberté, et sans fatalité. Lorsque ailleurs il incline à penser que le monde a été créé en un seul instant, ce mode de création lui semble plus digne de la toute-puissance divine, que celui qui le soumettrait aux lois du temps émanées cependant de la sagesse supérieure.

Si donc mon interprétation pouvait s'accorder avec ses idées, il trouverait probablement en sa faveur des raisons encore plus puissantes que celles qui me la font préférer. A la vérité, les faits ont pour moi une autorité qu'ils ne semblent pas avoir pour M. de Bonald ; voilà peut-être la cause de la divergence qui nous sépare.

L'auteur des *Observations* trouve également extraordinaire que l'on veuille déduire du texte de Moïse qu'il y a eu deux créations ; l'une qui se rapporterait aux corps célestes, et l'autre relative à l'organisation de la terre dans leurs formes et leurs dispositions actuelles. Nous le remercions de cette objection, puisqu'elle nous fournit le moyen de donner en quelque sorte une démonstration de ce point si important dans l'histoire de l'univers.

La solution d'un problème d'astronomie regardé jusqu'à présent comme tout à fait insoluble nous en donne, ce semble, les moyens. Ce problème est relatif à l'appréciation de la distance qui nous sépare des étoiles considérées à tort comme fixes; car il est maintenant reconnu qu'il n'en existe pas de pareilles, et que toutes se meuvent, mais avec des vitesses plus ou moins grandes. Cette appréciation avait été regardée jusqu'à nos jours comme tout à fait impossible à fixer avec quelque certitude. Cependant la distance qui nous sépare des étoiles appelées fixes a été appréciée par l'expérience directe au moyen de l'héliomètre, instrument à l'aide duquel on mesure la distance du soleil et des planètes.

M. Bessel a profité, pour observer la parallaxe d'une étoile fixe, de la précision des observations offertes par son héliomètre de Frauenhofer. Il a cherché, au moyen de cet instrument, à apprécier la parallaxe annuelle de la 61ᵉ étoile du Cygne, qui par son mouvement propre donne lieu à croire qu'elle est la plus rapprochée de nous. Elle présente, en outre, l'avantage d'être une étoile double, ce qui contribue à la précision des observations.

Parmi les étoiles qui environnent cette double,

M. Bessel en choisit deux qui sont en effet plus distantes que celles qu'il avait remarquées en 1834; comme
ces deux sont de la neuvième ou de la dixième grandeur, elles sont par conséquent assez lumineuses pour
pouvoir être observées presque toujours. L'une
est à peu près perpendiculaire à la direction de ces
deux étoiles qui composent la double; l'autre est
presque dans cette direction. M. Bessel observa donc,
au moyen de l'héliomètre, les distances de ces étoiles,
au point situé au milieu des deux étoiles de la double, ce qui est la méthode d'observation la plus précise.

D'après ce grand astronome, l'erreur moyenne de la
parallaxe annuelle de la 61e du Cygne ($= 0'',3136$)
étant $= \pm 0'',0202$, ne s'élève par conséquent qu'à
un quinzième de la valeur trouvée. De plus, son
influence sur les distances suivant assez bien la marche que la théorie prescrit, on ne peut plus révo-
quer en doute la sensibilité de la parallaxe de cette
étoile.

En la supposant $= 0,3136$, on trouve la distance
exprimée en demi-diamètre de l'orbite de la terre,
$= 657700$; la lumière emploie $10,3$ ans pour parcourir cette distance. Le mouvement apparent de la
61e du Cygne étant un arc de $5'',123$ de grand
arc par an, cette étoile et le soleil doivent avoir un
mouvement annuel relatif plus grand que 16 demi-

diamètres de l'orbite de la terre. L'aberration constante de l'étoile, causée par ce mouvement, doit s'élever jusqu'à 52″.

Si l'on parvient à connaître les éléments de l'orbite que les deux étoiles de la double décrivent autour de leur centre de gravité commun, on pourra déterminer la somme de leurs masses; mais les observations de la position relative de ces étoiles sont encore loin d'être suffisantes pour la détermination de l'orbite. Elles indiquent seulement que le mouvement angulaire est à présent d'environ deux tiers de degré par an, et que la distance apparente a passé son minimum (de 15 secondes environ) vers le commencement de ce siècle.

On peut seulement en conclure que le temps périodique surpasse 540 ans, et que la distance moyenne des deux étoiles se présente sous un angle plus grand que 15″. Si l'on voulait partir de ces nombres, on trouverait la somme des deux masses à peu près égale à la moitié de celle du soleil. Mais ce point de fait, quelque important qu'il soit, ne pourra être fixé que par des observations suivies pendant un temps assez long et suffisant pour la détermination de l'orbite. Quand des observations, séparées par de longs intervalles des lieux que la double occupera entre les petites étoiles environnantes, auront fait connaître son centre de gravité, on aura aussi les deux masses séparément ; mais il est aisé de juger qu'il n'y a pas moyen d'anticiper sur ces résultats.

M. Arago a fait observer, relativement à cette note que M. Bessel avait adressée à l'académie des sciences, qu'il avait lui - même inséré des détails curieux sur la parallaxe de la 61ᵉ étoile du Cygne, dans l'Annuaire du bureau des longitudes de 1834. Il y montre que la méthode des distances au zénith absolues, observées au cercle répétiteur, donne à peu près le même résultat que les mesures héliométriques de M. Bessel.

D'après l'idée, en général très-plausible, que les étoiles les plus brillantes doivent être les moins éloignées de la terre, les astronomes s'étaient anciennement accordés à chercher les parallaxes, surtout dans les étoiles de première et de seconde grandeur. Depuis, on a eu quelques raisons de croire que certaines étoiles peu remarquables par leur intensité pourraient se trouver parmi les plus voisines. Voici, du moins, sur quels indices on peut le présumer.

On appelait jadis les étoiles les *fixes*. Elles ne méritent pas cependant cette qualification. Toutes marchent en effet ; toutes ont un mouvement propre. Il ne faut pas entendre par là ces mouvements de circulation d'une petite étoile autour d'une grande ; mais d'un mouvement qui, depuis qu'on l'observe, a toujours été dirigé dans le même sens, et qui est destiné à la longue à mêler ensemble les étoiles de différentes constellations. Il est naturel de croire que, plus ce mouvement propre est fort, et plus l'étoile dans laquelle on l'observe doit être rapprochée de nous. D'après cette base, la 61ᵉ du Cygne, qui a un mouvement propre annuel de plus de 5 secondes, se présentait naturellement comme pouvant offrir des chances de parallaxe sensible.

Aussi MM. Arago et Matthieu l'observèrent avec beaucoup de soin pendant le mois d'août 1812, et pendant le mois de novembre suivant. La hauteur angulaire de l'étoile au-dessus de l'horizon de **Paris**, à l'une de ces époques, ne surpassa la hauteur angulaire observée à l'autre que de $\frac{6,6}{1000}$ de seconde.

Une parallaxe absolue d'une seule seconde aurait nécessairement amené entre ces deux hauteurs une différence de $1'', 2$. Leurs observations n'indiquent pas cependant que le rayon de l'orbite terrestre ou 39 millions de lieues, soit vu de la 61ᵉ du Cygne, sous un angle *d'une demi-seconde*. Mais une base vue perpendiculairement sous-tend un angle d'une demi-seconde, quand on en est éloigné de 412 mille fois 39 millions de lieues. Le nombre qui résulte de cette multiplication indique une distance que la lumière ne pourrait franchir en moins de six ans, quoiqu'elle parcoure, comme tout le monde sait, 80 mille lieues par seconde.

Cette étoile se déplace tous les ans en ligne droite, de plus de 5 secondes. A la distance qui nous en sépare, une seconde correspond au moins à 80 millions de lieues. Tous les ans la 61ᵉ étoile du Cygne parcourt au moins 400 millions de lieues, et cependant naguère on l'appelait une étoile fixe (1).

L'imagination s'effraye de pareils nombres; et nous-mêmes nous faisons tous les ans plus de 200 millions de lieues autour du soleil. Quelque grandes que soient ces distances, elles ne sont rien en comparaison de celles qui nous séparent des nébuleuses, et surtout des plus éloignées (2).

Voyons ce qui en est de leur éloignement. La voie lactée est une lueur blanchâtre produite par un

---

(1) *Comptes rendus de l'académie des sciences de Paris*, tom. VII. pag. 785, 1838.

(2) Les nébuleuses ne sont peut-être autre chose qu'une quantité prodigieuse d'étoiles infiniment éloignées et placées à peu près dans la même direction. C'est là l'opinion de tous les astronomes; elle n'est pas en opposition avec le texte des livres saints. Seulement ils ont exprimé ces idées dans un langage compris de tout le monde, à peu près comme celui dont la science elle-même a d'abord fait usage d'après les mouvements apparents des astres, et sur les faits tels qu'on les a jugés primitivement. Tout autre langage, surtout s'il avait été réellement scientifique, n'aurait pas été à la portée de toutes les intelligences; c'est ce que Moïse a voulu éviter.

nombre immense d'étoiles. Mais de ce que certaines d'entre elles ont une faible lumière, il ne faut pas en conclure qu'elles sont moins lumineuses en elles-mêmes que les autres. Sans doute, cela peut être vrai en général; mais il est extrêmement probable que, sur le nombre, il s'en trouve d'aussi grandes que les étoiles de première grandeur que nous connaissons. Or, pour qu'une étoile de première grandeur ne nous apparaisse que comme une étoile de seizième grandeur, telle que les plus faibles de la voie lactée, il faudrait que sa distance fût rendue environ 200 fois plus grande qu'elle ne l'est en réalité; alors sa lumière mettrait plus de 1,000 ans à arriver jusqu'à nous.

La distance est bien plus surprenante encore lorsqu'on considère celle qui nous sépare des nébuleuses. En effet, la voie lactée paraît, pour sa forme et sa constitution, tout à fait de même nature que ces nébuleuses : comme celles-ci sont en très-grand nombre, il n'est pas déraisonnable d'admettre qu'il y en a plusieurs qui égalent la voie lactée en grandeur réelle.

Si cette comparaison est juste, ainsi que tout porte à le supposer, il s'agit maintenant de savoir à quelle distance il faudrait reculer la voie lactée pour qu'elle nous apparût comme les plus grandes des nébuleuses. Le calcul prouve qu'il faudrait l'éloigner à 115 fois sa distance. Or nous avons déjà trouvé cette distance; la lumière la franchit en plus de 1,000 ans. Il faudra donc bien plus de 100,000 ans pour que la lumière nous arrive de la nébuleuse dont nous venons d'étudier la marche.

On peut même doubler ce nombre, en considérant qu'il est vraisemblable que nous sommes au milieu de la nébuleuse appelée voie lactée, et que la lumière doit mettre 2,000 ans pour parcourir le diamètre de cette même nébuleuse. Si en partant de ces faits, nous cherchons à quelle distance il serait nécessaire d'éloigner la voie lactée pour ne plus la voir que sous un angle de $\frac{1}{2}$ degré, qui est l'étendue des plus grandes nébuleuses, nous trouverons que cette distance est égale à 115 fois son diamètre, c'est-à-dire que la lumière ne la parcourt qu'en 115 fois 2,000 ans ou 230,000 ans. Tel est donc l'éloignement de plusieurs des nébuleuses, dont nous apercevons la lumière. C'est une conclusion surprenante sans doute; elle n'en est pas moins fondée sur des analogies bien admissibles, et ne se trouve en opposition avec aucun fait positif (1).

---

(1) Voy. Herschel, *Traité d'astronomie*, traduit par Augustin Cournot, pag. 416, Paris, Paulin, libraire, 1834, et l'*Uranographie* de Francœur, 4ᵉ édit., 1828, pag. 202.

S'il n'y avait eu réellement qu'une seule création, ou, pour mieux dire, si après la création des corps célestes ceux-ci n'avaient pas reçu des appropriations particulières à chacun d'eux, les étoiles, comme les nébuleuses, seraient de la même date que l'homme et n'auraient pas plus de 7,000 ou 7,500 années. S'il en était réellement ainsi, il y aurait aujourd'hui un grand nombre de nébuleuses dont la lumière ne nous serait point encore parvenue, faute du temps suffisant pour arriver jusqu'à nous.

Le nombre des nébuleuses que nous apercevons est déjà extrêmement considérable. Herschel les a divisées en trois classes ; il n'en compte pas moins de 2,300 parmi celles qu'il appelle nébuleuses proprement dites. Ce grand astronome rapporte à cette dernière classe les astres qui se forment tous les jours, par l'effet de la condensation de la matière éthérée, répandue, à ce qu'il paraît, en quantité immense dans les espaces célestes. Ces formations nouvelles n'ont que des analogies plus ou moins éloignées avec les nébuleuses de la voie lactée, dont nous apercevons la lumière malgré leur extrême éloignement. Elles en ont encore moins avec les aurores boréales, les aérolithes, les étoiles filantes et les comètes, quoique ces astres, aux premières périodes de leurs phases, paraissent également résulter de la condensation de la matière éthérée.

Si donc il n'y avait eu qu'une seule création, on devrait voir, chaque année, presque chaque jour, apparaître de nouvelles nébuleuses au milieu de la voie lactée. L'observation est loin de confirmer cette continuelle apparition, et qui prouve que cette dernière supposition est tout à fait gratuite. Le nombre de ces nébuleuses ne s'accroît que par la puissance des télescopes ou des lunettes que les astronomes emploient pour les découvrir au milieu de l'immensité de l'espace.

Du reste, si cette hypothèse, tout à fait contraire au système d'une création primitive et d'une organisation postérieure des corps célestes qui en aurait été l'objet, était exacte, le spectacle que le ciel aurait présenté aux premiers âges du monde, à Adam et à ses descendants, aurait été aussi extraordinaire que singulier. Le premier homme n'aurait pas vu, lors de sa venue sur la terre, une seule étoile au ciel ; le soleil, la lune et les planètes auraient été les seuls astres qu'il y aurait aperçus et dont il aurait joui pendant les premières six années. Au delà de cette époque, les étoiles auraient commencé à apparaître successivement, et dans un ordre inverse de leur distance à la terre. La voie lactée n'aurait donc présenté l'aspect qu'elle offre actuellement qu'au delà d'un certain nombre de siècles. Enfin aujourd'hui encore, ainsi que nous l'avons déjà fait observer, des étoiles et des nébuleuses devraient se montrer pour la première fois dans le ciel, c'est cependant ce que l'observation est loin de confirmer. Il faut l'avouer, de pareilles conséquences sont tout à fait inadmissibles; dès lors on est en droit de rejeter la supposition qui y a donné lieu. La création des étoiles et des nébuleuses a donc précédé la création de l'homme actuel d'un grand nombre de siècles; toutefois, il est impossible à la science actuelle de les fixer et même de les évaluer d'une manière approximative. On est ainsi amené, comme forcément, à admettre deux époques bien distinctes dans la création : la première ou la plus ancienne est celle où l'ensemble des corps célestes est sorti du néant à la voix du Créateur; la seconde, bien postérieure, serait celle où le soleil, les planètes, et particulièrement la terre, ont reçu leur organisation définitive, et sont parvenus à leur état actuel.

Notre globe ne pouvait en effet acquérir un état ferme et stable, que lorsque ses rapports avec le reste de l'univers auraient été définitivement réglés. Il fallait même que les précédentes créations eussent été entièrement accomplies, afin que la terre pût recevoir des végétaux et des animaux. Il était même nécessaire que les climats fussent parvenus à une stabilité assez grande pour que l'existence de l'homme ne fût pas compromise. Aussi est-il arrivé sur cette terre, le dernier entre les êtres vivants.

Alors seulement il a pu jouir du spectacle magnifique que Dieu lui avait préparé dans le firmament pour lui montrer à la fois, la variété de ses créations et l'étendue de sa puissance. Or un espace de temps considérable a été nécessaire pour que notre planète pût jouir de la lumière des étoiles, et des nébuleuses qui en sont encore plus éloignées. Cette nouvelle considération nous amène comme forcément à distinguer la création première, celle du ciel et de la terre, de celle où le soleil a reçu ses atmosphères lumineuses et a pu répandre ses rayons bienfaisants sur le globe terrestre.

Dans l'état actuel de la science, il n'est plus possible de contester que des révolutions ont eu lieu sur le globe avant la venue de l'homme, et qu'un temps, dont il est impossible de fixer la durée, a été nécessaire pour les accomplir. Mais, puisque M. de Bonald récuse tout ce que nous ont appris à cet égard les Cuvier et les Buckland, qu'il prenne la peine de fouiller le sol qu'il habite; il y découvrira des preuves irrécusables de ces anciennes révolutions que la terre a éprouvées successivement. Il y lira l'histoire des anciennes générations qui s'y sont succédé, et cela bien antérieurement à notre apparition. Il se convaincra ainsi que nous sommes les plus jeunes entre les êtres vivants, et le miracle qu'il veut voir dans ces grandes catastrophes géologiques, qu'il est le seul à récuser, disparaîtra peut-être à ses yeux.

L'habile écrivain que nous combattons paraît vouloir aller jusqu'à supposer que le monde a été créé avec ses fossiles, parce que les lois établies par le Créateur sont essentiellement conservatrices, et qu'il lui paraît difficile d'admettre qu'il ait créé des êtres pour les détruire. Sans doute nous reconnaissons avec lui que telles sont les lois établies par la puissance divine; toutefois il n'est pas possible de nier qu'il n'existe encore actuellement un assez grand nombre de phénomènes perturbateurs; non-seulement ces phénomènes troublent le repos des êtres vivants, mais ils menacent leur existence et l'anéantissent même parfois.

Ainsi puisque leurs effets détruisent souvent des villes populeuses, désolent même de vastes contrées, est-il donc si difficile de comprendre les effets qu'ont dû avoir pour les êtres vivants, le soulèvement de la chaîne de l'Himalaya ou des Andes, les plus jeunes entre toutes les montagnes qui hérissent la surface des continents? Est-il donc si difficile de saisir les conséquences qui ont dû résulter pour la terre de l'abaissement de la température? Car, que l'on ne s'y trompe point, les climats des pôles ont eu jadis une chaleur égale à celle qui caractérise maintenant les contrées équatoriales; tandis qu'une température de + 74° a jadis caractérisé ces dernières.

On voudrait que des causes aussi puissantes, et dont l'influence est si grande sur les êtres vivants, eussent été sans action sur ces mêmes êtres. Cela n'est ni possible ni admissible. Seulement la sagesse divine s'est manifestée en ce que ces causes ont essentiellement exercé leurs effets avant l'existence de l'homme, dont la vie n'a été compromise que par le déluge.

A la vérité, M. de Bonald semble supposer que tous ces phénomènes dont nous cherchons à régler l'étendue peuvent avoir eu lieu par la suspension des lois établies, ou bien parce que d'autres lois régissaient pour lors le monde. Sans doute tout est possible à Dieu, mais il semble peu rationnel de faire intervenir sa toute-puissance, et de lui faire intervertir l'ordre des choses créées, lorsque les effets produits s'expliquent naturellement par les causes actuellement agissantes. Si les agents physiques n'ont plus maintenant une influence désastreuse sur notre planète, ce n'est point parce que les lois auxquelles ils sont soumis ont été changées, mais uniquement par une suite de l'accroissement d'épaisseur de la croûte solide du globe, et la fixité actuelle des climats (1).

---

(1) Voy. notre chapitre sur l'avenir physique de la terre, dans le

Du reste, invoquer la toute-puissance de Dieu, lorsqu'il s'agit d'expliquer des faits saisissables et à la portée de notre intelligence, c'est éviter les objections, ce n'est pas produire un argument, c'est échapper à la discussion et la clore en réalité.

Je me permettrai encore de faire remarquer à l'auteur des *Observations*, que s'il avait voulu distinguer, avec le commun des hommes, les causes efficientes des causes occasionnelles, nos expressions n'auraient peut-être pas encouru ses reproches. En effet, puisqu'il a plu à Dieu d'employer des agents matériels pour réaliser ses desseins sur le monde, il est plus rationnel de penser que ces agents étaient soumis alors, comme aujourd'hui, aux forces qui les maîtrisent, et auxquelles nous ne les voyons jamais soustraits, de telle sorte que poser les uns, c'est admettre les autres.

Sans doute, d'après l'Ecriture, la mort n'est entrée dans le monde que par le péché; mais l'Ecriture a-t-elle voulu dire par là que les végétaux et les animaux n'eussent jamais péri avant la désobéissance de l'homme? Nous ne saurions le penser; car il faudrait admettre en même temps, que non-seulement les animaux sont susceptibles de péché, mais qu'il en est de même des végétaux. On ne saurait du moins

volume II de la seconde édition de la *Cosmogonie de Moïse*, Lagny frères, Paris, 1841, 2 vol. in-8°.

comprendre pourquoi si avant la chute de l'homme les premiers n'étaient jamais morts, il n'en eût pas été de même des autres.

Cette observation suffit pour faire saisir combien on s'écarte de la raison, lorsqu'on veut pousser à l'extrême un système qui cependant est vrai en partie. Quoique M. de Bonald, malgré sa haute perspicacité, paraisse ne pas beaucoup s'arrêter à l'autorité des faits, il nous permettra toutefois de lui faire observer que la mort des végétaux et des animaux était nécessaire pour compenser et arrêter leur excessive multiplication.

En effet, si les êtres vivants n'avaient pas dû périr, lors même que l'homme n'aurait pas été sujet à la mort, il n'y aurait eu bientôt plus de place sur la terre pour les contenir. Les animaux auraient fini par être plus nombreux sur le globe, que nous ne le sommes nous-mêmes dans les rues les plus fréquentées de Londres et de Paris. D'un autre côté, les animaux n'auraient pas dû se nourrir des végétaux; car par leur action constante ils auraient tendu autrefois comme aujourd'hui à les anéantir. Aussi la première végétation a-t-elle acquis un développement et une vigueur supérieure à celle des végétaux actuels (1).

____

(1) On ne peut pas faire la même objection par rapport à l'homme :

Cette végétation a été aussi florissante, et l'on pourrait dire aussi prodigieuse, quoiqu'elle eût beaucoup moins de terreau que celle qui brille maintenant à nos yeux, parce que rien n'en a suspendu l'effort. Mais si les animaux s'étaient accumulés sur la terre en nombre immense, puisqu'ils n'auraient jamais péri, les races herbivores auraient nécessairement mis un obstacle puissant à tout ce luxe de végétation.

Il y a plus encore, les animaux carnassiers n'auraient pas dû être créés ; car ils ne sauraient vivre sans détruire d'autres espèces. Cependant les races carnivores ont été aussi bien l'œuvre de la création que les espèces paisibles dont les végétaux sont l'unique nourriture. Dès lors, il est assez difficile de pouvoir admettre l'hypothèse que nous combattons.

On nous répondra peut-être que, si l'homme n'eût pas péché, les animaux n'auraient pas éprouvé le besoin de manger, et qu'alors les races carnassières n'auraient pas nécessairement anéanti les espèces herbivores. Nous accepterons, si l'on veut, cette objection ; sans doute c'est être peu exigeant, car il n'est

---

en effet, s'il n'eût pas péri, il n'aurait pas eu constamment la terre pour séjour. Une autre patrie lui était réservée, et par suite des desseins de la sagesse divine, il y aurait savouré de nouvelles et continuelles délices.

pas de physicien qui voulût souscrire à une pareille
concession. Mais nous ne saurions concéder que, pour
résoudre cette question, on ne dût pas faire la moindre attention au texte de la Genèse. Ainsi, d'après le
seizième verset du chapitre II, Dieu avait permis à
l'homme de manger des fruits de tous les arbres du
paradis terrestre, à l'exception de celui de la science
du bien et du mal. L'homme devait donc user de
nourriture même dans son innocence parfaite. Il y
a d'autant moins de doutes à cet égard, que le vingt-
neuvième verset du chapitre Ier, après avoir fait l'é-
numération des végétaux, dit expressément que Dieu
les donna à l'homme pour lui servir de nourriture, et
cela avant l'époque de sa désobéissance (1).

Lors même que l'homme n'aurait pas péché, il aurait toujours dû prendre des aliments ; dès lors il est
difficile de supposer qu'il ne dût pas en être de même
des animaux. Du moins, d'après leur organisation,
ceux-ci étaient soumis aux mêmes conditions d'existence, et par suite aux mêmes besoins que l'homme.

S'il pouvait s'élever quelques doutes sur cette nécessité commune, le texte les dissiperait encore de la
manière la plus complète. En effet le trentième verset
du chapitre Ier porte en termes exprès que Dieu a

---

(1) Voy. également le vers. 6 du chap. III de la *Genèse*.

donné tous les végétaux à l'homme pour lui servir de nourriture. Ainsi, d'après les faits, comme d'après la Genèse, les animaux créés avant l'espèce humaine ayant été organisés pour prendre des aliments, la mort a été une conséquence nécessaire de la vie. Dès lors il n'est pas étonnant, qu'ayant paru les premiers sur la terre, on découvre un si grand nombre de leurs débris dans les couches du globe. Cette circonstance prouve à elle seule qu'après une existence plus ou moins longue, les races auxquelles se rapportent ces restes ont dû nécessairement s'éteindre.

Si les animaux n'avaient pas dû périr, lors même que l'homme n'aurait pas désobéi, le serpent, cause première de cette désobéissance, aurait été non-seulement maudit entre toutes les bêtes, et réduit à ramper sur le ventre; mais de plus il aurait été condamné à mourir. Cependant Dieu ne prononça pas contre lui une pareille sentence, parce que, comme tous les autres animaux, le serpent était déjà sujet à la mort. Il n'en était pas de même de l'homme; aussi Dieu, en lui défendant de manger du fruit de l'arbre de la science du bien et du mal, l'avertit en même temps que, s'il en mangeait, il mourrait, sentence terrible qui suivit sa désobéissance (1).

---

(1) Voy. les vers. 17 du chap. II, et 14 du chap. III de la *Genèse*.

Si ces explications ne suffisaient pas, et si l'on voulait s'en tenir au texte de l'Ecriture rapporté dans le livre de la Sagesse que M. de Bonald a cité en entier, on ne serait peut-être pas plus avancé. D'après ce texte, Dieu n'aurait pas fait la mort, et aurait créé tout afin que tout subsistât (1). En effet, toutes les créatures peuvent avoir été saines dans leur origine, n'avoir eu en elles rien de contagieux ni de mortel, et cependant avoir été soumises à l'influence des agents destructeurs.

Ainsi, quoique les végétaux n'eussent en eux-mêmes, à leur origine, aucun principe de mort, les races herbivores pouvaient les anéantir, tout comme les effets de la dent meurtrière des carnassiers pouvaient faire succomber celles-ci, quoique aucun germe de destruction ne pût les faire périr naturellement. Peut-être doit-on entendre dans ce sens le passage du livre de la Sagesse; dès lors l'auteur des *Observations* aurait beaucoup trop compté sur ce texte pour le soutien de son opinion, aussi peu d'accord avec toutes les analogies qu'avec les faits les plus positifs.

M. de Bonald nous a fait également le reproche de

---

(1) Voy. le livre de la *Sagesse*, i, 13, et ii, 24, où on lit : *Invidia autem diaboli mors intravit in orbem terrarum*.

ne pas nous être conformé à la traduction latine de
la Genèse, d'avoir supprimé des conjonctions, et d'a-
voir changé la signification de certains mots adoptés
par les anciens traducteurs. Nous l'avouerons, nous
n'avons jamais eu égard aux traductions admises de la
Bible, toutes les fois qu'elles nous ont paru contraires
au véritable sens du texte. Ce n'est pas que les in-
terprètes qui l'ont fait passer de l'hébreu en grec et
du grec en latin n'aient beaucoup mieux connu que
nous la langue hébraïque; mais sans doute la science
n'était pas alors assez avancée pour qu'ils pussent
comprendre toute la portée du récit de la création.
C'est là probablement ce qui les a éloignés de l'admirable concision du Pentateuque, et même de l'exactitude de ce récit en ce qui touche l'ensemble des choses créées.

On nous objectera peut-être qu'il ne nous est
point permis de prendre une pareille licence, et de
donner une explication différente de celle de la Vulgate. Nous répondrons avec saint Jérôme, qui ne mé-
connaissait pas non plus l'autorité de la version des
Septante faite sur l'original hébreu, que toutes ces
traductions ne méritent pas la même confiance que le
texte, qui, dans le doute, doit toujours être préféré.

Nous ne voyons pas pourquoi il n'en serait pas de
même de la Vulgate, quoique cette version ait été
sanctionnée par le concile de Trente, et qu'elle ait été

déclarée authentique. Le concile n'a jamais défendu de recourir aux originaux et de leur accorder la préférence lorsqu'on pouvait en deviner le véritable sens; il a seulement décidé qu'il ne devait être suivi d'une manière littérale que dans les points relatifs à la foi, ou dans les dogmes essentiels à la religion. La controverse est permise, aux yeux de l'Eglise, à l'égard de la Vulgate, dans tout ce qui ne touche pas à des matières intéressant la foi et les mœurs.

Or, comme, dans les questions que nous venons d'examiner, rien ne peut ébranler la foi la plus vive, ni choquer les mœurs les plus pures, nous sommes autorisés à chercher, d'après les faits qui nous sont maintenant connus, si le texte des premiers chapitres de la Genèse a été bien compris dans les diverses versions que nous en possédons. Aussi persisterons-nous dans l'interprétation que nous avons adoptée après le plus mûr examen, tant qu'il ne nous sera point démontré que nous sommes dans l'erreur. La vérité, but unique de nos recherches, ne saurait être repoussée par nous, lorsqu'elle brille de ses vives clartés.

Les traducteurs du Pentateuque ont-ils bien saisi, par exemple, le sens du troisième verset de la Genèse, lorsqu'ils ont fait dire à Dieu : « Que la lumière soit faite, et la lumière fut faite; » tandis que le texte porte uniquement : « Lumière soit; lumière fut. » Ces mots sont non-seulement sublimes, en ce qu'ils indiquent qu'entre la volonté divine et l'action il n'y a point d'intervalle, mais parce qu'ils nous donnent l'idée la plus juste de l'apparition de la lumière, qui a jailli d'une manière instantanée à la parole du Tout-Puissant.

Il y a en effet une grande différence entre ces deux manières d'entendre le texte; la dernière, la seule qui s'accorde avec le sens naturel de l'hébreu, se concilie aussi d'une manière parfaite avec les découvertes les plus récentes sur le mode de propagation de la lumière. Nous ne nous arrêterons donc pas davantage sur cet objet, d'autant que nous l'avons discuté avec étendue dans la seconde édition de la *Cosmogonie de Moïse* (1). Nous éprouvons cependant le regret de n'avoir pas rendu ce passage d'une manière aussi concise dans notre traduction, et d'avoir trop sacrifié à notre langue dans son interprétation.

M. de Bonald, malgré ses habitudes de critique délicate, n'a pas craint de repousser avec une sorte de dédain la différence que Buckland a admise entre les verbes *bara* et *asah ;* car, entre l'action de créer et de coordonner ou d'approprier, il y a une distance

---

(1) Seconde édition, tom. I, pag. 40, 81, 226, 417 et suivantes, Paris, Lagny frères, libraires, 1841.

immense. Ainsi, lorsque Moïse nous parle de la création du soleil et des astres stellaires qui eut lieu dans le commencement, il se sert du mot *bara*, tandis que lors de la quatrième époque, où le soleil reçut ses atmosphères lumineuses, source à peu près unique de la chaleur et de la lumière pour la terre, il emploie au contraire le verbe *asah*. Or, je le demande à M. de Bonald lui-même, n'y a-t-il pas ici quelque diversité dans les termes? Dès lors, n'est-il pas du devoir de celui qui cherche à démontrer l'accord des faits physiques avec le récit de la création, de faire saisir cette différence. On le doit d'autant plus, que cette distinction porte sur un des points les plus importants du récit.

L'auteur des *Observations* l'a si bien saisi, qu'il en a convenu. « Vous voulez, dit-il, qu'à la quatrième époque Dieu ait disposé le soleil, la lune et les étoiles dans le ciel (1)?» Eh bien, à la bonne heure! cet aveu est naïf sans doute; mais ce que nous ne saurions concéder à M. de Bonald, et ce qui ne résulte nullement du texte de la Genèse, ni d'aucune de nos expressions, c'est que la terre ait reçu sa forme actuelle avant les autres corps célestes. En effet, notre planète et tous les corps de l'univers ont

---

(1) Pag. 29 des *Observations*.

été créés dès l'origine des choses; mais, après cette création générale, les astres ont reçu des dispositions particulières qui les ont amenés à leur état actuel. Moïse, dont le dessein était de faire connaître aux hommes le mode de formation de la terre, a insisté bien plus sur cette formation que sur la coordination des autres corps célestes. Dans le peu qu'il nous dit de ces derniers, il est facile de comprendre que le soleil et les étoiles avaient déjà reçu leur organisation complète, lorsque encore aucun animal n'existait sur la terre. Ainsi notre planète était loin d'être achevée, lorsque déjà le soleil et les étoiles brillaient au ciel et répandaient leur lumière, source de tant de biens. De même la terre donnait à son satellite une partie de la lumière qu'elle empruntait à l'astre du jour, et à son tour la lune diminuait l'obscurité des nuits terrestres.

Sans doute l'écrivain sacré a dépeint en quelques mots l'appropriation des étoiles; peut-être l'a-t-il fait pour prévenir les peuples confiés à sa sagesse que ces astres étaient aussi sortis des mains du Créateur. Mais puisque les étoiles, soleils d'autres mondes, dont nous ignorerons probablement toujours l'existence, vu l'immensité de l'espace qui nous en sépare, ont reçu seulement à la quatrième époque leurs dispositions définitives, les trois premières époques ne peuvent pas avoir été des jours semblables aux nôtres,

puisque rien n'en réglait encore la durée. Il a dû en
être également des époques suivantes, jusqu'à l'apparition de l'homme, par suite du temps nécessaire à
ce que leur lumière pût parvenir jusqu'à nous. Ainsi
la terre n'a pas été, et n'a pas pu être achevée en même
temps que les astres stellaires, destinés à vivifier par
la chaleur et la lumière qu'ils répandent les corps
planétaires de leurs systèmes.

Cette nécessité résulte de la nature des choses ;
aussi on ne conçoit pas trop comment Duguet a pu
voir dans le soleil un nouveau venu dans le monde,
« moins ancien que le jour, moins âgé qu'une fleur,
moins nécessaire qu'aucun des effets qu'on lui attribue (1). » Pourtant il ne peut y avoir de jour sans
soleil, pas plus que sans soleil il ne peut y avoir de
fleurs. Il faut en quelque sorte fermer les yeux à
l'évidence, pour ne pas reconnaître que tous les
mouvements qui ont lieu ici-bas dépendent de l'action des rayons solaires.

Par cette action les eaux des mers circulent en vapeur à travers les airs, arrosent la terre en faisant
naître les sources et les rivières. Elle produit également l'agitation de l'atmosphère et les dérangements
de l'équilibre électrique de cette vaste couche aéri-

---

(1) Duguet, *Ouvrage des six jours.*

3

forme, qui donnent naissance aux phénomènes du magnétisme terrestre. A son influence lumineuse sont dus les dérangements d'équilibre chimique des éléments, dont les compositions et les décompositions donnent lieu à de nouveaux produits, occasionnent des transports de matériaux, et mettent la nature dans un mouvement continuel.

L'état de lente dégradation des matériaux solides de la surface de la terre, qui produit les principaux changements géologiques et la diffusion de ces solides dans les eaux de l'Océan est encore sous sa dépendance. De même, par l'action vivifiante des rayons solaires, les végétaux, après avoir été formés aux dépens de la matière inorganique, servent à leur tour à l'entretien des animaux et même à celle de l'homme. Il y a plus encore, la chaleur a jadis converti les végétaux de l'ancien monde en de grands dépôts de force mécanique, devenus de nos jours la source de tant d'industrie, l'on pourrait presque dire, de tant de merveilles.

Aussi l'organisation, le sentiment, le mouvement spontané, la vie, n'existent à la surface de la terre que dans les lieux exposés à la lumière solaire. La fable du flambeau de Prométhée était donc l'expression d'une vérité philosophique qui n'avait point échappé aux anciens. Sans la lumière, la nature serait sans vie ; elle serait morte et inanimée. Un Dieu bienfaisant, en l'apportant sur notre globe, y a répandu l'organisation, le sentiment et la pensée, émanation sacrée de sa toute-puissance (1). La nature, dans son admirable simplicité, a donc mis les principaux phénomènes du monde matériel sous la dépendance de l'action solaire. Antagoniste de l'attraction ou de la force de condensation, elle la règle et en détermine l'intensité, depuis qu'à la quatrième phase de la terre, elle en a reçu le pouvoir.

A la vérité, l'action solaire n'a pas été constamment la seule force dominante à la surface du globe ; la chaleur centrale y a longtemps exercé son influence. Peut-être l'affaiblissement de cette source de chaleur a-t-elle été la cause de la destruction des anciennes générations, dont les couches fossilifères nous ont conservé les restes. Mais ces débris d'êtres, qui jadis ont vécu, sont, par rapport à l'histoire de la terre, ce que les médailles et les ruines sont par rapport à l'histoire du genre humain. A leur aide, nous pouvons jeter quelques jalons dans le passé et fixer quelques dates relatives pour des temps qui n'ont jamais eu aucun homme pour témoin.

---

(1) Paroles de Lavoisier dont M. Dumas, dans sa leçon sur la statique chimique des êtres organisés, a fait une si brillante application. Paris, 1841, Fortin Masson, libraires, in-8°.

Une grande différence existe cependant entre ces deux chronomètres ; le premier ne peut en effet nous donner des dates précises, mais seulement nous permettre d'établir quelques relations entre les époques où se sont passés ces divers événements. Au moyen du second de ces chronomètres, nous supputons les temps avec une exactitude rigoureuse ; car des dates précises sont souvent écrites sur les ruines elles-mêmes ou sur les médailles destinées à perpétuer le souvenir d'un fait historique. D'ailleurs, d'après les caractères de l'architecture de ces ruines, ou l'habileté avec laquelle ces médailles ont été frappées, on parvient presque toujours à remonter jusqu'à l'époque précise qu'elles rappellent.

C'est là tout ce que les recherches de la géologie nous ont permis de faire ; loin que l'on doive s'en étonner avec l'auteur des *Observations*, il y a lieu d'espérer que, par suite des progrès de la science, elles acquerront dans peu un plus grand degré de certitude. Ces recherches nous apprennent que les végétaux terrestres ont précédé de beaucoup les espèces animales qui habitent également les terres sèches et découvertes. Cette primitive végétation a été néanmoins accompagnée par quelques animaux à respiration aérienne. Ceux-ci s'y trouvent en si petit nombre (à peine en connaît-on cinq ou six individus), qu'ils ne méritent presque pas d'être cités comme une exception à la grande loi établie dans le récit de la création.

L'apparition des animaux habitant les terres sèches et découvertes aurait donc eu lieu en même temps que celle des végétaux ; sous ce rapport, l'observation des couches fossilifères ne confirmerait pas entièrement la Genèse. Ce fait nous a valu les reproches de M. de Bonald ; mais nous avons fait saisir son peu d'importance relativement à l'autorité de l'Ecriture, qui ne peut cependant être en opposition avec les phénomènes physiques.

Cet habile écrivain aurait dû comprendre toute la portée de nos observations ; mais, puisque nous avons eu le malheur de ne pas nous faire comprendre, nous allons encore mieux exprimer notre pensée.

La science admet *à priori* que les végétaux terrestres ont dû précéder les animaux qui ont le même genre de station. Elle se fonde à cet égard, sur la nécessité que des plantes fussent répandues en certain nombre à la surface du globe lors de l'apparition des animaux, les végétaux devant fournir à ces derniers les matériaux propres à les alimenter. D'un autre côté, elle admet encore que les espèces herbivores ont dû précéder les races carnassières, puisqu'en définitive elles leur servent de nourriture. De même, les animaux qui se nourrissent à la fois de plantes et de chair devaient être les derniers à arriver sur la terre, les êtres des deux règnes étant nécessaires à leurs besoins, ainsi qu'à leurs conditions d'existence.

Cette supposition, dont le plus simple raisonnement démontre assez l'exactitude, est loin d'être gratuite; elle est démontrée à la fois par les faits et par le texte de la Genèse. En effet, d'après les recherches géologiques, comme d'après l'Ecriture, l'homme omnivore par excellence, le plus jeune entre les êtres vivants, a couronné l'œuvre de la création. Ainsi Moïse a connu, soit par inspiration, soit tout autrement, ce que la science la plus haute vient de nous révéler et de nous apprendre.

L'objection que l'auteur des *Observations* emprunte à M. Buckland, sur la présence des animaux marins dans les mêmes terrains de transition où l'on observe un grand nombre de végétaux terrestres, n'est pas aussi grave qu'elle paraît l'être au premier aperçu. Ces animaux, habitant le sein des mers, n'ont aucun rapport avec ceux dont l'influence est si grande sur les plantes terrestres. Aussi ne voit-on presque aucune trace de ceux qui vivent sur les terres sèches et découvertes, au milieu des débris de l'ancienne végétation, ainsi que nous venons de le faire observer.

Moïse a donc dû porter uniquement son attention sur les végétaux terrestres et sur les animaux qui habitent aussi les terres sèches et découvertes. Dès lors il a eu raison de dire que les premiers avaient paru avant les seconds; car il y avait à cet égard nécessité, et nécessité absolue. Aussi la science la plus positive est-elle forcée de l'admettre.

On peut du reste remarquer que les animaux des terrains de transition sont réduits à des invertébrés et à la classe la moins avancée sous le rapport de l'organisation des vertébrés, c'est-à-dire à celle des poissons. Cette classe, la moins importante de toutes celles des animaux à vertèbres, sous le point de vue de ses dimensions, est aussi celle qui frappe le moins les regards et qui échappe le plus à nos investigations. Peut-être ces motifs ont porté l'écrivain sacré à ne point en faire mention dans la première partie de son récit; dès lors on ne saurait lui en faire un reproche.

Cette discussion nous amène, comme malgré nous, à faire, relativement au travail de M. de Bonald, une réflexion qui nous paraît n'être pas sans fondement. En écrivant la *Cosmogonie de Moïse*, notre but a été de montrer que le récit que nous devons au législateur des Hébreux sur la création est d'accord avec ce que la science la plus haute nous a dévoilé ; les progrès de l'intelligence nous révèlent donc de plus en plus ce qu'il y a d'admirable dans le premier et le meilleur des livres. Nous ne l'avons cependant considéré que comme une œuvre humaine, et non comme une œuvre inspirée; car si nous l'avions envisagé sous ce dernier point de vue, nous n'aurions pas pu l'étudier, ainsi que nous l'avons fait, sous un rapport purement scientifique.

Nous avions cru nous être mis par là à l'abri de toute accusation d'hétérodoxie; pourtant le paragraphe de la page 39 des *Observations* tend de fait, sinon d'intention, à mettre le lecteur en défiance contre nos principes. Il nous importe donc à plusieurs égards de réduire à leur juste valeur les reproches que l'on nous a adressés; ils sont trop graves pour être passés sous silence.

M. de Bonald ne contestera pas sans doute qu'un fait présente plusieurs faces. L'expression de ce fait est susceptible d'autant de considérations que ce fait présente de points de vue particuliers. Vue par certain côté isolément, cette expression peut présenter quelque obscurité à cause de l'ignorance, de la prévention ou de tout autre motif. Ces propositions que vous acceptez, je pense, contiennent tout juste ma réponse à votre accusation.

En effet, la création du monde est un fait dont le récit de Moïse est l'expression. Ce récit peut être examiné sous divers points de vue. Il peut l'être sous un côté religieux, ou sous un aspect historique, ou enfin sous ses rapports scientifiques.

Il est donc permis de s'assurer si ce récit est aussi bien confirmé par la science géologique que par les monuments historiques? C'est même sous ce double rapport que nous l'avons étudié dans notre seconde édition. Mais, lors même qu'il nous serait arrivé de conclure à cet égard d'une manière négative, la théologie la plus sévère ne pourrait incriminer nos conclusions; car, dans l'infaillibilité de ses vues, elle n'y verrait que l'impuissance de la science, ou une nouvelle preuve de l'insuffisance des documents historiques, lorsqu'ils s'appliquent aux premiers âges de l'humanité.

Personne plus que moi ne s'incline devant l'immuable et suprême vérité des livres saints. Désireux toutefois d'examiner le récit de la Genèse sous un rapport historique et scientifique, de le mettre en rapport avec les découvertes actuelles, il m'a paru important, indispensable même, de rappeler ce but aux personnes qui jetteraient les yeux sur mon livre. Si donc en le parcourant des difficultés se sont offertes à leur pensée, elles n'ont pas pu se méprendre sur la valeur de nos paroles. Nos avertissements étaient donc nécessaires afin que nos expressions ne fussent pas prises comme ayant une valeur absolue, mais uniquement relative.

Il serait souverainement injuste de rendre la religion, c'est-à-dire la vérité, justiciable en quelque sorte de l'impuissance de la science ou de l'incertitude de l'histoire : cela me paraît assez évident pour ne pas devoir y insister plus longtemps ; seulement M. de Bonald, par suite de sa loyauté, voudra bien convenir qu'il a prêté à nos paroles une signification par trop favorable à son système d'objections.

Etudions maintenant le passage qui a excité la censure de l'auteur des *Observations*, afin que l'on puisse juger avec connaissance de cause de l'état de la question. Il fait observer que nous ne nous sommes pas prononcé sur ce qu'il y a de surnaturel dans les causes du déluge. Nous avons dit, en effet, « que s'il ne nous était pas donné de soulever le voile qui couvre ce grand phénomène, il nous était permis du moins d'apprécier les causes probables et naturelles qui ont pu l'opérer. »

Nous ne pouvions pas prononcer en théologien sur ce qu'il peut y avoir de surnaturel dans cette catastrophe. Nous l'avons examiné, comme tout autre phénomène naturel, d'après les lois connues et maintenant établies, et nous l'avons ainsi étudié sous le point de vue historique et scientifique, c'est-à-dire dans le sens des paroles dont M. de Bonald a cru pouvoir s'armer contre nous.

Les physiciens ne sauraient être satisfaits de tout autre genre d'explication ; car ils admettent avec beaucoup de difficulté les interprétations qui, pour faire comprendre un fait précis, ont recours à une interversion des lois de la nature. Aussi, pour rendre raison de cette catastrophe, ont-ils supposé qu'il ne serait pas impossible que le soulèvement de la chaîne des Andes eût influé sur sa grandeur et sur son étendue. Du moins cette chaîne, qui traverse en entier le nouveau monde, paraît être sortie la dernière du sein des eaux ; comme elle a soulevé tous les terrains antérieurs aux dépôts diluviens et a laissé ceux-ci intacts, elle se rapporterait presque à la même époque que le déluge.

Mais y a-t-il dans ce soulèvement, comme dans ceux qui ont produit les chaînes des Alpes, de l'Himalaya ou des Pyrénées, quelque chose de miraculeux, ainsi que le suppose M. de Bonald ? C'est ce que nous ne pouvons lui concéder ; il nous paraît en effet peu fondé, lorsqu'il dit « que, miracle pour miracle, il aime autant la pluie de Moïse et l'ouverture des cataractes célestes, que ces exhaussements qui, à ses yeux, ne sont pour rien dans le déluge. »

Les événements auxquels sont dues les diverses chaînes de montagnes, sont des événements nécessaires dans l'histoire physique de la terre. Notre planète devait en effet présenter des inégalités plus ou moins considérables, afin de permettre aux eaux du ciel de se distribuer sur ses diverses parties. Elles étaient peut-être encore plus nécessaires, à raison de

l'influence qu'elles exercent sur les principaux phénomènes atmosphériques. Aussi l'inégalité du sol est
probablement une condition des astres planétaires,
même de ceux qui, comme notre satellite, sont dépourvus d'atmosphère, ou n'en ont qu'une excessivement rare et extrêmement déliée.

Quoi qu'il en soit de cette dernière conséquence, les
montagnes étaient dans l'organisation de la terre une
nécessité d'autant plus grande, qu'offrant de grandes
masses d'eau, notre planète est aussi environnée
d'une vaste couche aériforme, où est disséminée une
quantité variable de vapeur aqueuse. Cette vapeur
y étant maintenue par l'évaporation d'une manière
constante, il fallait, pour qu'elle pût entretenir les
mers et les rivières, qu'en se répandant sur la surface
du sol elle pût s'écouler vers leurs bassins. Les montagnes et les inégalités de la croûte superficielle ont
non-seulement facilité cet écoulement, mais seules
l'ont opéré; car il n'aurait pas été possible, si elles
n'avaient pas existé.

Elles sont donc chargées de faire profiter les portions des continents hors du sein des eaux, de cette
réciprocité de services qui, par l'effet de la chaleur et
d'autres causes extérieures, maintient les pluies en
rapport avec la marche et la mesure de l'évaporation.
Sans doute les rapports de ces deux ordres de phénomènes sont réellement admirables par leur stabi-

lite ; mais, quoique merveilleux, ils ne tiennent nullement du miracle, ainsi que le suppose l'auteur des *Observations.*

Sans doute la science ne peut admettre, dans son état actuel, que les eaux du déluge se soient élevées au-dessus des plus hautes montagnes ; car les dépôts de cailloux roulés qui prouveraient la réalité de ce fait ne se montrent jamais à une aussi grande hauteur. Les dépôts diluviens se rencontrent à peu près uniquement sur les portions les plus abaissées de notre planète ; ils ne dépassent guère 2,000 ou 3,000 mètres au plus. La chaîne de l'Himalaya présente cependant plusieurs pics dont l'élévation n'est pas moindre de 8,000 mètres au-dessus du niveau des mers.

D'un autre côté, si l'exhaussement de la chaîne des Andes a exercé une grande influence sur le déluge et l'a occasionné, du moins en partie, par le dérangement qu'il aurait produit dans la masse des eaux existantes, son effet nécessaire et naturel a été de porter ces portions des continents hors du sein des eaux. Aussi est-ce seulement au pied de la longue chaîne des Andes, et bien au-dessous des pics du Nevado de Sorata, d'Illimani ou du Chimborazzo, dont le plus haut n'a pas moins de 7,696 mètres, que l'on découvre des traces du diluvium. La plus grande partie de la chaîne, et surtout les points les plus élevés en sont complétement dépourvus; comme nulle part on n'observe le moindre dérangement dans la position horizontale des dépôts diluviens, ceux-ci n'ont pas dû être déplacés par le soulèvement de la chaîne, au pied de laquelle ils sont dispersés.

En examinant donc la question sous un rapport purement scientifique, nous avons dû chercher à concilier la Genèse avec ces faits, qui ne sont ignorés d'aucun physicien. Il nous a paru que, comme Moïse était loin de connaître toutes les montagnes de la terre, il était probable qu'il n'avait porté son attention que sur celles qu'il connaissait. Il n'avait probablement nulle idée de l'élévation des pics de l'Himalaya, des Andes, ou de ceux qui font partie de la chaîne des Alpes. Par suite de cette exagération si familière au style oriental, et dont peut-être ce grand législateur n'a pas su toujours se préserver, il a pu supposer que les eaux du déluge s'élevèrent de quinze coudées au-dessus des plus hautes montagnes.

Il serait possible cependant, que le texte n'eût pas été parfaitement compris, et n'eût pas reçu sa véritable interprétation. Si cet examen ne devait pas nous entraîner beaucoup trop loin, nous porterions maintenant l'attention sur cet objet; mais, comme nous nous proposons d'y revenir plus tard, nous n'en dirons pas davantage pour le moment. Du reste, tout

ce que Moïse a voulu dire, c'est que les eaux cou-
vrirent tous les lieux habités, même les plus élevés,
de manière à engloutir l'espèce humaine, à l'exception du petit nombre d'hommes que Dieu avait voulu
épargner.

Ce qu'il y a de grand et d'important dans ce cataclysme, c'est la destruction du genre humain : quant
à l'élévation plus ou moins grande des eaux qui
avaient occasionné le déluge, elle était tout à fait in-
différente; il suffisait aux desseins de la haute sagesse qui l'avait ordonné, que cette élévation fût
assez considérable pour dominer tous les points habités par l'homme. C'est là le fait essentiel, et, pour
ainsi dire, le fait unique, qu'il faut prendre dans le
récit que Moïse nous a donné de cette grande et terrible catastrophe. En l'envisageant sous ce point de
vue, la science peut s'accorder avec l'Ecriture. Sans
doute, la Bible n'a pas besoin de l'appui des connaissances humaines; toutefois cet accord est un avantage que le théologien le plus sévère ne peut et ne
doit dédaigner.

On n'est donc plus dans le vrai lorsqu'on ne veut
pas comprendre l'intérêt que peut avoir la religion
à montrer l'harmonie qui existe entre les faits rapportés par la Genèse et ceux que l'observation nous
a dévoilés. On ne peut guère ignorer que tous les
hommes éclairés ne partagent pas l'inflexible rigi-

dité de certains théologiens, et qu'il n'est pas sans quelque importance de chercher à les concilier avec l'extrême rigueur de leurs opinions.

Aussi avons-nous pris la plume pour leur montrer que Moïse, considéré non comme un homme inspiré, mais seulement comme un homme ordinaire, avait été singulièrement au-dessus de son siècle et nous avait laissé une cosmogonie dont l'exactitude se vérifie chaque jour. Déjà, par suite des progrès toujours croissants de la science des faits, et les recherches philologiques, Moïse est sorti victorieux de cette lutte dont il a été si longtemps l'objet. Son livre paraîtra bien plus étonnant encore, lorsqu'on l'aura débarrassé, à l'aide d'interprétations plus éclairées, des obscurités dont nous venons de présenter, du reste, la plus grande. Nous n'avons pas cru devoir la dissimuler et encore moins la passer sous silence; les motifs qui nous ont déterminé ne nous mériteront pas, nous le pensons du moins, le blâme de l'auteur des *Observations*.

Nous ne croyons pas, du reste, trop présumer de la science, en supposant que sous peu le voile mystérieux qui couvre encore certaines parties de la Genèse sera entièrement déchiré; ce bienfait nous devons l'attendre des lumières nouvelles qu'elle apporte chaque jour dans le champ de la discussion. Les hommes éclairés appellent cette époque de tous leurs vœux, et c'est là un bel héritage reservé sans doute à nos descendants.

Nous voici enfin arrivé à la dernière critique de M. de Bonald, et à l'une des plus importantes de toutes celles que nous devons à son esprit exercé. Cette critique est relative à l'unité d'origine du genre humain. Comme chrétien, nous sommes sur cette question tout à fait de l'avis de M. de Bonald ; mais, lorsque nous l'envisageons sous un point de vue purement scientifique, elle nous paraît présenter les plus graves et les plus sérieuses difficultés (1).

Si la race éthiopienne ou nègre ne différait de la race caucasique ou blanche que par la couleur de la peau, il ne serait pas extrêmement difficile de se rendre raison de cette différence. Mais, outre la diversité de ce caractère, qui frappe les yeux, il en est une foule d'autres bien plus importants, et qui tiennent aux considérations anatomiques les plus profondes, et de l'ordre le plus élevé. Aussi la science n'a pu jusqu'à présent parvenir à résoudre comment de pareilles différences ont pu se produire, si, comme certains faits tendent à le prouver, l'espèce humaine,

____

(1) On ne lira pas sans fruit l'écrit publié en 1836, par **M. Broc**, sur les races humaines (Paris, Tilliard, rue Saint-Hyacinthe Saint-Michel, 30).

malgré ses nombreuses variétés, provient d'un type unique ou d'une seule souche.

Pour comprendre la valeur de ces faits, il est nécessaire d'entrer dans quelques détails, afin d'en faire saisir toute la portée. Ils auront peut-être l'avantage de réconcilier l'auteur des *Observations* avec l'opinion de Cuvier. Au moyen de ces explications, M. de Bonald se convaincra probablement que, par unité d'espèce, ce grand naturaliste entendait et devait entendre unité d'origine; car plusieurs individus d'une même espèce n'annoncent nullement une diversité de type, lors même que ces divers individus auraient été créés ou placés dans différents lieux de la terre. Du moins il est généralement admis dans la science que l'espèce est la collection des individus qui en font partie, quelque considérable que puisse être le nombre des individus.

Cette remarque suffit pour faire saisir l'importance de la définition de l'espèce et combien il est essentiel de démêler les caractères qui empêchent de la confondre avec les variétés. Celles-ci peuvent être plus ou moins prononcées, en raison du temps ou de l'importance des causes de variations qui ont agi sur elles; mais, quelque considérables qu'elles soient, un lien commun les rattache les unes aux autres, ainsi qu'à la souche de laquelle elles proviennent.

Il paraît donc nécessaire, avant de discuter la

question de l'unité du genre humain sous un point de vue purement scientifique, de définir avec précision le sens que l'on doit attacher aux mots *espèce* et *variété*. Si l'on a tant discuté sur cette question, c'est faute probablement de s'être fixé sur la véritable valeur de ces deux expressions.

La génération, quel qu'en soit le mode, ou de quelque manière qu'elle s'opère, semble être le type et le seul fondement sur lequel on puisse établir ce premier point de départ. Ainsi tous les individus qui peuvent se reproduire et se perpétuer indéfiniment les uns avec les autres sont d'une seule et même espèce (1).

Les différences qui distinguent ces individus, quelque grandes qu'elles puissent être, ne sont, en définitive, que des variations d'un même type. Ainsi, tant que ces différences n'altèrent pas le type essentiel, et que les individus chez lesquels elles existent peuvent se perpétuer par leur réunion, elles constituent uniquement des variétés.

On distingue cependant ces variétés en deux ordres, d'après la constance ou la fugacité des caractères qui les différencient. Les premières ou les principales

---

(1) Voy. la **Physiologie médicale** de Gerdy, particulièrement le chapitre du genre humain, de ses espèces et de ses variétés, tom. I, pag. 284 et suiv., Paris, Crochard, 1832. *Id.*, l'ouvrage de M. Broc déjà cité, pag. 3.

présentent une permanence presque constante dans leur type et une uniformité remarquable entre tous les individus qui s'y rattachent. Les secondes ou les dérivées sont au contraire susceptibles de variations presque infinies dans leurs traits distinctifs ; mais, excessivement fugaces, ces traits s'effacent et disparaissent pour ainsi dire par l'effet des causes les plus simples et les plus naturelles.

Les unes, les variétés du premier ordre ou fondamentales, remontent si haut, que leur point de départ ou leur origine se perd dans la nuit des temps ; les autres moins importantes, les variétés du second ordre ou passagères, sont assez rapprochées de nous pour que l'on puisse presque toujours déterminer leur point de départ.

On peut citer comme exemple du premier ordre de ces variétés, les trois principales races humaines, savoir 1° la race blanche ou caucasique ; 2° la race jaune ou mongolique ; 3° la race noire ou éthiopienne. Cet ordre est loin d'être arbitraire, comme on pourrait le supposer. En effet, considérée sous le point de vue de leur ancienneté, la race blanche est la plus nombreuse et la plus avancée en organisation parmi les variétés de l'espèce humaine. Elle paraît également être la souche de laquelle sont provenues les deux autres variétés, d'abord la race jaune, et en second lieu la race nègre.

On peut comprendre parmi les variétés du second ordre les dérivées des trois races fondamentales, et dont il est possible de reconnaître le type ou les types desquels elles sont parties. On peut comprendre parmi ces variétés secondaires les races américaines, colombiennes ou finoises, et une foule d'autres qu'il serait trop long d'énumérer, mais dont il est presque toujours possible de déterminer le point de départ et souvent d'arriver jusqu'à la souche primitive.

Si donc les races humaines, quelles que soient leurs dissemblances, sont susceptibles de donner par leur réunion des individus féconds, elles constituent une seule et même espèce. On peut en trouver en quelque sorte la preuve dans plusieurs faits communs à l'universalité de ces mêmes races.

Ainsi toutes offrent une égalité remarquable entre la durée de leur vie, en même temps qu'elles sont susceptibles de développer et de perfectionner leur intelligence. Elles peuvent les unes aussi bien que les autres transmettre à leurs descendants l'éducation qu'elles ont reçue de leurs aïeux. Toutes admettent l'existence d'un être supérieur; elles lui rendent même un culte plus ou moins perfectionné selon le degré de leurs lumières et de leurs croyances. Elles ont généralement un langage, moyen sûr et facile de communication entre elles. En effet, l'homme est le seul d'entre tous les animaux qui soit doué de la parole, dont il se sert pour exprimer ses pensées et ses sentiments.

Enfin, ce qui n'est pas moins digne d'attention, tous les hommes, à quelque race qu'ils appartiennent, sont affectés par certaines causes pathogéniques, et tous sont affligés par les mêmes maladies, quoiqu'elles varient suivant les climats et certaines circonstances locales. Les mêmes douleurs les tourmentent et les assiégent partout, aussi bien que des passions plus ou moins vives, et plus ou moins violentes. Les hommes les plus avancés en civilisation en éprouvent les plus terribles effets, tout comme le sauvage qui ne sait pas même se mettre à l'abri des injures de l'air (1).

On a pourtant supposé que certaines maladies affectaient plutôt telle race que telle autre , et, parmi ces maladies spéciales, on a notamment cité le pian des nègres. Mais les travaux d'Alibert ont fait voir que les blancs y étaient également sujets, quoique le pian soit excessivement rare dans les régions tempérées. Cette maladie, essentiellement climatérique et locale, ne se développe que dans des circonstances qui se

---

(1) Voy. l'*Histoire naturelle du genre humain*, par James Cowles Richard, dans l'original anglais ou dans la traduction allemande qui en a été publiée à Leipzig en 1841, par **Wagner**.

représentent peu en Europe, où la race blanche a principalement fixé son séjour. Ainsi cette maladie n'est point une affection particulière à la race nègre, car elle afflige généralement toutes les variétés humaines dans les lieux où elle est endémique.

Lorsqu'on observe l'homme en général, qu'on suit ses pas dans tous lieux où il s'est successivement établi, on le voit éprouver les mêmes douleurs, recevoir les mêmes impressions morales, et partout jouir seul d'une intelligence susceptible de continuels et d'immenses perfectionnements. Il est donc rationnel de voir dans cette communauté de maux et d'affections, ainsi que dans la perfectibilité morale de l'homme, une preuve de l'unité de son espèce et de son origine.

Sans doute la révélation a admis sans restriction que tous les hommes étaient parvenus d'un seul, et que les changements divers que ses descendants avaient éprouvés étaient une suite de leur désobéissance aux lois de Dieu. Aussi M. de Bonald s'étonne que nous invoquions les lumières de la science lorsque la révélation nous a éclairé; nous nous permettrons de lui faire observer que la science n'est pas une croyance, et encore moins une foi, et que pour elle il faut qu'un fait physique soit démontré pour qu'elle puisse l'admettre. Pour arriver à cette démonstration, nous allons nous livrer à quelques recherches ; elles nous démontreront que les caractères primitifs de l'espèce humaine doivent être depuis longtemps profondément altérés , du moins lorsqu'on les observe dans les diverses races qui la composent. Ils le sont tellement, qu'il est extrêmement douteux, d'après les nombreuses causes de variations auxquelles l'homme a été exposé, que ces caractères aient pu nous parvenir dans toute leur pureté.

Ces causes, lorsqu'elles ont agi d'une manière profonde , ont produit dans l'espèce humaine des différences d'organisation , qui en devenant héréditaires, ont constitué les grandes variétés auxquelles on a donné le nom de races. Ces variétés semblent avoir été les effets de leur croisement mutuel , de l'influence du climat , de la nourriture , et surtout de celle des milieux ambiants , ainsi que nous le ferons observer plus tard.

La difficulté de la question tient donc principalement à la détermination des causes auxquelles il faut attribuer les différences des trois grandes variétés de l'espèce humaine, et comment de la race blanche, considérée comme type, ont pu provenir les races jaunes et nègres. Si les deux dernières sont réellement dérivées d'une même souche, le genre humain, au lieu de se perfectionner ou d'avancer vers une organisation plus compliquée, aurait marché en sens contraire, puisqu'il se serait continuellement abâtardi , et aurait tendu constamment vers un organisme de moins en moins avancé.

Si donc les animaux ont marché vers un perfectionnement gradué, l'homme, en abandonnant les lumières de la raison et se privant de cette intelligence supérieure qui le distingue entre tous les êtres vivants, est devenu de plus en plus semblable aux brutes. Il n'avait cependant à son origine que des rapports plus ou moins éloignés avec eux par son organisation. Aussi par un retour vers cette intelligence, précieuse émanation de la Divinité, les races les plus abâtardies reviennent non-seulement vers la dignité morale de l'homme, mais encore vers la dignité physique de notre être.

Ce retour vers le perfectionnement matériel de l'organisation nous donne en quelque sorte la clef de toutes les dégradations qui ont amené insensiblement la race blanche à ces races abruties qui peuplent les contrées brûlantes de l'Afrique ou les îles de l'Océanie. Mais n'anticipons pas sur ce que nous aurons à dire à cet égard ; avant d'arriver aux caractères distinctifs des principales races humaines, étudions le mode de distribution que notre espèce semble avoir suivi à son origine.

Si nous consultons les monuments et les traditions de cette partie de l'histoire de l'humanité, ils nous apprendront que, différemment des animaux, l'homme a été placé sur un point duquel il a irradié et s'est répandu peu à peu et par degrés sur toute la surface de la terre. Les mêmes traditions nous disent encore que notre espèce, primitivement placée au centre de l'Asie, est partie de cette contrée la plus favorable à sa facile dispersion, pour aller se distribuer dans toutes les autres contrées, où elle a établi peu à peu ses nombreuses tribus.

Cette condition particulière à l'homme, qu'aucun animal n'a partagée avec lui, paraît peu favorable à la multiplicité de l'espèce humaine. Si cette multiplicité avait été dans les desseins de la nature, elle aurait dû suivre par rapport à l'homme ce qu'elle avait déjà fait pour les animaux, dont les espèces, extrêmement variées, ont été disséminées sur la terre par groupes distincts et par centres de création particuliers.

Aussi lorsqu'on change d'hémisphère, tout dans la création, à l'exception d'une seule classe d'objets, se trouve changé. On rencontre à la surface de la terre, non-seulement de nouvelles plantes et de nouveaux animaux, mais dans le ciel même de nouvelles constellations viennent frapper les regards. C'est uniquement dans l'intérieur du globe que l'on découvre les mêmes espèces minérales et les mêmes associations d'espèces qui constituent les roches ou les principaux matériaux inorganiques en grande masse. Il est difficile de se rendre compte de ce mode de distribution particulier à tous les êtres organisés, sans supposer l'existence primitive d'un certain nombre de foyers de création épars sur la surface du globe, et la formation, dans chacun de ces points, d'un certain nombre d'espèces particulières, dont les tribus se sont peu à peu étendues au loin.

Par suite de ces centres de création distincts, la distribution des mêmes espèces n'a pas eu lieu sur des continents différents, ou sur des continents dont l'exhaussement au-dessus du sein des eaux ne s'est pas opéré à la même date. Chaque continent a en effet ses espèces propres; leur analogie avec celles des autres terres est d'autant plus grande que ces portions maintenant solidifiées diffèrent le moins par l'époque de leur exhaussement. Ainsi les races disséminées sur le sol du nouveau monde ont plus de rapports avec celles de la Nouvelle-Hollande, que celles-ci n'en ont avec les espèces de l'ancien continent.

Quant aux végétaux et aux animaux des îles, ils se rapprochent principalement de ceux des continents. Du reste, peu d'îles ont des créations distinctes et particulières, à moins qu'elles n'aient une grande étendue. L'île de Madagascar est peut-être la seule exception à cette loi générale; mais, d'après la nature et la particularité de ses productions, elle paraîtrait avoir été séparée de quelque grande terre, dont elle a conservé la plupart des particularités.

Si donc l'homme est parti d'un seul point pour aller peupler successivement les diverses contrées du globe, il a dû être singulièrement affecté par la différence des climats et des milieux dont il ressentait tour à tour l'influence. Par l'effet de ses migrations, tout a été changé autour de lui; pression, chaleur, humidité, nourriture, impression des objets extérieurs sur son imagination, tout a été nouveau pour ses sens. Dès lors, ces diverses causes agissant soit simultanément, soit les unes après les autres sur son organisation, ont pu produire les modifications variées que présentent les diverses races humaines.

Elles l'ont pu, avec d'autant plus de raison, qu'en même temps que la diversité des conditions extérieures agissait sur elles, elles éprouvaient les effets de leur croisement. Probablement ces influences long-temps prolongées ont opéré toutes les variations que l'organisation de l'homme a éprouvées dans son ensemble, comme dans les détails de sa structure. Aussi, les variétés de l'espèce humaine paraissent d'autant plus stables qu'elles ont été plus longues et plus difficiles à s'établir. En effet, par la continuité de certaines actions, des modifications de forme et de structure sont devenues pour ainsi dire invariables, et ont constitué par la succession des temps des caractères fixes et constants.

Il n'existe pas cependant parmi les races humaines

une différence essentielle d'organisation dont on ne puisse trouver l'équivalent parmi les espèces animales. Les principales races ont leurs analogues parmi la plupart des animaux domestiques. Elles n'en diffèrent pas plus par leur couleur, leurs formes et leur structure, que les chiens, les chevaux, les bœufs, les moutons et les gallinacés ne diffèrent entre eux. Mais, quoique l'homme vive sous l'influence de circonstances qui favorisent et facilitent même les modifications de son organisation, il n'en subit pas cependant l'influence d'une manière indéfinie. Cette observation ne perdrait du reste en rien de sa valeur, lors même qu'on viendrait à démontrer que le squelette du nègre diffère peu de celui de l'orang, puisque certaines races de chien ont la plus grande analogie de structure avec le loup, espèce qui en est si rapprochée.

Un autre fait capital démontre, ainsi que le fait observer le docteur Prichard, que les diverses races humaines sont uniquement des variétés d'une même espèce. Les voyageurs sont parvenus à constater l'origine de plusieurs peuplades de différents points du globe; partout ils ont vu ces peuplades inférieures sous le rapport de la beauté de leurs formes et de leur fécondité aux races mères du mélange desquelles elles étaient sorties. Lorsqu'on étudie au contraire les résultats du croisement des races chez les animaux, on voit que non-seulement la fécondité persiste au même degré, mais que les rejetons qui en proviennent l'emportent sur les souches primitives en beauté, en force et en vigueur. Il n'y a donc point de parité sous ce rapport entre l'homme et les espèces animales; ce qui peut jusqu'à un certain point nous faire comprendre comment les races jaune et nègre sont provenues de la race blanche.

L'histoire de l'homme a fait un véritable progrès, lorsqu'on a rapporté à trois types principaux toutes les variétés de l'espèce humaine. Les voies différentes par lesquelles on est arrivé à ce résultat lui donnent la plus grande probabilité. Ainsi Camper, Buffon, Sœmmering, Pallas, Cuvier et Serres y sont parvenus par leurs études comparatives sur le règne animal, Walkenaer par ses recherches sur la géographie, tout comme Cook, Dumont-d'Urville, et une foule d'autres navigateurs, par l'observation directe de l'ensemble des traits et des habitudes des peuples divers.

Il ne reste plus qu'à savoir si ces données seront confirmées par la comparaison des langues et par celle des traditions et des monuments des peuples. Quelque grandes que soient les difficultés qui peuvent s'élever sur cette question envisagée sous ce nouveau point de vue, il est probable qu'on la résoudra dans le même sens.

La race blanche, dont toutes les autres sont provenues, doit être la plus perfectionnée, puisque celles qui en dérivent ont été en se dégradant. L'observation de leurs caractères physiques le démontre de la manière la plus évidente. La première a le front haut, avancé, et l'angle facial ouvert, dépassant souvent 80 degrés, tandis que son ouverture arrive rarement à 70 ou 75 degrés chez les autres races (1).

L'aire du crâne est à peu près quadruple de celle de la face chez les blancs ; tandis que, chez le nègre, l'aire de la face augmente environ du cinquième. En même temps, chez ce dernier, le trou auditif est beaucoup plus éloigné de l'occiput que chez la race caucasienne. Il en est de même de la position du trou occipital ; ce trou est bien plus en arrière de la tête chez le premier que chez le second. Par suite de cette disposition, la face s'étend aux dépens du crâne, les mâchoires deviennent beaucoup plus proéminentes, et enfin le nègre maintient sa tête dans un plan vertical avec beaucoup de difficulté.

La proportion de l'ouverture du trou occipital comparé au diamètre du crâne est d'autant moindre que l'angle facial est plus obtus ; aussi est-elle généralement plus petite, comparativement à l'étendue de

---

(1) Il ne faut pas croire cependant que nous donnons à l'angle facial la valeur que lui avait attribuée Camper ; car on ne saurait parvenir à mesurer l'intelligence humaine à l'aide d'un quart de cercle.

la boîte osseuse, dans la race blanche que dans les races nègre et jaune. La masse cérébrale comparée avec la moelle épinière se montre dans un rapport d'autant plus élevé, qu'on l'examine chez la race la plus perfectionnée. Quant au poids de l'encéphale, il est à peu près égal chez les deux races ; seulement son accroissement a lieu dans des régions différentes de cet organe.

Le cerveau offre un volume et des circonvolutions plus considérables et plus nombreuses chez la race blanche que chez aucune autre.

Si de ces caractères anatomiques profonds, on porte son attention sur les caractères extérieurs des diverses variétés, ils paraissent non moins différents. Ainsi la race blanche se distingue par son visage ovale ; ses traits peu prononcés ; son front uni ; son nez légèrement arqué, ou long et saillant ; sa bouche petite ; ses lèvres et surtout l'inférieure mollement étendues. Les dents incisives des deux mâchoires y sont placées perpendiculairement, et le menton y est plein et arrondi, tandis que les pommettes peu proéminentes y offrent peu de saillie.

Les cheveux de la race circassienne, longs et de couleurs variées, ne sont jamais laineux ni extrêmement crépus. La peau s'y maintient d'un blanc plus ou moins prononcé. Les membres supérieurs, constamment bien proportionnés, y offrent des mouvements faciles de pronation et de supination de l'avant-bras sur le bras, lesquels sont favorisés par le mode d'articulation du radius et du cubitus sur l'humérus. Les doigts peu longs s'y montrent en proportion avec le pouce, lequel est facilement opposable à tous les autres doigts, circonstance qui fait de la main l'instrument le plus merveilleux et le plus délicat.

Les membres inférieurs, forts et solides, sont fixés au tronc par des muscles larges et épais. Le col du fémur est tourné très en dehors, et le bassin y est fortement évasé. Il faut en outre ajouter que les muscles gastronémiens et solaires acquièrent chez les blancs un développement si considérable, que seuls ils ont de véritables mollets et de véritables talons par suite de la saillie en dehors de leur calcanéum. Enfin leurs pieds se distinguent encore par la brièveté des doigts et le peu de prolongement en avant de leur portion antérieure, caractérisée par le développement du gros orteil.

La race blanche jouit dans sa constitution physique d'une si grande flexibilité, qu'elle résiste beaucoup mieux qu'aucune autre aux plus grandes variations dans la pression et la température. Sa force intellectuelle également supérieure lui donne les moyens d'ajouter sans cesse à la perfectibilité de son espèce, et de réaliser dans les ouvrages les plus sublimes les plus hautes et les plus étonnantes conceptions auxquelles l'esprit humain puisse atteindre.

Eh bien, tous les caractères dont nous venons de parler s'effacent par degrés dans les races jaune et noire, et à tel point que, sous les rapports matériels aussi bien que sous les rapports moraux, il y a une distance immense entre elles et la race blanche, qui seule a conservé constamment sa supériorité physique et intellectuelle.

Malgré les différences qui existent entre toutes ces races, les plus abâtardies donnent des individus féconds lorsqu'elles s'unissent avec les plus avancées en organisation. Cette faculté de se perpétuer indéfiniment est non-seulement fondée sur quelques faits isolés, mais sur l'ensemble et l'universalité des observations de tous les jours.

Si donc les mêmes espèces ont seules le pouvoir de se perpétuer d'une manière indéfinie, il n'y a dès lors qu'une espèce d'homme; car toutes les variétés humaines, même les plus dissemblables, jouissent de cette faculté éminemment conservatrice.

A la vérité, plusieurs espèces reconnues comme différentes donnent par leur union successive des individus féconds, tandis que, chez d'autres qui appartiennent à une même souche, une seule union suffit à plusieurs générations. Remarquons que, dans l'un et l'autre cas, l'espèce ne peut se reproduire d'une manière indéfinie; car, dans le premier, cette faculté s'arrête à la quatrième génération, et ne dépasse pas la onzième dans le dernier. Cette circonstance ne se présente du reste que chez des animaux peu avancés en organisation, c'est-à-dire, chez des invertébrés de l'ordre des insectes.

Les unions entre les espèces différentes n'ont jamais lieu que par l'influence de l'homme ; on ne les voit point se produire chez les races sauvages ou chez celles qui sont livrées à elles-mêmes, en sorte qu'elles sont pour ainsi dire forcées. Il faut même, pour qu'on puisse les y contraindre, que ces animaux soient soumis à certaines conditions. Ainsi l'un des sexes, au moins, doit être dans un état de domesticité ; si la domesticité n'est pas une condition absolue, il est pourtant nécessaire que les deux espèces soient privées de leur liberté.

Les produits forcés de ces unions contre nature sont si peu dans l'état normal des êtres chez lesquels elles ont lieu, que le plus ordinairement leurs produits sont stériles et inféconds. Lorsqu'ils sont aptes à la génération, ce qui est fort rare, ce pouvoir, loin d'être indéfini comme chez les véritables espèces, s'arrête à la troisième ou au plus à la quatrième génération. Les métis qui résultent de l'association de deux espèces différentes ne possèdent donc pas cette faculté génératrice, constamment féconde, dont jouissent seuls les véritables types spécifiques. Dès lors, ils altèrent en quelque sorte l'organisation, puisque ces métis ne sont pas durables ; car ils ne peuvent pas se propager ni perpétuer leurs races (1).

Quant à l'objection tirée de ce qu'une seule union suffirait dans certaines circonstances à plusieurs générations, elle ne paraît pas avoir une assez grande valeur pour apporter quelque modification dans la définition de l'espèce. Cette particularité propre à quelques insectes, spécialement aux pucerons, ne modifie nullement les espèces chez lesquelles elle a lieu ; elle tend uniquement à en assurer la durée. Ce mode tout à fait normal, et qui comme le premier n'est nullement provoqué, est un véritable perfectionnement de la génération ; car, avant tout, la conservation et la perpétuité de l'être vivant sont le point le plus important de son existence.

Ces arguments ainsi écartés, il s'agit de savoir comment, s'il n'y a qu'une seule espèce d'homme, cette espèce unique a pu produire un si grand nombre de races, aussi distinctes par leurs caractéres extérieurs que par l'ensemble de leur organisation.

---

(1) Si quelques espèces voisines, mais distinctes, peuvent se reproduire, les mulets qui en résultent ne peuvent se féconder réciproquement ; ils ont toujours besoin d'un individu de race pure ; en d'autres termes, les métis peuvent être féconds dans certaines circonstances fort rares, mais ils ne se fécondent jamais les uns les autres.

Pour concevoir comment ces diverses races ont été formées, examinons ce qui s'est passé chez les animaux dont nous pouvons suivre chaque jour les variations. Nous produisons à chaque instant de nouvelles races dans les animaux, en les transportant avec nous dans les climats les plus divers, en leur distribuant la nourriture à notre gré, enfin en les forçant à se croiser de mille manières différentes. A l'aide de toutes ces influences, nous tendons sans cesse à détruire le type invariable des espèces; mais lorsque, libres du joug de l'homme, elles retournent à la vie indépendante, on les voit reprendre instantanément leur type primitif et normal.

Les variations des animaux, par suite de l'influence que nous exerçons sur eux, sont beaucoup plus considérables et beaucoup plus nombreuses que celles que présente l'espèce humaine elle-même. Pour en être convaincu, il suffit de comparer, sous le rapport de leurs variations, l'homme avec l'animal dont il a le plus complétement fait la conquête, le chien.

Celui-ci varie singulièrement par l'effet de notre influence, soit dans son instinct, soit dans son intrépidité. Il varie également dans ses qualités physiques; par exemple, dans sa taille, il diffère comme un est à cinq dans les dimensions linéaires, ce qui fait plus du centuple de la masse.

Cette différence est plus grande que celle que l'homme présente, même en comparant entre elles les races les plus diverses. Les Lapons, les Esquimaux et les Boschimans n'ont guère moins de 4 pieds, et les Patagons n'arrivent presque jamais au delà de 6 pieds. Ainsi la plus grande diversité dans la taille de l'homme rentre dans le rapport d'un à un et demi; par conséquent, elle est de trois fois et demie moins considérable que dans le chien. Enfin la masse du corps, comparée dans les diverses races, reste à peu de chose près dans les plus dissemblables :: $1 : 4\frac{1}{3}$.

Si les animaux que l'homme a le plus rapprochés de lui ont éprouvé des variations plus grandes et plus nombreuses que l'espèce humaine, nous pouvons concevoir plus facilement celles que nous avons nous-mêmes subies. On ne peut pas supposer que toutes les variations observées chez les races animales ont été produites par l'influence du temps; car elles sont de beaucoup postérieures à notre existence. Du moins n'en découvre-t-on aucune trace chez les anciennes générations, dont les couches terrestres nous ont conservé les débris. D'un autre côté, les espèces sauvages restent maintenant immuables dans leurs formes, quelque divers que soient les pays qu'elles habitent. Au milieu des nombreux exemples que nous pourrions citer, il nous suffira de rappeler ceux que nous fournissent le loup et le renard, qui s'étendent depuis la zone torride jusqu'à la zone glaciale, et n'éprouvent dans cette immense étendue qu'un peu plus ou moins de beauté dans leur fourrure.

Après ces faits, dont la vérification est facile, essayons de nous rendre compte, comment d'une seule espèce d'homme ont pu provenir tant de races diverses, dont certaines rappellent si peu le type primitif dont elles sont sorties. On pourrait supposer que les variations de l'espèce humaine doivent être plus nombreuses que celles que l'on observe chez les animaux, puisque l'homme présente de plus qu'eux un instrument perfectible, l'intelligence, dont le cerveau paraît être l'organe matériel.

Il n'en est pas cependant ainsi, quoique en faisant d'immenses progrès chez certains peuples le développement de l'encéphale doive entraîner dans son mouvement les formes extérieures qui l'expriment. Cette cause étant éminemment variable, les caractères des différentes races ne peuvent être, par cela même, permanents, ainsi que le prouve l'observation.

Les modifications de l'espèce humaine dépendraient donc de l'organe matériel de l'intelligence, et son influence, bien supérieure aux climats, aurait amené les nombreuses variétés qu'elle présente (1).

___

(1) Il y a en effet une connexité marquée entre le système ner-

La constance et la puissance de son action semblent avoir produit les diverses races qui s'éloignent plus ou moins du type primitif. Le système nerveux encéphalique, différent pour chaque peuple, a ainsi gouverné les formes extérieures, en même temps qu'il a présidé à la répartition des forces vitales, dont l'intervention a enfin modifié les effets des agents extérieurs.

Le travail intellectuel a nécessairement pour résultat de faire de la tête un centre de fluxion, et d'y faire prédominer l'énergie vitale (1). L'effet d'un pareil phénomène est de donner à la portion de la tête où il se passe un plus grand développement, et d'attribuer au système pileux une activité plus prononcée, qui coïncide avec la plus grande complication du cuir chevelu.

Ces effets ont eu lieu surtout chez la race blanche

---

veux et toute l'organisation, et particulièrement avec le système osseux qui le protège. Ce dernier, qui, comme on l'a fait remarquer, rappelle plutôt un mécanisme qu'un organisme, n'en est pas moins une des conditions des phénomènes les plus élevés et les plus nobles de la vie humaine.

(1) Du moins cette action peut très-bien s'exercer jusqu'à l'âge adulte, où la boîte crânienne oppose une résistance puissante au développement de l'encéphale. Ceci n'empêche pas qu'il n'y ait un rapport harmonique entre le contenant et le contenu, ainsi qu'on peut s'en assurer presque à toutes les époques de la vie.

qui, plus parfaite au moral, l'est également au physique. Il s'effectue également par le perfectionnement
de l'intelligence chez toutes les races humaines,
même chez la plus dégradée de toutes, la race nègre.
Si de pareils effets se continuent, et si les progrès de
l'intelligence s'étendent de plus en plus, on verra ces
hommes à teint fortement coloré, à cheveux crépus
ou laineux, ou à cheveux courts, tendre d'une manière manifeste vers la race blanche, celle dont l'angle facial est le plus rapproché de l'angle droit, et où
les cheveux sont les plus longs, et la peau la moins
colorée.

Le développement du système nerveux encéphalique, instrument de l'âme dans les opérations intellectuelles, suffit donc pour produire le passage d'une
race à une autre ; car tous les caractères spécifiques
gravitent autour de ce premier système, et en suivent
les mouvements. Il est facile de concevoir quelle
instabilité existe dans ce développement, et combien
doivent être nombreuses les variations qui en sont la
suite. On ne doit donc pas s'étonner d'observer un si
grand nombre de variétés dans l'espèce humaine, et
de reconnaître le peu de permanence de leurs caractères. En effet, à l'influence du système nerveux
vient s'ajouter une foule d'autres causes, dont l'action est aussi sensible sur l'espèce humaine qu'elle
l'est sur les animaux.

Si l'exercice d'un organe en accroît le développement, une cause contraire ne peut que le diminuer et finir même par en annihiler les effets, si sa cessation dure longtemps. L'instabilité des races est donc un fait nécessaire; aussi peut-on la reconnaître, en observant les peuples qui ont abandonné la civilisation, comme en étudiant ceux qui ont fait tous leurs efforts pour en accélérer les progrès. Cette vérité n'est pas une pure théorie; la terre est là avec ses nombreux habitants pour justifier l'exactitude et la justesse de ces aperçus. La race finoise, qui paraît se rapporter à la race blanche, nous offre un exemple frappant de cette marche rétrograde dans le chemin de la civilisation. La taille des Lapons et des Groënlandais, qui en font partie, se fait remarquer par son extrême petitesse. Leur corps est grêle et faible, et leur front est généralement fort étroit, comme chez tous les hommes dont l'intelligence est peu avancée. Leurs cheveux sont courts, leurs pommettes saillantes, et leur teint d'un brun sale.

L'abondante chevelure de la race blanche a ici disparu avec l'activité cérébrale. Les poils, et à leur défaut, le pigmentum, ont dû se montrer sur le reste du corps, en sorte que la peau est devenue plus colorée et les cheveux plus courts qu'ils ne l'étaient primitivement.

Tous ces effets et une foule d'autres dépendent de

l'affaiblissement de la civilisation chez certains peuples. Le résultat a été de leur faire perdre la beauté et la perfection de leur type primitif. Il ne faut donc pas assigner un berceau différent aux diverses races humaines, ni s'appuyer à cet égard sur l'incompatibilité de leurs caractères; car toutes se fondent les unes dans les autres parce qu'elles proviennent toutes d'une même source. Il ne nous a pas été donné, il est vrai, de suivre pas à pas de pareilles métamorphoses. Les historiens arrivent lorsque le genre humain est déjà loin du point de son départ; les consulter sur ces temps éloignés, c'est demander à l'homme mûr l'histoire de son enfance.

Après ces faits, qui oserait dire que les hommes de couleur, dont la civilisation fait tous les jours de nouveaux progrès, ne remonteront pas au point où nous sommes parvenus maintenant? Par l'effet du système nerveux encéphalique, nous verrons la coloration de leur peau s'affaiblir par degrés, en même temps leurs cheveux s'allonger, et leur angle facial devenir beaucoup plus ouvert (1).

---

(1) L'angle facial est un moyen d'investigation que l'on ne doit pas négliger. Seulement, pour arriver à quelque résultat satisfaisant par les mesures de la tête, il faut les prendre à l'intérieur; car la capacité d'une cavité, comme le volume d'un solide, n'est connu que par l'appréciation de ses trois dimensions. Mais toujours est-il que

Ces peuples, déjà réunis en corps de nation et qui se sont créé une civilisation sous une forme de gouvernement régulier, n'auront bientôt plus rien des nègres dont ils tirent leur origine. Bien différents de leurs ancêtres, qui n'ont pas su faire une écriture ni construire le moindre monument, ni enfin avoir une histoire propre à les éclairer sur leur origine et sur leur destinée, ces peuples transplantés dans un monde nouveau y prendront, par suite des progrès de la civilisation, des formes nouvelles, fruits heureux de cette même civilisation dont leur perfectionnement physique ne sera pas un des moindres bienfaits. En résumé, les traits du visage de l'homme et son angle facial sont subordonnés à son état intellectuel. Cet état gouverne également la coloration de la peau d'une manière indirecte par l'influence qu'il exerce sur la distribution du système pileux. Il maîtrise aussi l'ensemble de l'organisation, par suite de son action sur la mesure de l'angle facial, et les conséquences anatomiques qui sont en quelque sorte sous sa dépendance. Aussi l'organisation générale du corps de l'homme est-elle constamment en harmonie avec l'état de la civilisation, et par suite avec le développement de l'intelligence.

---

la forme du cerveau détermine constamment celle du crâne, et que le premier est toujours l'agent dominateur.

Ces faits proclament l'unité du genre humain ; ils nous font du moins saisir comment la race blanche peut être descendue jusqu'à la race nègre, et comment celle-ci tend dans ce moment même à remonter vers son origine, et à se rattacher à la souche d'où elle provient. Ils concilient la science avec la religion et même avec les traditions historiques, qui toutes nous représentent l'origine des nations, comme provenues d'un seul homme.

Sans doute, on peut opposer à cette solution de la science de graves et sérieuses objections ; mais ne devons-nous pas espérer, des progrès de la civilisation dont l'influence peut être grande sur cette question, qu'ils nous donneront bientôt les moyens de dissiper tous les doutes qui l'environnent encore.

Il n'est donc pas contraire aux faits physiques de croire, avec l'Ecriture et les traditions historiques, que les nombreuses variétés de l'espèce humaine, sorties toutes d'une seule souche, ont été produites par la dégradation de ce type primitif. On peut dès lors trouver dans cette dégradation dont la race nègre tend maintenant à sortir du moins en partie, une preuve de cette malédiction dont leur auteur a été frappé, et voir dans les noirs les restes de la postérité de Cham.

Les faits historiques ne sont pas non plus en opposition avec cette croyance ; si la science ne l'adopte pas, elle ne la repousse pas non plus ; car ses investigations sont impuissantes pour en démontrer l'exactitude et la réalité. En effet il lui est seulement permis de sonder les faits physiques, dont l'influence peut avoir produit cette dégradation, et d'en discuter la valeur ; mais elle ne saurait aller au delà.

En envisageant donc la question de l'unité du genre humain sous un rapport purement scientifique, nous avons dû nous restreindre à la discussion des faits qui semblent la démontrer. M. de Bonald ne saurait nous blâmer de notre réserve, d'autant plus qu'elle ne nous a point empêché d'adopter l'opinion qu'il a si bien fait valoir, d'après d'autres considérations, d'un ordre encore plus élevé.

On excusera peut-être la longueur de cette discussion, à raison de l'importance des questions qu'il s'est agi d'éclaircir. Puisse-t-elle avoir fait comprendre que la science, envisagée sous son véritable jour, confirme d'une manière puissante ce que la révélation nous apprend. C'est là le plus beau triomphe de l'intelligence humaine. Si nous nous sommes approché de ce but, vers lequel tendent tous nos efforts, nous remercierons mille fois l'auteur des

Observations, de nous en avoir fourni l'occasion ;
sans doute il s'applaudira avec nous de la gloire
nouvelle que de pareilles discussions peuvent répandre sur la religion, la science la plus solide et
la plus consolante qu'il soit donné à l'homme de
connaître et d'étudier.

DE LA

CRÉATION DE LA TERRE

ET DES CORPS CÉLESTES,

OU EXAMEN DE CETTE QUESTION :

L'ŒUVRE DE LA CRÉATION EST-ELLE AUSSI COMPLÈTE POUR
L'UNIVERS QU'ELLE PARAIT L'ÊTRE POUR LA TERRE ?

INTRODUCTION.

Les recherches auxquelles nous nous sommes livré pour rendre la seconde édition de la *Cosmogonie de Moïse* digne du but auquel elle est destinée
nous ont porté à étudier d'une manière toute particulière les œuvres de la création. Nous avons cherché
non-seulement à remonter à l'origine de la terre, dont
l'écrivain sacré nous a dévoilé le premier le mode de
formation, mais encore à nous former quelque idée
sur l'apparition des astres nombreux qui composent
le système du monde.

En dirigeant notre attention sur ce qui se passe
hors de cette terre, il nous a paru que les phénomènes célestes pouvaient mieux que tout autre moyen de
comparaison laisser entrevoir les causes qui ont con-

6

couru à préparer son état actuel. Produits par la condensation de la matière nébuleuse disséminée en quantité immense dans l'espace, les astres du système solaire, comme probablement ceux des autres systèmes, ont pris d'après les lois immuables de la nature un cours stable et régulier. Cette condensation des nébuleuses n'est pas généralement aussi avancée pour tous ; elle s'y trouve même dans des degrés fort inégaux de rapprochement.

Il est en effet une foule de corps répandus dans les espaces planétaires, dont les phases diverses annoncent des états très-différents de condensation de la matière qui les compose. Tous cependant ont une tendance manifeste à prendre dans leur marche la même régularité que les premiers et à composer des systèmes analogues.

Ces corps, aux premières époques de leur formation, nous indiquent en quelque sorte le mode qu'ont dû suivre les planètes, le soleil, ainsi que les astres stellaires étrangers à notre système. L'observation de ces astéroïdes, dans des phases diverses de condensation, a donc un grand intérêt ; du moins elle peut éclairer la formation des astres, dont les mouvements, aussi bien que leurs principaux phénomènes, sont aussi réguliers qu'invariables.

Il se forme donc maintenant, comme autrefois, de nouveaux corps célestes, de nouveaux systèmes analogues à celui dont nous faisons partie. Probablement il en sera ainsi tant qu'il existera dans l'espace de la matière nébuleuse, susceptible de se refroidir et de se condenser. Par une suite de l'unité du plan, à laquelle la nature a soumis l'ensemble des choses créées, tous les astres auraient la même origine ; tous résulteraient de la condensation des nébuleuses, et seraient soumis aux mêmes lois : par là le système du monde est devenu à jamais ferme et stable.

L'observation de ces phénomènes annonce donc que l'on ne doit pas considérer l'œuvre de la création aussi complète pour l'univers qu'elle paraît l'être pour la terre. Néanmoins il est utile de réunir des preuves propres à le démontrer ; c'est à la solution de cette belle question que cet écrit est consacré.

Telle est l'idée fondamentale d'un livre, qui fait suite en quelque sorte à notre ouvrage sur le récit de la création. Nous le considérons comme le complément de ce traité. On ne pensera pas sans doute qu'il y ait de la témérité de notre part à oser entreprendre l'examen d'une question qu'au premier aperçu on peut regarder comme insoluble. Sans doute, si les dernières observations n'avaient pas été dirigées sur cet objet, nous aurions craint de l'aborder ; mais, d'après les faits qu'elles nous ont dévoilés, il nous paraît possible d'arriver presque jusqu'à sa solution. C'est tout ce que l'on peut espérer en pareille matière, et l'on doit s'estimer heureux d'arriver aussi près de la vérité (note 1).

Nous n'avons pas, du reste, porté notre attention sur ce sujet dans le désir d'une vaine gloire, et moins encore d'une stérile curiosité, mais dans l'espoir d'y trouver des preuves plus frappantes du pouvoir infini de celui qui a créé le monde par l'effet d'une seule de ses paroles et le conserve pour sa gloire.

L'ŒUVRE DE LA CRÉATION EST-ELLE AUSSI COMPLÈTE POUR L'UNIVERS QU'ELLE PARAIT L'ÊTRE POUR LA TERRE ?

1. *Observations préliminaires.*

Lorsqu'on porte son attention sur les phénomènes de l'admirable assemblage des corps célestes, que l'on nomme univers, il est facile de reconnaître que si les uns semblent totalement achevés, une foule d'autres sont, pour ainsi dire, à la première période de leur formation.

Il s'opère chaque jour des créations nouvelles dans les espaces; il y paraît à tout instant des astres nouveaux, qui passent par différentes phases avant d'atteindre leur perfection, but final pour lequel la matière qui les compose a été disséminée au milieu des régions éthérées. Avant d'embrasser l'ensemble des faits propres à éclairer la question que nous nous sommes proposé de traiter, qu'il nous soit permis de faire quelques observations préliminaires.

Cette question présente un grand intérêt pour la géologie ou cette partie de la science qui cherche à reconnaître le mode et les lois de formation de la terre. En portant nos regards sur les astres qui se forment dans l'immensité des cieux, nous pouvons entrevoir à l'aide d'une comparaison attentive ce que notre planète a été dans son origine. Nous pouvons même concevoir avec ce moyen d'investigation, que les différentes modifications qui ont eu lieu sur la surface du globe ont été une suite d'événements commandés par l'état de stabilité, vers lequel la terre a dû tendre dès le moment de sa création.

Si donc il y a quelque parité entre la condensation de la matière éthérée qui produit les astres nouveaux, dont l'apparition nous frappe par leur abondance, et l'état aériforme par lequel le globe paraît avoir passé, il y a quelque utilité à étudier leurs phases diverses. Sous ce premier point de vue se justifie l'examen auquel nous allons nous livrer, et dont l'intérêt est assez puissant pour appeler l'attention des hommes éclairés.

Il n'est pas, du reste, contraire aux idées religieuses de prétendre que, si tout est achevé sur la terre, il n'en est pas de même dans l'univers. Tout y est en mouvement et dans une activité continuelle.

Des corps célestes s'y préparent, s'y organisent, et se terminent par l'effet de forces données, dans le principe des choses, à la matière tirée du néant par une puissance supérieure.

Une théorie propre à donner la plus haute idée du pouvoir de celui qui a créé l'univers ne saurait être en opposition avec les doctrines qui proclament sa puissance? Pour le prétendre, il faudrait oublier qu'une bouche qui ne peut tromper a dit « que son père ne cessait point d'agir, et qu'il agissait aussi (1). »

II. *Des causes de la formation des astres nouveaux.*

Il n'est pas d'idée plus grande ni plus simple que de considérer les astres répandus dans le système solaire comme formés par la condensation d'une matière éthérée ou gazeuse disséminée dans les espaces. Comme des astres semblables n'existent pas seulement dans ce système, mais peuplent au contraire par myriades l'immensité de l'univers, on est irrésistiblement entraîné à adopter une hypothèse qui coïncide si bien avec l'unité de plan que l'on voit régner dans les œuvres de la création (note 2).

---

(1) *Pater meus usque modo operatur, et ego operor.* — Saint Jean, v. 17.

Elle s'accorde, d'ailleurs, d'une manière admirable avec l'ensemble des faits qui viennent lui prêter leur appui et lui donner une grande probabilité. En effet, nous voyons des masses de vapeur, remarquables par leur étendue, tourner autour du soleil dans une période déterminée et d'environ trois ans et un tiers. Ces amas de vapeur, connus sous le nom de comète d'Encke, prouvent qu'une matière gazeuse d'une ténuité extraordinaire peut circuler autour du centre du système planétaire, dans une période déterminée et suivant un orbite donné.

Cette matière gazeuse n'est contenue, ou pour mieux dire retenue dans de certaines limites qui diminuent sans cesse par l'effet de sa condensation, que par un milieu résistant d'une ténuité plus grande encore. Ce milieu, nommé éther, paraît remplir la totalité des espaces de l'univers. Ainsi, au delà des limites de l'atmosphère terrestre existe l'éther, matière infiniment subtile et déliée, dont la pression a été évaluée égale à environ 0,00029 cent millièmes de millimètre de mercure. Cette pression met une limite aux atmosphères planétaires, et leur élasticité à leurs extrêmes limites est probablement en équilibre avec la force élastique de la matière éthérée.

Quoique la densité de l'éther soit peu considérable, elle n'est pas moins réelle; elle oppose même une résistance appréciable à la marche des corps célestes.

Cette résistance a occasionné un retard de trois heures aux retours successifs de la comète à courte période, qui depuis 1786 a été aperçue en 1795, 1805, 1818, 1822, 1825 et 1829. Avant ces dernières époques, M. Encke calcula les perturbations les plus influentes; elles lui annoncèrent un retard de trois heures à chaque apparition de cette comète. Il en attribua la cause à la résistance de l'éther. Néanmoins, une aussi faible valeur que celle observée par cet astronome, qui est de l'ordre des perturbations le plus ordinairement négligées, ne pouvait pas offrir une grande certitude quant à la réalité d'un milieu dense, disséminé dans les espaces interplanétaires.

Aussi, tout en adoptant les idées de M. Encke, à l'aide de certaines particularités remarquées lors de l'apparition de la comète de 1829, la même que celle de 1786, ainsi que l'avait reconnu Olbers, M. Valz donna des preuves irrécusables d'un milieu résistant, disséminé au delà des limites de l'atmosphère, c'est-à-dire de l'éther. Certaines particularités lui permirent même de déterminer les variations de sa densité, variations dont on n'avait pas eu la moindre connaissance avant lui.

La densité et la force élastique de l'éther que cet observateur a prétendu exercer quelque effet au delà des bornes de l'atmosphère, sont des faits qui ne se trouvent en opposition avec aucune loi.

M. Biot, dans son mémoire sur les réfractions astronomiques, inséré dans la *Connaissance des temps de* 1841, établit par l'analyse, qu'à la limite de l'atmosphère la densité de l'air et la pression qu'il supporte ne peuvent pas être nuls en même temps. Il faut donc en conclure, ou que l'air à un certain état n'a plus de ressort (ce qui ne se trouverait en contradiction avec aucune expérience physique qui pût démontrer le contraire), ou que l'air à la limite de l'atmosphère, qui ne peut être sans aucune densité, éprouve une pression produite par la force élastique du fluide éthéré où il est plongé et qui s'exerce sur lui, ainsi que l'a soutenu le directeur de l'observatoire de Marseille (M. Valz), dont nous avons fait connaître l'opinion (1).

Il existe donc dans les espaces interplanétaires, ainsi que dans le système de l'univers, une matière éthérée qui, par suite du rayonnement de la chaleur, tend sans cesse à se condenser. Probablement les phénomènes qui se passent dans les espaces célestes lui sont dus. A elle se rapporte encore la formation des astres nouveaux qui s'y préparent et qui s'y organisent.

Les observations récentes d'Herschel sur les nébuleuses donnent à cette théorie le plus grand degré de

---

1) *Additions à la connaissance des temps pour* 1841.

vraisemblance. Elles prouvent du moins que les astres nouveaux dont la formation a lieu dans les espaces planétaires sont dus à des masses énormes de matières extrêmement déliées et subtiles qui se trouvent aujourd'hui même dans l'acte de leur condensation. Ce grand astronome a remarqué que parmi les nébuleuses il y en avait plusieurs dont les particules gazeuses commencent à se liquéfier et deviennent peu à peu solides , l'éclat de ces particules augmentant à mesure que la lumière diffuse perd de son intensité.

Du reste, la découverte de la matière éthérée due à la théorie physique de la lumière s'accorde avec tous les faits connus. Aussi son admission ne souffre pas plus de difficulté que l'idée des ondulations lumineuses défendues par Euler et Young , et qui a complétement triomphé par l'importance des découvertes d'Arago et de Fresnel. Depuis les théories fécondes de ce dernier, les travaux plus récents de MM. Hamilton, LLoye, Brewster, Babinet, Seebeck et les recherches mathématiques de MM. Cauchy, Mac-Cullagh et Neumann , il n'est pas possible de mettre en doute l'existence de l'éther.

La théorie physique de l'électricité , excitée par la découverte d'OErstedt et les travaux d'Ampère , conduit aujourd'hui à faire dépendre tous les phénomènes électriques des actions mutuelles de l'éther et de la matière pondérable. C'est à cette idée préconçue que sont dues la plupart des découvertes de MM. Becquerel, de la Rive, Faraday et Savary.

Le principe général vers lequel convergent aujourd'hui les trois théories pratiques de la physique attribue à l'éther, à sa répulsion propre, et aux actions que la matière pondérable exerce sur lui, tous les phénomènes qui dépendent de ces théories. La propagation des vibrations du fluide éthéré donne la lumière et toutes les radiations qui en sont la suite. L'accroissement ou la diminution des masses d'éther qui forment les atmosphères des atomes pondérables produit l'électricité et les phénomènes chimiques, tout comme le mouvement vibratoire de ces atmosphères donne la chaleur.

Ce principe résume à lui seul toutes les hypothèses élaborées et mises au jour dans les temps modernes sur les diverses parties de la physique. Il embrasse et explique suffisamment les phénomènes de toutes les classes. Cette généralité ne démontre pas sans doute son existence réelle ; mais elle lui donne au moins autant de certitude qu'aux idées mères des découvertes modernes, puisque ces idées se trouvent comprises dans l'énoncé complet du principe dont il s'agit. Les conséquences déduites de ce principe se présentent donc avec une probabilité suffisante pour attirer l'attention des physiciens.

Une de ces conséquences est l'existence d'une pression exercée par l'éther sur lui-même, comme sur tous les corps, et dans l'intérieur de tous les milieux pondérables. La non-manifestation de cette pression résulte de ce qu'il n'existe aucun corps dépourvu d'éther, et de ce que toutes les parties du fluide communiquent librement entre elles par les couches qui séparent les atomes pondérables dont le courant n'existe nulle part. Cette pression doit surpasser en grandeur la cohésion de tous les solides transparents; car c'est elle qui les maintient, comme la pression atmosphérique maintient les liquides qui se vaporiseraient dans le vide.

Si l'on n'entrevoit encore aucun genre de baromètre qui puisse faire connaître exactement cette pression, il existe des moyens de constater ses variations; telle est entre autres la mesure du coefficient de dilatation des gaz, dilatation qui attire en ce moment l'attention des principaux physiciens de l'Europe.

D'un autre côté, M. Cauchy a démontré que la matière éthérée dont la terre est entourée au delà de son atmosphère, et qui environne également à une grande distance le soleil, la lune et les autres astres, lorsqu'elle vient à se mouvoir avec les corps célestes, peut produire des phénomènes lumineux vers les limites de ces atmosphères éthérées (1). A ces li-

---

(1) *Comptes rendus de l'académie des sciences de Paris*, 1er semestre, pag. 237.

mites, l'éther peut être mis en vibration par des mouvements semblables à ceux qu'on observe quand une trombe traverse l'air, ou quand un vaisseau vogue sur une mer tranquille.

Aussi suppose-t-il qu'il n'est point déraisonnable d'attribuer à une semblable cause certains phénomènes lumineux, par exemple la lumière zodiacale, les aurores boréales ou australes, l'éclat des nébuleuses ou même des comètes, en admettant toutefois que la lumière zodiacale dépend de la rotation du soleil sur lui-même, et que le phénomène des aurores boréales se lie au mouvement diurne de la terre.

On concevrait du moins ainsi pourquoi cette lumière paraît, à une grande distance du soleil, s'étendre dans le plan de l'équateur solaire ; le fluide éthéré, suivant la remarque d'Ampère, pouvant n'être autre chose que le double fluide électrique.

Il est dès lors facile de comprendre pourquoi le phénomène des aurores boréales est intimement lié avec certains faits électriques et magnétiques. De plus, l'éclat des comètes devrait conformément à l'observation s'accroître dans le voisinage du soleil, si le fluide éthéré devenait plus dense près de cet astre, et si l'intensité des vibrations lumineuses augmentait avec le mouvement relatif de deux masses d'éther contiguës.

Sans doute l'hypothèse de M. Cauchy diffère grandement de celle que nous avons adoptée dans cet ouvrage pour expliquer la formation des aurores boréales, des étoiles filantes, des aérolithes et des comètes; mais elle ne lui est pas contraire. Elle prouve même toutes les analogies qu'ont tous ces phénomènes considérés sous le rapport de la lumière qu'ils répandent, et enfin qu'ils peuvent très-bien être conçus comme des modifications diverses de la matière éthérée. Aussi, sous ce rapport, l'hypothèse de M. Cauchy nous paraît propre à donner à la nôtre un grand degré de probabilité.

La présence de l'éther dans les espaces célestes permet, du reste, d'expliquer assez naturellement la queue des comètes, ainsi que l'existence des vapeurs produites par l'augmentation de température d'une densité moindre que celle de l'éther; ce qui les fait éloigner du soleil, ainsi qu'un morceau de bois du fond de l'eau s'élève à la surface.

Les recours fréquents de la comète à courte période à son périhélie ont fait découvrir dans la marche de cet astre un dérangement sensible. Les durées moyennes d'une révolution entière de cette petite comète, toute déduction faite de perturbations occasionnées par l'action des planètes dans le voisinage desquelles sa course l'a successivement amenée, ont été calculées par M. Encke. En voici le résultat :

De 1786 à 1795 la moyenne a été de 1208 jours 112.
De 1795 à 1805   id.   1207 id. 879.
De 1805 à 1819   id.   1207 id. 424.

L'accroissement de vitesse est petit sans doute; mais il n'est pas moins réel. On ne peut expliquer ce phénomène que par la présence de la matière éthérée ou éther, c'est-à-dire, d'une substance gazeuse excessivement rare, dont les espaces célestes sont remplis, et dont la densité a opposé une résistance appréciable aux mouvements de la comète à courte période. Cette résistance ne produit pas d'effet sensible sur les planètes, parce qu'elles ont une assez grande densité.

Les comètes, formées pour la plupart par de simples amas de vapeurs légères et très-déliées, sont au contraire notablement dérangées et par suite retardées dans leur marche. Du reste, l'ingénieuse hypothèse de M. Valz a donné avec une exactitude extraordinaire la loi des variations de volume de la nébulosité, tant pour la comète à courte période que pour celle de 1618. Si cette hypothèse n'était point fondée, elle n'aurait certainement pas pu faire deviner aussi juste ni aussi vrai. L'éther, ou la matière éthérée disséminée au delà des limites de l'atmosphère, influe peut-être, par l'effet de sa pression, à mettre une limite à la couche aériforme qui entoure la terre. Elle compense même probablement pour les autres planètes l'atmosphère qui leur manque.

Quoique sa pression soit très-faible, à raison de son peu de densité, ne paraissant pas supérieure à 0,00029 cent millièmes de millimètre de mercure, l'éther n'en constitue pas moins un milieu résistant. Ce qui le prouve encore, ce sont les retards qu'il a occasionnés aux retours de la comète d'Encke ou de 1786, ou enfin à l'astre nommé par M. Encke lui-même la comète de Pons.

Les nébuleuses, ainsi que tous les corps célestes qui se forment chaque jour au milieu de l'immensité de l'espace, seraient donc dues à la condensation de cette matière éthérée. C'est aussi ce que nous allons chercher à démontrer; car l'apparition de ces astres dans le ciel, où ils n'avaient pas été aperçus, est une preuve que l'univers n'est point terminé, puisqu'il s'y produit sans cesse des mondes nouveaux, qui tendent à prendre l'état ferme et stable particulier aux corps célestes totalement finis et achevés.

Depuis les recherches d'Herschel, MM. Smith et Masson, de la société philosophique américaine, en examinant avec soin les principales nébuleuses que ce physicien a fait connaître, ont reconnu qu'elles présentaient des différences essentielles dans leurs formes et leurs apparences. Ainsi, dans la figure de la nébuleuse trifide h 1991, l'étoile triple n'occupe plus la même place, et ce qui est encore plus remarquable, la petite étoile 30', située au nord de l'étoile triple, est entourée d'une nébuleuse qui n'est inférieure ni en étendue ni en éclat à la nébuleuse trifide.

L'accord n'existe pas davantage entre la figure des astronomes anciens et celle d'Herschel pour la nébuleuse h 2008, dont l'aspect ressemble à la lettre grecque Ω. La plus importante des découvertes de MM. Smith et Masson est la réunion qu'ils ont prouvé avoir eu lieu entre les deux nébuleuses h 2092 et 2093. Ces grandes nébuleuses ou voies lactées ont été décrites et figurées plusieurs fois par MM. Herschel père et fils; ils les avaient trouvées distantes l'une de l'autre des deux tiers d'un degré.

Cependant les astronomes américains ont vu distinctement la matière nébuleuse s'étendre de l'une à l'autre, formant ainsi une tache bien visible dans le ciel, de plus d'un degré en longueur, et n'étant inférieure qu'aux immenses nébuleuses d'Orion et d'Andromède. De pareilles et d'aussi notables différences n'auraient pas échappé, ainsi que le font remarquer MM. Smith et Masson, à l'attention des Herschel, pourvus de bien meilleurs instruments, si elles avaient existé à l'époque de leurs observations. Il est donc probable qu'elles tiennent à des changements survenus dans l'aspect de ces astres depuis qu'ils les avaient observés.

Les nébuleuses sont donc des astres aux premières époques de leur formation, où les matériaux auxquels sont dus les nombreux corps célestes produits par la condensation de la matière éthérée qui les compose. Aussi n'y a-t-il point de raison. *à priori* pour ne point admettre que la terre a passé par un pareil état gazeux, et qu'elle a circulé en cet état autour du soleil.

On peut même aller plus loin, et admettre avec Laplace que notre système solaire tout entier résulte de la condensation autour de divers centres déterminés de cette matière qui constitue aujourd'hui le soleil, les planètes et leurs satellites ; comme cette matière avant sa condensation tournait autour d'un axe général, il en est résulté que toutes les planètes se meuvent maintenant dans une même direction.

Herschel a enfin démontré que, parmi les nébuleuses, il y en avait plusieurs dont les particules gazeuses commençaient à se liquéfier, et devenaient peu à peu solides, l'éclat de ces points augmentant à mesure que la lumière diffuse perd de son intensité. La matière nébuleuse tend donc à changer d'état, et la formation des astres nouveaux paraît due à sa condensation constante. Seulement la rareté et le peu de densité de cette matière rendent ce travail extrêmement lent, et bien des siècles s'écoulent avant qu'il soit sensible pour nous.

D'un autre côté, malgré leur grande étendue, les nébuleuses n'occupent qu'une bien faible place au milieu des espaces célestes. A l'aide d'une supposition facile à saisir, on peut se former une idée de leur peu d'importance dans l'ensemble des systèmes stellaires. En effet, si toute la matière qui existe dans le soleil, les planètes et leurs satellites, se dilatait de manière à remplir l'espace compris dans l'orbite d'Uranus, et même au delà, la masse entière de cette matière ainsi dilatée ne serait encore qu'un point dans l'immensité de l'univers.

Ces phénomènes, par rapport à nous, paraissent d'une grandeur presque incommensurable; néanmoins ils sont à peine perceptibles, lorsqu'on les compare à l'ensemble des choses créées. Il en est de même de ceux particuliers à la terre, dont l'étendue et les dimensions ne sont considérables que relativement à nous, et ne sont presque rien quant au volume et à la masse de notre planète (note 3).

III. *De l'apparition des astres nouveaux.*

Si la théorie que nous venons d'émettre est fondée, il s'ensuit que la matière nébuleuse est la source commune de laquelle dérivent tous les corps célestes disséminés dans les espaces, et surtout de ceux qui n'ont point acquis leur perfection. L'apparition irrégulière de ces derniers, et leur périodicité plus ou moins incertaine, semblent annoncer, quoique l'on soit peu porté à le supposer, que l'univers est loin d'être terminé. En effet, les aurores boréales, les étoiles filantes, les aérolithes et les comètes, dont les analogies sont si grandes, paraissent des états successifs et transitoires, par lesquels passe la matière nébuleuse avant d'atteindre l'état de perfection qui constitue les astres complets et réguliers.

Les formes diverses sous lesquelles la matière nébuleuse se présente à nous dépendent sans doute de la diversité du mode d'agrégation des atomes cosmiques dispersés dans l'espace, et qui se réunissent par les pôles contraires, en vertu de la force magnétique qui les presse et les sollicite. Aussi existe-t-il dans les espaces planétaires des bandes ou des courants de matières nébuleuses plus ou moins fixes, et dans un état magnétique plus ou moins intense. Ces bandes, que la terre traverse à diverses époques, sont peut-être une des causes de la périodicité que l'on remarque dans l'apparition de ces astres, dont l'incertitude de la marche et de la direction tient essentiellement au peu de densité des molécules qui les composent.

Les particules les plus impalpables de la matière nébuleuse forment les astres les moins avancés, dont le siége habituel paraît être les régions polaires, et dont les teintes brillantes rappellent parfois l'éclat des étoiles filantes. Ces astres ont reçu le nom d'*au-*

rores boréales ou d'*aurores australes*, selon la partie de la terre où ils se manifestent.

Les parties un peu moins ténues de la matière nébuleuse, attirées par la terre, auraient des mouvements plus accélérés, et se montreraient sous la forme de ces astres, qui, à raison de leur splendeur et de la rapidité de leur course, ont été nommés étoiles filantes. Dans un état de condensation plus avancé encore, les molécules de la matière nébuleuse donneraient lieu à des apparitions plus éclatantes, qui souvent seraient suivies de la chute de corps plus ou moins graves et plus ou moins considérables.

Ces corps, nommés aérolithes ou météorites, ont été d'abord regardés comme des fragments de planètes qui parcourent les espaces interplanétaires, tandis que d'autres observateurs les ont envisagés comme des laves lancées, par les volcans de la lune, en dehors de la sphère d'attraction de ce satellite.

Nous verrons combien il importe de rattacher cet ordre de phénomènes à l'unité de plan que la nature semble avoir suivie, plan manifesté dans toutes les œuvres de la création, et qui en est la loi la plus constante comme la plus générale.

Enfin, la matière nébuleuse, réunie en plus grande quantité et probablement plus condensée encore, produit les comètes ou ces amas de vapeurs immenses dont l'étendue dépasse souvent plus de 80 mille lieues. Aussi la plupart de ces astres, lorsqu'ils sont environnés de leurs atmosphères, ou qu'ils n'ont pas perdu leurs queues, ne pourraient point passer entre la lune et la terre, sans toucher ou l'un ou l'autre de ces corps planétaires.

La grandeur des atmosphères lumineuses que ces astres errants traînent après eux a été une cause de l'effroi produit par leur apparition, quoiqu'il n'y ait qu'une seule chance contre 281 millions, de leur rencontre avec la terre. Lors même que les comètes viendraient à pénétrer dans la sphère d'attraction de notre planète, ces astres ne changeraient pas l'ordre établi; tout au plus exerceraient-ils quelque influence sur l'atmosphère terrestre, s'ils y versaient quelque nouvel élément gazeux, ce qui du reste est peu probable. La comète de Lexell en est un exemple. Cet astre a traversé en 1769 le système entier des satellites de Jupiter; néanmoins, il n'y a causé aucun dérangement appréciable. Etudions donc les phénomènes relatifs à ces astres, afin de nous assurer s'ils sont ou non des corps célestes qui se préparent et s'élaborent dans l'espace, pour parvenir peu à peu et par degrés à cette perfection, qui, en définitive, doit en faire des corps distincts et stables.

IV. *Des aurores boréales.*

Les aurores boréales sont un des plus magnifiques phénomènes qui puissent s'offrir à nos regards, et en même temps un de ceux dont la solution est la plus difficile et la plus embarrassante. Assez rare dans les climats tempérés, ce phénomène devient plus fréquent à mesure que l'on s'avance vers les hautes latitudes. Il y est même si commun, que l'on peut dire avec quelque raison que les aurores boréales sont le soleil des régions polaires. Les observations faites par M. Lottin depuis le mois de novembre 1838, jusqu'en avril 1839, à Bessekop sur la côte de West-Fin-Marck, par 70° de latitude boréale, le font du moins présumer. Cet astronome a aperçu pendant ces 206 jours jusqu'à 143 aurores boréales, parmi lesquelles il s'en est trouvé 64 pendant la nuit de 70 jours qui règne dans ces parages, depuis le 17 novembre jusqu'au 25 janvier.

Un phénomène tout à fait analogue a lieu vers le pôle sud de la terre ; on l'a nommé *aurores australes.* Celles-ci n'ont pas encore été observées, mesurées et décrites avec la même rigueur que les boréales. On a admis, mais seulement par induction, qu'elles doivent avoir avec le magnétisme terrestre les mêmes rapports que ces derniers météores.

L'influence que ces phénomènes lumineux exercent sur la marche de l'aiguille aimantée est démontrée par les observations les plus précises et les plus exactes. Elle se fait aussi bien sentir dans les lieux où les aurores boréales sont visibles que dans ceux où elles ne le sont pas. Un fait curieux cité par M. de Humboldt le prouve d'une manière évidente. Le 7 février 1835, M. Gauss observa des variations de direction dans l'aiguille magnétique horizontale de l'observatoire de Gottingue, si considérables qu'il chercha à en reconnaître la cause.

Ces variations s'élevèrent jusqu'à 6 minutes en arc, en une minute de temps. M. Gauss n'en fut plus surpris lorsqu'il apprit que, le même jour 7 février, M. Feld avait observé une belle aurore boréale, dont il décrivit plus tard toutes les circonstances dans le journal de Poggendorf.

Pour être convaincu de l'influence des aurores boréales sur les variations de l'aiguille aimantée, il suffit de jeter les yeux sur le tableau des variations diurnes de l'aiguille, lors de l'apparition de ce phénomène à Gottingue, le 18 février 1837. Ce tableau, dressé par M. de Humboldt, offre les résultats suivants :

A 8 heures 2′ 30″, la déclinaison surpassait sa valeur habituelle de 39″.

De 9 heures 36′ à 9 heures 37′, on observa un changement de déclinaison de 14′ 34″.

Cette aurore fut non-seulement remarquable par le dérangement notable qu'elle occasionna dans la marche de l'aiguille aimantée, mais encore par la couleur rouge très-intense de la lumière qu'elle projetait dans l'espace. Seulement on ne put pas juger si le sens des perturbations avait quelque liaison avec la position des points où la lumière se trouvait à son maximum. Les lueurs que cette aurore répandait vers le sud ne formaient pas une zone continue ; elles se montraient au contraire dans des places isolées.

Il y a une telle relation entre les aurores boréales et les phénomènes magnétiques, que généralement le sommet de l'arc de l'aurore boréale se trouve toujours sur le méridien magnétique du lieu de l'observation. Il ne paraît pas du moins s'en écarter d'une manière sensible. Enfin la couronne de l'aurore boréale semble se trouver à peu près constamment sur le prolongement de l'aiguille d'inclinaison du lieu de l'observation. Si on observait à Paris une aurore boréale complète, la couronne irait se former vers le sud à 30° environ au delà du zénith, dans un plan vertical incliné de 22° au méridien terrestre.

Les aurores boréales dérangent donc de leurs positions ordinaires l'aiguille d'inclinaison et l'aiguille de déclinaison ; elles produisent des dérangements même dans les lieux où elles ne peuvent être aperçues. Ainsi les aurores boréales polaires, qui en aucune manière ne peuvent être vues à **Paris**, n'en affectent pas moins les aiguilles horizontales et verticales de l'Observatoire.

Cette coïncidence, ayant lieu généralement, prouve l'étendue des amas de matière nébuleuse qui, à certaines époques, paraissent pénétrer l'atmosphère terrestre. Cette matière, par l'effet de l'attraction prédominante des deux pôles magnétiques de la terre, se décomposerait en deux parties, dont chacune se porterait à l'un des pôles et y formerait les zones lumineuses que l'on y observe. L'effet de l'influence magnétique de cette matière modifierait sur toute la terre la déclinaison de l'aiguille aimantée.

Quoiqu'il existe des relations intimes entre les aurores boréales et le magnétisme terrestre, il ne paraît pas cependant que ce phénomène se passe dans notre atmosphère, malgré l'assertion de M. Michel, fondée sur l'hypothèse de Poisson, relative à la constitution des couches supérieures de l'atmosphère. On a trouvé du moins 25 degrés à la hauteur angulaire du point culminant de l'arc lumineux d'une aurore boréale visible à Paris; tandis que cette même hauteur était en **Livonie**, où elle a été également aperçue, de 90°. De cette observation, et au moyen de la méthode des parallaxes, M. Wartmann en a déduit que la matière de l'arc était à 200 lieues de hauteur de terre, c'est-à-dire à environ neuf atmosphères au-dessus des limites sensibles de celle qui enveloppe le globe terrestre (note 4).

A la vérité, les plus grandes incertitudes règnent sur l'emploi de cette méthode pour la détermination de la hauteur des aurores boréales. Fondée sur des combinaisons de parallaxe, elle suppose que partout on voit le même arc ou les mêmes molécules matérielles, amenées par des causes inconnues à l'état rayonnant. Cette supposition, comme il est facile de le saisir, est bien propre à soulever les doutes les plus graves.

D'un autre côté, si l'on pouvait se fier aux observations simultanées faites par le lieutenant Robert Hood et le docteur Richardson, les aurores boréales ne seraient souvent qu'à six ou sept milles anglais d'élévation au-dessus de la terre. Ces observations s'accordent fort peu avec celles de Dalton, qui a calculé les dimensions d'une aurore boréale très-remarquable, aperçue simultanément le 29 mars 1826, entre 8 et 10 heures du soir, à Manchester, à Edimbourg, et dans d'autres lieux. D'après ce physicien, le sommet de l'arc de cette aurore boréale s'élevait à cent milles anglais (environ 36 lieues), et la largeur de l'arc était de 3 lieues ; tandis que son amplitude de l'est à l'ouest était de 167 lieues.

Il serait possible que la matière nébuleuse qui forme les aurores boréales traversât dans certaines circonstances la couche aériforme dont la terre est entourée, à peu près comme celle qui compose les aérolithes, quoique le plus souvent ce phénomène se passe au delà des limites de l'atmosphère. On expliquerait par là les différences qui existent entre les observations faites dans le but d'apprécier la hauteur à laquelle se maintiennent les aurores boréales. On concevrait aussi de cette manière comment ce phénomène ne peut se développer complétement que quand le ciel est sans nuages, ou du moins qu'il ne présente que des vapeurs plus ou moins légères visibles, surtout à l'horizon, et dont l'élévation est rarement grande.

Quoi qu'il en soit, tout ce que prouve l'orientation magnétique de l'arc de l'aurore boréale, c'est que ce phénomène est placé symétriquement par rapport à l'axe magnétique. Ce fait et ceux que nous avons déjà énumérés prouvent les relations qui existent entre la position des arcs des aurores boréales, et celle des axes magnétiques de la terre. Ces relations indiquent encore l'influence que l'apparition de ces phénomènes lumineux exerce sur la marche de l'aiguille aimantée.

Ces relations, quoique réelles, sont loin de prouver que les jets lumineux dont sont composées les aurores boréales soient dus à des courants électriques qui, obéissant à l'action du magnétisme terrestre, s'échapperaient de la surface septentrionale du globe vers les hautes régions de l'atmosphère. Il suffit, pour que cette explication ne puisse être admise, que ce phénomène ait lieu hors de l'atmosphère terrestre ; or, quoique ce fait ne soit pas encore démontré, il est appuyé sur des observations trop précises pour ne pas être extrêmement probable. Aussi l'explication des aurores boréales par des effets magnétiques ne peut suffire dans ce moment à l'état de la science, depuis que l'on a reconnu les relations qu'elles ont avec les autres phénomènes dépendant de la matière nébuleuse disséminée avec profusion dans les espaces célestes.

Cette explication est d'autant plus insuffisante, qu'il est bien démontré maintenant que le phénomène des aurores boréales est beaucoup plus général et plus commun qu'on ne l'avait supposé. Quoique sa durée éprouve de nombreuses variations, puisque les unes sont visibles pendant des nuits entières, et que les autres se prolongent à peine l'espace d'une heure, ce phénomène est rarement plus rapide, et les lueurs qu'il produit ne sauraient jamais être comparées à celles de l'éclair, qui sont instantanées. Telles sont surtout les aurores boréales, qui se manifestent pendant toute la durée des longues nuits des contrées septentrionales de l'Asie et de l'Amérique.

L'éclat des aurores boréales n'est pas toujours calme et invariable comme celui des astres qui se trouvent dans un état de condensation plus avancé. On l'a comparé à des flammes immenses déployées dans les hautes régions du ciel, lesquelles s'agitent dans tous les sens, se heurtent, s'éteignent, et se raniment avec une prodigieuse rapidité. Souvent cependant les lueurs qu'elles répandent sont à peu près uniformes, comme celles qui dérivent des astres; seulement elles s'accroissent et s'affaiblissent par degrés, suivant l'époque de leur développement ou de leur apparition. Telle a été, par exemple, l'aurore boréale qui a été visible dans tout le midi de la France dans l'automne de 1837. Généralement elles ont un grand éclat, surtout celles qui se manifestent en si grand nombre dans les régions septentrionales. Il paraît même que dans le nord de la Laponie, leur clarté est assez vive pour éclairer pendant la nuit, comme peut le faire la lune.

La vivacité et l'éclat de la lumière des aurores boréales est souvent si grande, que ce phénomène est visible même en plein jour. M. Necker de Saussure a vu, à trois reprises différentes, l'apparition des aurores boréales être manifeste bien avant la nuit. Les faisceaux de lumière vive et blanche qu'elles répandent se projettent sur la couleur jaune et orangée du couchant, et tranchent par cela même sur les nuances plus foncées du ciel. Telles furent celles des 4 septembre, 28 octobre 1839 et 4 janvier 1840, que

M. Necker aperçut dans les environs de Sky, en Ecosse.

Les aurores boréales paraissent aussi fréquentes dans l'hémisphère sud que dans l'hémisphère nord. On peut donc réserver aux premières le nom d'australes, et ne conserver qu'aux secondes celui de boréales. Malgré le grand éloignement des aurores australes de notre hémisphère, ce phénomène n'apporte pas moins de trouble dans le magnétisme des aiguilles aimantées déposées à Paris. De nombreuses perturbations affectèrent l'aiguille aimantée de l'Observatoire, le 14 janvier 1831, lorsque M. Gabriel Lafond observait une aurore australe dans l'hémisphère sud, où il se trouvait pour lors.

Les aurores boréales, s'il faut en croire certains observateurs, seraient accompagnées d'un bruit particulier souvent assez fort, d'après le capitaine Franklin, pour attirer au dehors les habitants qui en sont les témoins. Cependant M. Necker de Saussure, qui a donné à ce phénomène une attention particulière, n'a jamais pu parvenir à l'entendre, aucun bruit ne lui a paru se produire, même pendant les aurores boréales les plus vives qui ont eu lieu à Sky, et malgré le plus profond silence. Il a néanmoins recueilli dans les îles Shetland de nombreux témoignages à cet égard, d'autant plus dignes de foi qu'ils étaient entièrement spontanés, et nullement influencés par des questions préalables.

Ce phénomène est très-fréquent dans ces îles, ainsi que dans les régions septentrionales, car il est très-souvent suivi par de la neige abondante. Peut-être à cette circonstance doit-on rapporter le bruit que l'on a cru dépendre des aurores boréales. Le capitaine Franklin le suppose ; il a fait observer que ces aurores coïncident presque toujours avec des pluies ou de violents coups de vent. Elles sont donc des avant-coureurs du mauvais temps et des grands mouvements qui ont lieu dans l'atmosphère.

Si le fait du bruit produit par les aurores lumineuses était réellement constaté, on pourrait en conclure avec certitude que les bandes colorées et brillantes qui les composent traversent parfois l'atmosphère ; car hors l'atmosphère, il ne peut y avoir aucun son sensible ; cependant nous sommes loin d'avoir acquis une pareille certitude.

Parmi les explications qui ont été données du phénomène des aurores boréales déjà décrit d'une manière assez exacte par Aristote, une seule a survécu : c'est celle de l'électricité atmosphérique répandue dans les hautes régions de l'air, admise par Franklin et plus tard par Canton, dès qu'il eut connaissance des effets produits par le fluide électrique répandu dans l'air dilaté. D'après la position que l'arc lumineux conserve par rapport à l'aiguille d'inclinaison, la convergence des jets lumineux vers le point du ciel, où passe le prolongement de cette aiguille, l'analogie frappante de ce phénomène avec quelques-uns de ceux que produit l'électricité, lorsqu'elle traverse un milieu très-rare, il est difficile de ne point admettre qu'il existe des relations sensibles entre les aurores boréales et le magnétisme. On le doit d'autant plus, que les aurores boréales exercent leur action et font sentir leur influence sur la marche des aiguilles aimantées, même dans les localités les plus éloignées des contrées où elles brillent de tout leur éclat.

Mais ces relations, quoique réelles, ne prouvent pas que les jets lumineux dont sont composées les aurores boréales soient dus à des courants électriques. On ne peut pas supposer non plus que ces courants obéissent à l'action du magnétisme terrestre, et s'échappent de la surface septentrionale du globe, vers les hautes régions de l'atmosphère. En effet, cette explication ne peut être admise; car ce phénomène a lieu hors de l'atmosphère terrestre. Or, quoique ce fait ne soit pas encore complétement démontré, des observations précises lui donnent une grande probabilité. Aussi l'explication des aurores boréales par des effets magnétiques ne peut suffire dans ce moment à l'état de la science, depuis que l'on a reconnu les liaisons et les analogies qu'elles ont avec les autres phénomènes dépendant de la matière nébuleuse disséminée avec profusion dans les espaces célestes. Cette explication est devenue plus insuffisante encore, d'après la périodicité reconnue dans les apparitions des étoiles boréales et australes.

En effet, le fait le plus grave et le plus important dans l'histoire de ces phénomènes, c'est l'époque de leurs principales apparitions. Sans doute on peut citer des aurores lumineuses dans divers mois de l'année; mais il n'est pas moins certain qu'elles ne sont jamais plus fréquentes qu'aux deux époques du retour périodique des étoiles filantes, surtout vers le milieu du mois d'octobre.

Chaque année, on constate régulièrement pendant ce mois un grand nombre de ces aurores, ce qui prouve qu'il y a vraiment une loi de périodicité dans ce phénomène. Si cette périodicité se trouve parfois en défaut, il n'en faut accuser que le peu de densité de ces vapeurs nébuleuses, qui les rend sujettes à un très-grand nombre de perturbations. Quoi qu'il en soit, nous allons montrer les relations qui existent entre les apparitions des aurores boréales et des étoiles filantes, et nous verrons qu'elles sont assez grandes pour les considérer comme dérivant les unes et les autres d'une même cause, c'est-à-dire, de la condensation de la matière nébuleuse.

Avant d'entrer dans les détails qui prouvent les relations de ces divers phénomènes, il importe de faire remarquer que l'influence, ou pour mieux dire, les rapports qui existent entre l'état magnétique du globe et l'apparition des aurores boréales ne sont plus douteux. Les observations récentes de M. Lloyd viennent d'apporter de nouvelles preuves à ce fait presque démontré.

Cet astronome a fait remarquer que le 29 mai et le 29 août 1840 avaient été l'un et l'autre des jours de perturbations magnétiques extraordinaires et d'aurores boréales marquées. La comparaison des changements simultanés d'intensité et de déclinaison observés à ces époques aux stations les plus éloignées semblent autoriser les conclusions suivantes :

1° Les plus grandes perturbations magnétiques arrivent vers les mêmes heures dans les points les plus éloignés de la terre ; conséquemment, les causes dont elles dépendent ne sont pas purement locales.

2° Cette première conséquence doit être étendue aux causes qui engendrent les aurores boréales. Il est donc probable que les observateurs éloignés ne voient pas tous la même aurore boréale ou australe.

3° L'ordre des changements magnétiques n'est plus réglé par les mêmes lois dans les stations trèséloignées. Les représentations graphiques n'offrent pas cette ressemblance qu'on trouvait dans les limites de l'Europe, en considérant les résultats obtenus par la confédération magnétique allemande.

4° Le désaccord sur les lois et l'ordre des changements est plus marqué dans les mouvements en déclinaison que dans les changements d'intensité de la force horizontale. Il est probable, d'après cela, que si l'élément de direction était éliminé dans les changements simultanés de l'intensité verticale et horizontale, les variations que l'on en déduirait pour l'intensité totale s'accorderaient beaucoup mieux, et jetteraient un plus grand jour sur la nature des forces qui produisent ces phénomènes et sur leurs lois.

Ces observations de M. Lloyd confirment puissamment les résultats auxquels M. Arago était parvenu. Ce grand astronome avait en effet insisté, en se fondant sur des considérations optiques, sur la nécessité d'admettre que chaque observateur voit son aurore boréale particulière, comme chacun voit son arc-en-ciel. D'autre part, les observations qu'il a faites à Paris, comparées à celles de Kupffer à Kassan, ont établi, il y a déjà bien des années, que les fortes perturbations magnétiques sont simultanées aux plus grandes distances, mais sans s'exercer pour cela dans le même sens.

Il est encore prouvé que le phénomène des aurores boréales n'est point rapide et passager comme la lumière de l'éclair. Il se montre souvent pendant plusieurs heures, et persiste parfois pendant toute la durée des longues nuits des contrées septentrionales de l'Asie et de l'Amérique. Son éclat n'est pas cependant toujours calme et invariable comme celui des astres. Il éprouve au contraire des variations extrêmement grandes ; ainsi, tandis que la splendeur des aurores boréales s'affaiblit au point de devenir presque invisible pendant des heures entières, elle se ravive ensuite tout à coup, de manière à donner à ce phénomène un éclat particulier. Enfin il ne paraît pas exister de latitude où les aurores boréales soient tout à fait inconnues.

Les observations que nous rapporterons plus tard prouveront également que la région occupée par les aurores boréales est souvent sillonnée par un grand nombre d'étoiles filantes. Ce fait, et une foule d'autres que nous indiquerons, annonce, ce semble, que ces deux phénomènes doivent provenir d'une source commune et avoir une même origine. Ils ont encore cela de commun, d'exercer l'un et l'autre une influence très-sensible sur l'aiguille aimantée, et d'avoir leurs apparitions assez régulières pour paraître périodiques.

V. *Des étoiles filantes.*

Nous venons de voir que les plus impalpables des particules de la matière nébuleuse formaient les aurores boréales, dont les teintes brillantes rappellent parfois l'éclat des étoiles filantes. On entend sous ce nom ces corps qui, surtout pendant les belles nuits d'été, semblent traverser les espaces interplanétaires avec un éclat particulier analogue à celui des étoiles ordinaires. Ces astres paraissent formés par des parties un peu moins ténues et un peu plus denses de la matière nébuleuse que celles dont sont composées les aurores boréales. Ces portions plus condensées de cette matière auraient cependant des mouvements plus accélérés, et se montreraient sous la forme de ces astres qui, à raison de leur splendeur et de la rapidité de leur course, ont été nommés *étoiles filantes*.

Ces météores ou plutôt ces astres ne se forment pas plus dans notre atmosphère, que leur lumière n'est due à des traînées de gaz hydrogène enflammé. Leur parallaxe les place beaucoup plus haut que, dans les théories adoptées, les limites sensibles de l'atmosphère ne semblaient le comporter. Du moins, des observations comparatives faites en 1823 à Breslau, à Dresde, à Leipe, à Brieg, à Gleiwitz, etc., par le professeur Brandes et plusieurs de ses élèves, ont donné jusqu'à 500 milles anglais (environ 25 lieues de poste), à la hauteur de certaines étoiles filantes.

La vitesse de ces météores est quelquefois de 36 milles (12 lieues par seconde), c'est-à-dire, à peu près le double de la vitesse de translation de la terre autour du soleil. Si l'on voulait considérer la moitié de cette vitesse apparente comme une illusion, et comme un effet du mouvement de translation de la

terre dans son orbite, il resterait toujours 6 lieues à
la seconde pour la vitesse réelle des étoiles filantes.
Or, ce mouvement serait encore plus accéléré que
celui de toutes les planètes supérieures, la terre
exceptée.

Lorsqu'on cherche la direction apparente suivant
laquelle les étoiles filantes se meuvent le plus ordinairement, on reconnaît, par une tout autre voie que
celle que nous avons indiquée, que si elles s'enflamment dans notre atmosphère, elles n'y prennent pas
du moins naissance, et qu'elles viennent du dehors.
Cette direction, la plus habituelle des étoiles filantes,
semble diamétralement opposée au mouvement de
translation de la terre dans son orbite.

Quoi qu'il en soit, l'étonnante apparition des étoiles
filantes et des bolides observée en Amérique dans la
nuit du 12 au 13 novembre 1833, semble annoncer
qu'outre les grandes planètes il circule autour du
soleil de petits corps célestes. Ces astéroïdes, pour
nous servir de l'expression qu'Herschel a appliquée à
Cérès, Pallas, Junon et Vesta, se meuvent en quelque sorte par groupes; ils ne deviennent visibles
qu'au moment où, pénétrant dans notre atmosphère,
ils s'y enflamment. Néanmoins il en existe quelques-
uns d'isolés, ainsi que le démontre l'observation assidue
des étoiles filantes.

L'apparition de ces astres est souvent tellement

considérable, qu'il est presque impossible d'en évaluer le nombre. Ainsi, en 1833, les étoiles filantes se succédaient à de si courts intervalles en Amérique, que les évaluations les plus modérées ont porté leur nombre à plusieurs centaines de mille. Ces astéroïdes furent aperçus au-dessus de la côte orientale de l'Amérique, depuis le golfe du Mexique jusqu'à Halifax, depuis neuf heures du soir jusqu'au lever du soleil, et même en plein jour dans plusieurs localités (note 5).

Cette pluie d'étoiles filantes est loin d'avoir été la seule observée en Amérique. De semblables averses d'étoiles avaient eu lieu en 1799. Nous en devons la connaissance à M. de Humboldt. Il en a été de même au Groënland et en Allemagne, d'après un grand nombre d'observateurs. Ce qui est non moins remarquable, toutes ces étoiles filantes ont paru dans la nuit du 11 au 12 novembre. L'Asie, et particulièrement l'Arabie, a été également témoin de ce phénomène, toujours à la même époque; mais seulement sur une moindre échelle.

De pareilles apparitions ont également eu lieu à l'époque du 8 au 18 octobre, et cela pendant plusieurs années. La nuit du 9 au 10 août en 1836, 1837, 1838 et 1839 s'est fait surtout remarquer par un nombre extraordinaire de ces météores. M. Capoci, directeur de l'observatoire de Naples, a également aperçu cette grande quantité d'étoiles filantes qui ont encombré le ciel pendant la nuit du 10 août, surtout vers le matin.

La quantité des étoiles filantes qui parcourent les espaces célestes est si grande que M. Herrich, en cherchant à se faire une idée exacte du nombre de celles qu'on voit chaque vingt-quatre heures, en laissant de côté les averses des mois d'août et de novembre, a supposé qu'environ trois millions de ces météores pénètrent journellement dans l'atmosphère terrestre. Cette observation a été confirmée par celles d'Herschel. D'après ce grand astronome, la majorité des étoiles filantes paraît émaner d'un centre ou foyer qui n'est pas fixe relativement aux étoiles, mais bien par rapport à l'horizon visible. Ainsi ces astres convergent à une direction près d'une quinzaine de degrés, vers un point qui a un azimuth d'environ 120° à l'ouest du point sud, et à une hauteur d'environ 30° au-dessus de l'horizon (note 6).

Herschel regarde comme un fait presque général que la très-grande majorité des étoiles filantes suit une route déterminée et dirigée vers un même point de l'horizon. Ce point est un peu au nord-est et à 15 ou 20° de hauteur. Cette circonstance s'est du moins représentée constamment dans tout le mois de novembre dernier, avant comme après le 13, et ne s'est pas encore démentie jusqu'à ce jour.

Ces observations et une foule d'autres, qu'il nous serait facile d'ajouter si cela pouvait être nécessaire, prouvent que le retour des étoiles filantes, des aurores boréales et des aérolithes ayant lieu à des époques fixes, ces phénomènes ont une sorte de périodicité. Cette périodicité avait été remarquée depuis longtemps ; il suffit pour s'en convaincre de jeter les yeux sur l'Introduction à la philosophie naturelle, traité que Muschenbroeck a publié en 1762. On la trouve encore mentionnée dans un manuscrit conservé à Cambridge, intitulé : *Ephemerides rerum naturalium*, qui remonte à la fin du xviie siècle.

Elle résulte également de l'observation faite en 1779, par sir Hamilton, d'une éruption du Vésuve qui a coïncidé avec l'apparition d'un grand nombre d'étoiles filantes. Cette observation se trouve rapportée dans le tom. lxx des Transactions philosophiques. Ces faits s'accordent parfaitement avec ceux qui ont été consignés par M. Caleb Gannet dans son *Historical register of the aurora borealis*, inséré dans les Mémoires de l'académie d'Amérique publiés à Boston en 1785. Il en est de même de ceux qui ont été rapportés par M. Webster, dans son Histoire de la maladie pestilentielle qui, en 1798, ravagea les environs d'Hartford. La périodicité des retours des astéroïdes est donc non-seulement un fait qui résulte des obser-

vations récentes, mais encore de celles dues aux physiciens du siècle dernier (note 7).

On a cependant observé que la périodicité des
étoiles filantes ne devait pas être constante ; du moins
pendant la nuit du 12 au 13 novembre 1837 on n'en
a point remarqué ; cependant cette nuit a été fort
claire. Les astéroïdes avaient donc manqué au rendez-
vous ; dès lors on a supposé, malgré les assertions de
M. Arago, qu'il ne pouvait plus être question de leurs
retours périodiques. Mais, d'après cet habile astronome, les apparitions antérieures des étoiles filantes à
cette nuit du 12 au 13 novembre n'auraient pas eu
lieu exactement à la même date, et leur absence à l'é-
poque précise à laquelle elles étaient attendues ne
prouve absolument rien contre leur périodicité. D'ailleurs, la clarté de la pleine lune aurait suffi pour effacer toutes celles de ces étoiles que l'intensité de
leur lumière aurait placées au-dessous de la seconde
grandeur. En admettant la constance de la date, rien
ne dit en outre que ce n'est pas de jour que les étoiles
attendues ont traversé l'atmosphère de Paris.

On n'a jamais prétendu que l'atmosphère tout entière de la terre dût être envahie par le courant de ces
météores. En 1833, lorsque en Amérique ils étaient
un objet d'effroi pour les populations, on les remar-
quait à peine en France. En 1836, sur la Bonite, on

n'aperçut que quelques rares étoiles filantes : cependant la même nuit en Europe leur grand nombre frappait tous les yeux.

M. Chasles a admis la périodicité des étoiles filantes. Il a consigné son opinion dans le catalogue qu'il a dressé de leurs apparitions pendant six siècles, c'est-à-dire depuis 528 jusqu'à 1123. Dans ce long intervalle aucune apparition d'étoiles filantes n'a été mentionnée par les chroniqueurs pendant les mois de janvier et de février ; une seule a eu lieu dans les mois de juin, d'août et de septembre ; deux en novembre ; quatre en mai ; cinq en décembre ; six en octobre ; sept en avril ; neuf en mars ; dix en février, et vingt et une dont la date du mois est inconnue. Quant aux apparitions d'étoiles filantes isolées, elles se sont manifestées en janvier, en mars, en avril, en juin, en septembre, en novembre et en décembre. Ces trois derniers mois sont ceux où leur nombre paraît avoir été le plus considérable.

On remarque, dans le catalogue des apparitions des étoiles filantes en masse, l'absence presque totale de ces astres en novembre, époque où elles sont actuellement périodiques chaque année. Cette circonstance semble annoncer que le plan de l'orbite de ces astéroïdes que l'on voit vers le 13 novembre a éprouvé un déplacement considérable, et que, par suite de cette perturbation, ils sont devenus maintenant visibles à cette même époque de novembre (note 8).

Sur les soixante-sept apparitions de ces étoiles en masse, quarante-six avec dates de mois appartiennent probablement à plusieurs systèmes différents d'astéroïdes se mouvant en masse. Il semble cependant qu'il en est un qui se distingue par une périodicité annuelle assez bien indiquée. Ce phénomène a apparu en février au viiie siècle. On le trouve d'abord en 741, et il s'est renouvelé pendant un siècle dans le même mois de février ; ce système paraît être le même que celui qui plus tard s'est montré en mars et puis en avril. Peut-être est-ce le même que nous voyons actuellement en novembre. S'il en est ainsi, il aurait paru à peu près pendant cent vingt-cinq ans dans chaque mois, en supposant que le déplacement du plan de son orbite ait été régulier ; alors le phénomène du 13 novembre devra être transporté dans peu d'années au 14 novembre, puis au 15, au 16 et ainsi de suite.

M. Chasles a fait de plus remarquer que certains chroniqueurs assurent que les étoiles filantes paraissent plusieurs nuits de suite, ce qui semble indiquer que ces astéroïdes forment une espèce d'anneau continu. Aussi a-t-il supposé que l'anneau de Saturne, au lieu d'être un corps compacte et continu, comme on l'admet assez généralement, pourrait bien n'être

qu'un assemblage de corps ayant entre eux des intervalles plus ou moins considérables, mais insensibles à
raison de leur énorme distance de la terre. Ces astres
divers projetteraient leur ombre sur Saturne, comme
s'ils formaient une masse compacte. Le mouvement
de rotation de l'anneau de cette planète, reconnu par
Herschel, s'accorde parfaitement avec cette supposition ; car la multitude de satellites qui forment cet
anneau semblent animés d'un mouvement de rotation
analogue à celui des étoiles filantes. Cette hypothèse
est loin d'être nouvelle ; Cassini avait considéré, il y
a longtemps, l'anneau de Saturne comme formé par
une suite de petits satellites planétaires.

Les étoiles filantes n'ont donc pas leur origine dans
notre atmosphère ; elles semblent formées par des
masses cosmiques qui se meuvent dans les espaces
planétaires avec des vitesses tout au moins égales à
celles des planètes. Toutefois, lorsque ces masses cosmiques viennent à rencontrer la terre, elles s'enflamment par la résistance et le frottement, et deviennent
lumineuses ; quelquefois même elles crèvent en l'air,
et projettent sur le sol des masses plus ou moins considérables de fer ou d'autres roches.

On est arrivé à cette certitude, en déterminant la
hauteur de ces astres, leurs vitesses et leurs directions, seuls éléments qui peuvent permettre de décider si les étoiles filantes se forment ou non dans notre

atmosphère. La première série d'observations entreprise pour s'assurer de ce point de fait a été conçue par MM. Brandes et Benzenberg.

Ces astronomes ont pris une ligne de neuf milles anglais de longueur pour base de leurs opérations ; ils se sont placés aux deux extrémités pour observer ces phénomènes dans des nuits convenues. Aussitôt qu'une étoile filante était aperçue, ils traçaient sur une carte céleste sa direction apparente, en notant l'époque de son apparition et de son extinction, et toutes les autres circonstances qui pouvaient caractériser sa marche.

Ils purent calculer de cette manière la hauteur de vingt-deux météores, du 11 septembre au 4 novembre 1798. Le minimum de hauteur était de 16 milles anglais ; sept s'étaient montrés à une hauteur inférieure à 45 milles ; neuf, de 45 à 50 milles; six, à une hauteur de 90 milles, et un à une hauteur de 140 milles.

Deux seules observations firent juger de la vitesse de ces astéroïdes. Dans une circonstance, cette vitesse était de 25 milles par seconde, tandis que dans une autre elle était de 17 à 21 milles seulement. Le résultat le plus remarquable que présenta l'un de ces météores fut de paraître se diriger de bas en haut, comme s'il eût été projeté par la terre.

Ces observations ne firent plus douter aux physi-

ciens qui les avaient entreprises, de la parfaite identité entre les chutes des étoiles filantes et celles des
autres météores ignés, du moins sous le rapport de
leur vitesse et de leur hauteur.

Encouragé par ce premier succès, Brandes fit en
1833 une autre tentative sur une plus grande échelle,
afin de déterminer les vitesses et les hauteurs des
étoiles filantes, au moyen d'observations simultanées
faites par lui et par plusieurs personnes qu'il s'était
associées à Breslaw. Elles furent continuées depuis
avril jusqu'en octobre ; pendant cet intervalle, on observa jusqu'à dix-huit cents étoiles filantes dans différentes localités. Sur ce nombre, quatre-vingt-dix-
huit avaient été aperçues en même temps dans plus
d'une station. On reconnut que la plus faible hauteur
de ces astres était de 15 milles, la plus grande d'environ 400, et la moyenne d'environ 146 milles.

On détermina ensuite la courbe qu'avaient décrite
trente-six de ces météores ; pour vingt-six, le mouvement avait eu lieu en bas, il fut cependant horizon-
tal dans un seul cas, et dans les neuf autres, ces astres parurent se porter visiblement en haut. Dans trois
circonstances seulement, on put déterminer leur vitesse. Les résultats furent respectivement de 23, de
28 et de 37 milles anglais par seconde ; la dernière
vitesse était presque double de celle de la terre. Les
trajectoires furent très-rarement des lignes droites ; le

plus souvent elles étaient courbes, tendant soit à l'horizontalité, soit à la verticalité ; elles avaient parfois une direction serpentiforme.

La direction prédominante du mouvement était du N.-E. au S.-O., par conséquent dans un sens contraire à la rotation de la terre dans son orbite. Cette circonstance n'est pas sans quelque importance sous le rapport de la théorie physique de la formation de ces astres nouveaux.

Des observations semblables ont été entreprises depuis lors, par MM. Quetelet et Wartmann, et, d'après la diversité de leurs résultats, il est évident que les hauteurs et les vitesses des étoiles filantes sont très-variables et très-incertaines. Cependant la plupart de ces astéroïdes paraissent être, au moment de leur apparition, dans des espaces bien supérieurs aux limites de l'atmosphère terrestre. Leurs vitesses semblent supérieures à celle due à l'attraction solaire qui agit sur des corps placés à égale distance de cet astre (note 9).

Il est difficile de se former une idée exacte des dimensions de ces astéroïdes, tant leur grandeur apparente est variable. Le plus grand nombre paraît égal sous ce dernier rapport aux étoiles de la troisième et de la quatrième grandeur. Quelques-uns se rapprochent pourtant des étoiles de première grandeur, et plusieurs surpassent Vénus et Jupiter en éclat. Il est remarquable que les plus gros sont ceux qui ont paru les plus élevés; les petits semblent être distants de la terre d'environ 20 à 40 milles.

Les mêmes observations prouvent qu'à certaines époques de l'année on voit plus d'étoiles filantes que dans d'autres. Les retours périodiques de ces astéroïdes ont été principalement signalés en août et en novembre. Parmi les années où ces étoiles ont paru en plus grande quantité, on a surtout signalé 1799, 1832, 1833 et 1834. MM. de Humboldt et Bompland avaient déjà compris l'année 1799 parmi celles où cet ordre de phénomènes s'était manifesté le plus fréquemment.

D'après ces observations positives, et le nombre immense de ces étoiles filantes, comment ne pas admettre qu'elles sont produites par la condensation de la matière nébuleuse qui prépare et façonne ces astres nouveaux? D'un autre côté, il est difficile de ne point le supposer lorsqu'on voit le plan de l'orbite de ces astéroïdes éprouver sans cesse un déplacement considérable. On doute moins qu'il en soit ainsi, en réfléchissant que depuis 528 jusqu'en 1223, il y a eu absence presque complète d'étoiles filantes en novembre et même en août. Pendant ces six siècles, le mois de mars a été d'abord le plus remarquable par la quantité de ses apparitions; et plus tard ce mois a été remplacé par celui d'avril.

Les faits démontrent encore que les étoiles filantes sont extrêmement éloignées de la terre, et que leur vitesse est très-considérable. Cette vitesse ne semble pas présenter de notables différences suivant le sens de leur direction. Du reste, si ces astres étaient rapprochés de notre planète, leur rapidité serait moins grande que ce qu'elle paraît. D'ailleurs, en vertu du mouvement de la terre, celles qui vont dans le sens du mouvement de rotation de cette planète, ou de l'ouest à l'est, auraient nécessairement leur vitesse augmentée de celle de la terre.

Elle serait au contraire diminuée, si la vitesse des étoiles filantes était précisément égale à celle de la rotation de notre planète. Aucune apparition de ces astéroïdes n'a jamais présenté un pareil résultat. On n'a pas observé non plus que les étoiles filantes, dirigées de l'ouest vers l'est, aient une plus grande rapidité que celles qui vont en sens contraire. Il faut donc qu'elle soit très-considérable par rapport à la vitesse de rotation de la terre, et par suite, qu'elles soient très-éloignées de notre planète, circonstances qui résultent des observations faites jusqu'à ce jour (note 10).

Si nous nous reportons maintenant par la pensée aux premiers âges de la création, nous voyons la matière éthérée se condenser d'abord vers un centre unique, former une immense atmosphère autour d'un noyau solidifié. Ces nébulosités se contractent par l'abaissement de la température, leur vitesse de rotation s'accélère, et l'accroissement de la force centrifuge en limite les atmosphères, des zones gazeuses abandonnent successivement le noyau central sans cesser pour cela d'opérer leurs mouvements autour de lui. Elles forment même, par l'effet d'une nouvelle condensation, les planètes et enfin leurs satellites.

Or, ce qui s'est passé jadis pour notre système solaire doit se continuer tous les jours ; il durera même tant qu'il existera dans l'espace un milieu susceptible de se refroidir et de se condenser. On peut donc conclure avec probabilité qu'il se forme aujourd'hui, comme autrefois, de nouveaux corps, de nouveaux systèmes analogues à celui dont nous faisons partie.

La matière nécessaire à la constitution de ces corps est dans les nébuleuses, qui présentent des amas énormes de substances, soit gazeuses, soit liquides, dont quelques parties commencent probablement à se solidifier. Comme les formes, l'éclat de ces nébuleuses, changent ainsi que leur étendue : les astres qu'elles composent ne peuvent être qu'aux premières époques de leur formation.

C'est donc à une semblable condensation de cette matière qu'est due la création des astres nouveaux qui apparaissent au milieu des espaces célestes. C'est aussi à une cause de ce genre qu'il faut attribuer les aurores boréales, dont la position relativement au méridien magnétique prouve les propriétés éminemment électriques de la matière qui donne lieu à ce phénomène. Il en est de même de l'influence si grande et si constante tout à la fois qu'elles exercent sur l'aiguille aimantée, dans les lieux où elles ne sont point aperçues.

Ce qui fixe l'importance de ces corps, c'est la régularité de leurs apparitions. En effet, si l'on peut citer des apparitions d'aurores boréales dans les divers mois de l'année, on peut du moins affirmer qu'elles ne sont jamais plus fréquentes qu'aux deux époques du retour périodique des étoiles filantes. C'est surtout vers le milieu d'octobre, où régulièrement chaque année ces phénomènes se manifestent ; il y a donc réellement une loi de périodicité dans ces retours constants. Si cette périodicité paraît quelquefois en défaut, il n'en faut accuser que le peu de densité de ces vapeurs nébuleuses qui les rend sujettes à un grand nombre de perturbations. Les relations des aurores boréales et des étoiles filantes sont trop nombreuses et trop intimes pour ne pas les considérer comme dépendantes d'une même cause.

L'observation attentive des étoiles filantes a prouvé qu'elles traversaient le ciel dans toutes les directions. Leur grandeur et leur éclat sont extrêmement variables, et leur distance à la terre nous est à peu près inconnue. Très-rares à certaines époques, elles se montrent tellement nombreuses à d'autres à peu près fixes, qu'on se trouve naturellement conduit à admettre qu'elles forment des groupes ou des courants qui viennent rencontrer l'écliptique à des époques déterminées.

Toutes les observations annoncent que les principales époques de ces phénomènes sont vers le 10 août et le 13 novembre. Il paraît même, d'après MM. Herman et Chasles, qu'il existe deux courants placés sur l'écliptique vers 316 à 318°, et 50 à 51° de longitude. Leur conjonction avec la terre est prouvée par l'extinction notable des rayons solaires qui en a été la suite, et qui s'est manifestée quelquefois par un obscurcissement sensible du soleil et toujours par une diminution de ses effets thermométriques, particulièrement vers le 12 mai, époque de l'une de ces conjonctions.

Les observations anciennes s'accordent assez bien avec cette hypothèse, comme on peut en juger en portant son attention sur les tableaux qui ont été publiés par MM. Herman et Chasles, et les recherches de M. Biot fils sur les étoiles filantes aperçues en Chine. Quant au mouvement de translation que paraissent avoir sur l'écliptique les deux courants d'étoiles filantes, les hypothèses des deux physiciens que nous venons de nommer ne sauraient être convenablement étudiées aujourd'hui, vu le défaut d'observations à cet égard.

En effet, d'un côté, le manque d'étoiles filantes en novembre de l'an 528 à l'année 1123, et à l'inverse leur périodicité vers les mois de février et mars dans le même intervalle, ont fait supposer à M. Chasles que le courant d'astéroïdes qui produisait alors ces phénomènes est la cause des phénomènes actuels du 13 novembre; seulement dans ces 1300 ans, le retard de leur apparition a été de 9 mois, ce qui ferait environ un mois de retard pour 125 ans. Mais M. Herman fait remarquer que de 845 à notre époque, le retard peut n'être que de deux mois environ, si l'on admet avec lui une tout autre vitesse de rétrogradation. Ainsi les phénomènes rapportés par les chroniques pour le viiie et le ixe siècle pendant les mois de février et mars seraient dus à la même cause qui produit de nos jours, vers le 12 mai, un abaissement notable de température.

Sans doute, il est bien difficile aujourd'hui de se prononcer entre ces deux opinions; mais l'une et l'autre tendent à prouver que ces astres varient singulièrement dans leur marche et par suite dans leurs retours. Dès lors leur cours ne paraît pas encore soumis à des lois bien fixes ni bien régulières.

Il est du reste constaté que la distance des étoiles

filantes à la terre est trop considérable pour admettre que leur formation a lieu dans l'atmosphère, et que ces astres y continuent leur cours. Cette circonstance est plus décisive que les analogies nombreuses qui existent entre ce genre de phénomènes et celui des aurores boréales. Il n'est pas moins positif que l'éclat incomparablement plus grand des étoiles, leur réunion en masses moins considérables, et leur condensation qui rend sensibles chez elles les effets de la gravitation, sont une preuve que ces astéroïdes ont atteint un état de condensation plus avancé que les aurores boréales. Celles-ci semblent le premier terme où parvient la matière nébuleuse lorsqu'elle tend à s'organiser et à former des planètes.

Ces faits et ceux relatifs à la périodicité de l'apparition des étoiles filantes résultent des observations faites de nos jours en Europe, et de celles compulsées par MM. Herman, Chasles et Perrey dans les époques déjà anciennes. Les recherches de M. Biot fils sur les registres tenus par les astronomes chinois sont venus encore les confirmer et leur prêter leur appui.

Ces derniers documents sont d'autant plus précieux, qu'ils se rapportent à la Chine, dont l'histoire authentique remonte au moins au xe siècle avant notre ère. Le même savant a enfin recueilli avec le plus grand soin tout ce que ces observations contiennent de relatif aux météores les plus remarquables. Il en a trouvé un plus grand nombre dans la partie astronomique des *Annales des temps*, que dans l'ouvrage de Ma-Touan-Lin. Tous ces documents, dont la plupart ont été rédigés avec soin et par des hommes exercés, confirment pleinement tout ce que nous avons dit de la périodicité de ces phénomènes et de la régularité de leurs apparitions.

Parmi les faits qui prouvent que l'univers n'est point terminé, on peut citer les variations ou les changements d'intensité des étoiles, confirmés non-seulement par les observations des astronomes modernes, mais par celles des astronomes grecs.

Herschel croit avoir reconnu des changements réels d'intensité dans une très-grande partie des étoiles observées, qui n'est pas moindre d'une sur trente. D'après ces observations, certaines étoiles ne brillent pas d'une lumière constante et avec le même éclat, fait important dont l'avenir nous donnera la confirmation. Nous sommes pourtant certains que les mêmes faits observés par les astronomes de l'antiquité sont tout à fait exacts. En effet, Eratosthène nous apprend que de son temps la plus belle des étoiles du Scorpion était la brillante de la serre boréale. Or, maintenant la serre boréale est moins brillante que la serre australe et surtout qu'Antarès. N'est-il pas naturel d'en conclure qu'il y a eu des changements d'intensité dans la constellation du Scorpion depuis le temps d'Eratosthène.

Un dérangement dans l'ordre d'intensité relatif aux diverses étoiles d'un groupe peut également s'expliquer par l'augmentation des unes et par l'affaiblissement des autres.

M. Arago trouve une preuve incontestable de la diminution d'intensité d'une étoile, dans une très-ancienne remarque d'Hipparque. Cet illustre astronome, qui vivait à Alexandrie cent vingt ans avant notre ère, disait en critiquant Aratus : « L'étoile du pied de devant du Bélier est belle et remarquable. » De nos jours, l'étoile du pied de devant du Bélier n'est que de 4ᵉ grandeur.

S'il y a dans le ciel des étoiles dont la lumière paraît s'être complétement éteinte, il en est d'autres qui ont complétement disparu. Herschel trouvait déjà le nombre des étoiles perdues fort considérable à une époque où l'atlas céleste ne lui inspirait aucune défiance. Ayant eu ensuite recours aux observations originales de Flamsteed, il découvrit dans l'atlas céleste et dans le catalogue britannique des erreurs nombreuses qui l'obligèrent de modifier ses premiers résultats.

Ainsi après une infinité d'observations, Herschel plaça au nombre des étoiles qui se sont complétement éteintes depuis Flamsteed, la 9e et la 10e du Taureau de 6e grandeur. Il y comprit également la 55e d'Hercule, insérée dans le catalogue de Flamsteed comme une étoile de 5e grandeur. Le 10 octobre 1781, cet astronome la vit distinctement, et nota qu'elle était rouge. Il l'aperçut de nouveau le 11 avril 1782, et l'inscrivit dans son journal comme une étoile ordinaire. Mais le 24 mai 1792, il n'en restait plus aucune trace; on ne l'a plus aperçue depuis lors.

A tous ces faits, on peut ajouter ceux dont nous devons la connaissance à Herschel, et qui semblent prouver que s'il existe des étoiles dont l'intensité diminue, il en est d'autres dont cette même intensité va en augmentant. Enfin, nous pourrions encore démontrer avec M. Arago qu'il est un certain nombre d'étoiles qui ont apparu d'une manière plus ou moins subite dans le ciel, et dont on n'avait aucune idée auparavant. Il nous suffira seulement de citer l'étoile immense observée par Albumazar dans le ixe siècle au 15e degré du Scorpion.

L'étendue de cet astre nouveau était trop considérable pour supposer qu'il puisse y avoir ici la moindre méprise; du reste, cette étoile est loin d'être la seule qui ait paru inopinément. On en sera convaincu en jetant les yeux sur la notice que M. Arago a publiée dans l'*Annuaire du bureau des longitudes*

(1842), et dont nous avons extrait les observations précédentes.

Des millions de soleils dont l'espace est parsemé peuvent fort bien éprouver de nombreux changements dans leur constitution physique, dans leur éclat et leur intensité, sans qu'il en soit de même de notre soleil. Cet astre parait être arrivé à un état fixe et permanent dans ses propriétés calorifiques et lumineuses. La terre jouira donc indéfiniment de la chaleur et de la lumière bienfaisantes qui y répandent et y maintiennent la vie dans un équilibre non moins remarquable.

Si donc par rapport à la terre et aux astres de notre système solaire tout parait achevé, il n'en est pas de même des cieux, qui peuvent fort bien avoir été créés tout d'un coup, comme la matière qui compose notre terre et notre soleil, sans avoir pourtant reçu leur entière perfection. Comment ne pas le supposer, lorsqu'on voit la matière nébuleuse, et même les astres stellaires, éprouver des modifications et des transformations nombreuses et continuelles ? Ainsi, par exemple, Sirius était jadis rougeâtre, et en moins de 2000 ans il est passé de cette teinte au blanc le moins équivoque. Sirius est loin d'être la seule étoile qui ait éprouvé un pareil changement, comme il conste des observations d'Herschel et de M. Struve. Ainsi,

la terre et le soleil qui l'éclaire et l'anime peuvent fort
bien être achevés, sans qu'il en soit de même des
myriades de corps célestes disséminés au milieu de
l'immensité du firmament.

VI. *Des aérolithes.*

Les molécules de la matière nébuleuse dans un
état de condensation plus avancé que celui qui produit les étoiles filantes donnent lieu à des apparitions tout aussi éclatantes, suivies parfois de la chute
de corps, plus ou moins considérables et plus ou
moins denses. Ces corps ou les aérolithes sont ordinairement amenés sur la terre par des météores ignés
de l'espèce de ceux qui ont été appelés bolides ou
globes de feu. La plupart de ces corps graves qui
tombent sur notre planète après une conflagration
plus ou moins vive sont composés des mêmes principes chimiques, à peu près combinés dans les mêmes
proportions. Les corps simples que l'on rencontre
dans les aérolithes sont les mêmes que ceux qui composent les matériaux terrestres ; toute la différence
qu'il y a entre les composés que les uns et les autres forment tient à la diversité de proportion de leurs
éléments.

La silice, le fer, la magnésie, le soufre, le nickel,
le manganèse et le chrôme sont les éléments essen-

tiels de ces corps. L'aérolithe d'Alais (Gard) est le seul qui contienne de plus une certaine quantité de carbone. A la vérité, il se pourrait que les autres eussent perdu cette substance, par suite de la chaleur qu'ils ont éprouvée en traversant l'atmosphère. Cette chaleur est certainement plus que suffisante pour enflammer non-seulement des principes volatils, mais encore des corps combustibles, tels que le charbon.

Le fer et le nickel des aérolithes s'y trouvent à l'état métallique, circonstance que ne présentent jamais ces métaux qui font partie des couches terrestres. Cette diversité dans l'état de ces substances métalliques prouve, ainsi que leurs retours périodiques, que les aérolithes ne se forment pas dans notre atmosphère, mais bien au delà de ses limites. Enfin, ce qui démontre leur origine extra-tellurique, c'est que les météorites ne se trouvent nulle part à la surface du globe; du moins tous les aérolithes que l'on y connaît sont tombés des airs, et proviennent d'ailleurs.

L'hypothèse de la formation de ces astéroïdes dans notre atmosphère, quoique la plus simple et la plus naturelle, est cependant la plus invraisemblable et la moins fondée. En effet, pour que ces corps, qui tombent sur la terre à l'état solide, pussent se former par agrégation au milieu de l'air atmosphérique, il faudrait que leurs éléments y fussent contenus. Si l'eau et la grêle s'y produisent, c'est qu'il y a toujours des vapeurs aqueuses et que le froid suffit pour les condenser.

L'analyse la plus exacte ne découvre dans l'atmosphère aucun des principes constituants des pierres météoriques, et lorsque les substances métalliques s'y trouveraient, les éléments de l'air ne sauraient les dissoudre. Si des gaz capables d'opérer cette dissolution se rencontraient dans les hautes régions de l'air, d'après les lois que suivent les matières gazeuses, on en verrait nécessairement quelques traces à la surface de la terre ; comme il n'en existe pas, il est naturel d'en conclure que des gaz jouissant de pareilles propriétés ne s'y montrent point.

Lors même que l'on y en découvrirait, il faudrait toujours expliquer comment des éléments extrêmement disséminés pourraient produire des précipitations subites de pierres pesant plusieurs quintaux, telles que celles d'Ensisheim en Alsace ; comment ils seraient capables d'opérer la formation de trois à quatre mille pierres, de grosseurs diverses lancées par des météores brillants comme ceux qui ont accompagné les aérolithes de l'Aigle.

Si ces corps se formaient dans l'atmosphère comme la pluie et la grêle, ils obéiraient, comme elles, à l'action de la pesanteur, et tomberaient sur le globe en ligne droite ou du moins, sans autre déviation que celle que leur imprimeraient les courants atmosphériques. Mais il n'en est point ainsi ; les aérolithes ont dans leur chute une vitesse de translation horizontale très-grande, et quelquefois comparable à celle qui fait circuler notre planète dans son orbite (note 11).

On a encore supposé que les aérolithes étaient lancés sur la terre par les volcans lunaires, et on a appuyé cette hypothèse sur la circonstance que la lune n'est point entourée d'une atmosphère dense. Mais, pour qu'il pût en être ainsi, il faudrait démontrer l'existence des volcans lunaires, existence contestée avec raison par la plupart des astronomes. Il faudrait également que l'apparition des météorites fût aussi irrégulière que le sont les éruptions volcaniques. Il est d'autant moins probable que de pareilles éruptions ont lieu dans notre satellite, qu'il paraît que ce que l'on avait pris pour des phénomènes volcaniques dans la lune ne sont que des effets de lumière. Par conséquent, la base de l'explication qui les considérerait comme provenant des volcans lunaires serait une hypothèse de plus et purement gratuite.

Du reste, les volcans admis ainsi que la non-périodicité des aérolithes, l'explication du phénomène n'est plus qu'une question de mécanique rigoureuse (note 12).

D'après l'hypothèse proposée par Chladni, les aérolithes seraient des fragments de planètes, ou de petites planètes, qui, circulant dans l'espace, entrent dans l'atmosphère terrestre, perdent graduellement leur vitesse par la résistance de l'air, et viennent enfin tomber à la surface de la terre.

On a découvert récemment de si petites planètes, qu'il en existe peut-être de plus petites encore, et telles, que les météores pierreux puissent en provenir. D'un autre côté, cette hypothèse s'accorde parfaitement avec toutes les circonstances qui accompagnent la précipitation des pierres météoriques ainsi qu'avec leur périodicité. Elle ne serait pas d'ailleurs repoussée par l'uniformité à peu près générale de leur composition, lors même qu'elle serait aussi réelle qu'on l'a supposé. Cette composition est si loin d'être identique, que les unes sont charbonneuses, les autres ferriques, et certaines siliciques.

Les aérolithes paraissent souvent aux mêmes époques que les étoiles filantes; leurs apparitions ont principalement lieu pendant les mois de juillet, d'août, de septembre, d'octobre et de novembre. Ainsi, sur environ deux cent vingt chutes d'aérolithes à peu près constatées, il y en aurait eu quarante-cinq en octobre; trente-cinq en novembre; dix-neuf en septembre; dix-huit en août; dix-sept en juillet, en juin et en mars; seize en avril; quatorze en mai; douze en janvier et en février, et huit seulement en décembre.

Or, précisément les mois d'octobre, de novembre,

d'août et de septembre, sont ceux où l'on remarque le plus d'étoiles filantes, en sorte que ces deux phéno-mènes auraient lieu aux mêmes époques. Ils seraient même périodiques, puisque l'on peut déjà prévoir, dans l'état d'imperfection où sont encore à cet égard les observations, leurs retours successifs.

Les astéroïdes se meuvent dans l'espace ou dans l'atmosphère, lorsqu'ils la traversent avec une extrême rapidité. Leur vitesse est quelquefois égale à celle du soleil dans son orbite. Ces astres paraissent se mou-voir dans une direction inclinée à l'horizon. Après avoir répandu pendant quelques instants une lueur très-vive, ils éclatent avec un grand bruit, souvent à une grande hauteur, et jusqu'à plus de dix lieues au-dessus de la surface de la terre.

On s'est assuré de ce fait, en évaluant leur paral-laxe d'une manière approximative, d'après les obser-vations faites simultanément, par exemple, à l'ins-tant de leur explosion dans les lieux où on les avait aperçus. Du reste, ceux qui pénètrent dans l'atmos-phère ne paraissent affecter aucune direction déter-minée par rapport à la terre. Les uns vont d'orient en occident; d'autres d'occident en orient, du nord au sud, ou du sud au nord, quoique leur direction prédominante ait lieu du N.-E. au S.-E. Néanmoins, les astéroïdes paraissent émaner de tous les points du ciel et suivant toutes les directions.

Les observations que M. Petit a eu l'occasion de faire à Avignon lors de la chute de l'aérolithe du 9 juin 1840, aérolithe également aperçu à Toulouse, confirment la supputation d'après laquelle on rapporterait la formation de ces météores à une cause semblable à celle qui a produit les planètes. D'après les calculs parallactiques auxquels ce physicien s'est livré, ces météores seraient de véritables planètes douées d'un mouvement analogue à celui de la terre. Quant à celui qui fut visible à Avignon, sa hauteur était d'environ 50 lieues, et sa vitesse très-peu différente de celle de notre globe.

Les aérolithes qui tombent sur la terre y arrivent presque constamment dans un état de déflagration ardente. Celui qui, le 25 février 1841, a été projeté sur le toit d'un pressoir, dans la commune de Chante-Loup, arrondissement de Coutances, en est une preuve irrécusable ; il y mit le feu avec une si grande rapidité, qu'on ne peut guère en comparer les effets, qu'à l'embrasement d'une pièce d'artifice. On trouve également mentionné dans le tome xv des *Annales des voyages* un météore igné qui aurait causé un incendie dans des îles voisines de l'archipel de Chiloé.

Ces événements, arrivés en plein jour, viennent à l'appui de ce fait phénoménal, dont M. Arago a le premier fait connaître la réalité, c'est que la chute des météorites peut produire des incendies.

La cause de l'inflammation des bolides, des météores pierreux ou des étoiles filantes ne peut pas être attribuée, dans l'état actuel de nos connaissances, au contact de l'atmosphère terrestre. Du moins toutes les données physiques que nous avons sur la hauteur de ce phénomène ne permettent pas, ainsi que l'a fait observer M. Biot, de la porter à moins de 45 ou 50,000 mètres. Cependant ces météorites se montrent à l'état igné lorsqu'ils se trouvent à des élévations bien plus grandes. Aussi le fait incontestable de la présence de ces corps dans l'espace doit être rapporté à quelque cause physique plus éloignée et jusqu'ici inconnue. Lorsque l'ignition des astéroïdes a été opérée hors de l'atmosphère, ou du moins par des causes indépendantes de sa présence, l'oxydation superficielle s'achève naturellement, ou peut être supposée s'effectuer par le contact de la masse aérienne traversée (1).

Cette hypothèse s'accorde parfaitement avec toutes les circontances qui accompagnent la précipitation des pierres météoriques, ainsi qu'avec leur périodicité. On ne peut pas la rejeter en supposant l'uniformité à peu près générale de la composition de ces

---

(1) *Comptes rendus des séances de l'académie des sciences*, t. XIII, n° 2, deuxième semestre, 12 juillet 1841, pag. 52.

pierres, puisqu'il en est au moins de trois sortes, de charbonneuses, de ferriques et de siliciques. Lorsqu'elles offriraient les mêmes éléments essentiels, ce ne serait pas un motif suffisant, ainsi que nous le ferons observer plus tard, pour la repousser ; car il ne serait pas impossible que toutes les planètes assez petites pour former des aérolithes fussent de même nature et composées d'éléments semblables réunis dans les mêmes proportions.

Les aérolithes ont donc été d'abord considérés comme des météores formés dans l'atmosphère. Mais il faudrait prouver que l'atmosphère contient les éléments qui forment les pierres météoriques, et qu'elle les contient en assez grande quantité pour produire instantanément des masses aussi considérables. D'ailleurs, la vitesse horizontale de ces corps, vitesse quelquefois comparable à celle de la terre dans son orbite, montre bien que ces corps sont formés hors de l'air atmosphérique ; sans quoi leur chute serait à peu près verticale.

Si ces pierres se formaient dans l'espace vers la limite de l'atmosphère par la réunion subite de matières terreuses et métalliques qui s'échapperaient de la terre à l'état de vapeur, il serait fort difficile de comprendre la gazéification de ces corps fixes par les moyens ordinaires. D'un autre côté, le volume énorme des gaz qui devraient se solidifier pour former ces pierres, le vide que cette solidification produirait dans l'atmosphère, le trouble général qui en résulterait à la surface de la terre, trouble qu'on n'a jamais observé, rendent cette supposition tout à fait inadmissible. M. Gay-Lussac avait montré en quelque sorte son impossibilité, en prouvant que l'air présente la même composition à toutes les hauteurs de l'atmosphère.

Quant à l'inflammation ainsi qu'à la lumière brillante que répandent le plus constamment ces météores, il est certain, d'après la méthode des parallaxes employée pour déterminer leur hauteur, que ces bolides se trouvent souvent à plus de 200 lieues d'élévation. Or, d'après la loi de Mariotte, il semblerait qu'à une pareille hauteur la quantité d'air doit être si minime, qu'elle ne serait pas suffisante pour la production de ces météores essentiellement lumineux.

Mais, puisqu'à 200 lieues et plus ces météores s'enflamment, il faut que la masse d'air y soit assez considérable pour opérer d'aussi violentes combustions, ou, si elle est insuffisante, que la matière nébuleuse puisse en être l'aliment, tout comme son ébranlement produirait le développement de lumière qui caractérise ces astres.

Parmi ces bolides nouvellement observés, et qui ont présenté quelques particularités de ce genre remarquable, on peut citer celui qui a été aperçu le 20 juillet 1841, à 8 heures 40 minutes du soir, terme moyen, à Prégny, dans le canton de Genève. Sa couleur était blanchâtre, et son éclat était presque aussi brillant que celui de Jupiter; mais il ne présentait aucune traînée lumineuse. Sa marche de l'est à l'ouest était lente, et s'effectuait dans une région plus élevée que celle où se voyaient de légers petits nuages, derrière lesquels il a passé en perdant un peu de son éclat, mais sans cesser d'être visible. Ce météore a présenté un phénomène très-singulier durant la trajectoire qui a été d'environ 25″.

Il a paru s'éteindre dans trois quarts de seconde, au moment même où il se trouvait dans une région du ciel parfaitement pure, puisque les étoiles y étaient très-distinctes; après quoi il a repris son état primitif. Il a ensuite disparu en l'air sans s'abaisser vers le sol, et sans faire entendre aucun bruit. L'année précédente, on avait aperçu par un ciel tout à fait serein un beau météore aussi éclatant que la planète Vénus; après avoir brillé pendant l'espace d'une seconde, il s'était éteint tout à coup pendant un instant très-court, et reprit ensuite de nouveau son éclat primitif. Ce météore continua d'être visible pendant environ une seconde et demie; après quoi il disparut en l'air, mais sans faire explosion.

L'hypothèse qui attribue les aérolithes aux volcans

lunaires rendrait parfaitement compte de ces phénomènes, si l'on pouvait admettre l'existence des volcans dans la lune, fait que l'observation directe repousse de manière à ne pas permettre le doute.

La théorie de la formation de ces corps dans l'atmosphère, ne pouvant pas plus être adoptée que celle
de leur projection par les volcans lunaires, il devient
nécessaire de les considérer comme des astres planétaires qui, circulant dans l'espace, sont portés dans la
sphère d'attraction de la terre. Leur vitesse s'affaiblit
graduellement par la résistance de l'air, et ils finissent par tomber à la surface du globe, enflammés
soit de leur nature, soit par le frottement qu'ils ont
éprouvé en traversant l'air atmosphérique (note 13).

Le seul fait que l'on pourrait opposer à cette hypothèse, c'est que la composition chimique des aérolithes est peu variée, bien qu'elle ne soit pas constante, et diffère peu des matériaux terrestres; ce qui
rend étonnant que ces corps soient produits à de si
grandes distances de la terre, et même du système solaire. Cette objection n'est pas néanmoins suffisante
pour faire abandonner une théorie qui acquiert chaque
jour une nouvelle consistance par les observations auxquelles donne lieu ce phénomène.

Ainsi, par exemple, la chute de l'aérolithe qui est
tombé, le 12 juin 1841, auprès de Château-Renard,
est venue démontrer une sorte de périodicité dans les

mêmes espèces de météorites (note 14). Celui de Château-Renard, ou plutôt de Triguère, est une variété
de l'espèce la plus commune, c'est-à-dire de celle qui
comprend les pierres tombées en juillet 1803, à l'Aigle,
département de l'Orne. Cette variété a , sous les rapports minéralogiques, les plus grandes anologies avec
les variétés qui sont tombées à Barbatan (Landes), le
24 juillet 1790; à Berguillas (Vieille-Castille), le 8
juillet 1811; et auprès d'Angers (Maine-et-Loire), le
3 juin 1822. Elle paraît tellement identique avec la
variété tombée à Vouillé (Vienne), le 18 juillet 1831,
que, sans étiquettes, il serait impossible de l'en distinguer.

Cette identité minéralogique est confirmée par l'a-
nalyse chimique. Ainsi depuis à peu près un demi-
siècle, lorsque la terre s'est trouvée dans la partie de
son orbite qui correspond au solstice d'été, les bolides météoriques qu'elle a rencontrés dans les espaces
célestes étaient précisément de même nature. Si le
phénomène se reproduit par la suite, il sera utile de
chercher à déterminer, s'il y a uniformité dans la direction de la trajectoire suivant laquelle chacun de
ces petits corps de nature semblable, continuerait
de nous arriver de temps en temps, vers la même
époque de l'année.

L'ensemble des observations prouve également que
les chutes des aérolithes coïncident constamment avec

l'apparition des étoiles filantes, et par suite avec celles des aurores boréales. Les époques principales de ces chutes sont les 17 et 29 juillet et 29 novembre, ou plutôt enfin la plupart des jours du premier de ces mois (note 15).

Une pareille coïncidence entre les époques d'apparition de ces phénomènes jusqu'ici regardés comme entièrement étrangers les uns aux autres, autorise à les considérer comme résultant d'une même cause, et animés des mêmes mouvements. Ainsi une première condensation de la matière nébuleuse produit cette matière lumineuse évidemment magnétique qui donne lieu aux aurores boréales. A un état supérieur de condensation, ces nébulosités ont assez de masse pour manifester des phénomènes de gravitation, en vertu desquels nous les voyons se mouvoir dans l'espace à l'état d'étoiles filantes. De ces étoiles filantes, celles qui rencontrent la terre sont pour nous des aérolithes. Enfin, si leur masse est suffisamment grande, elles peuvent circuler dans les espaces planétaires sous forme de comètes; ces astres tendent, comme nous l'avons déjà fait observer, d'une manière manifeste à prendre un cours plus régulier que celui qu'ils suivent ordinairement.

VII. *Des comètes.*

Des modifications non moins grandes que celles que nous avons remarquées dans les apparitions des aurores boréales, des étoiles filantes et des aérolithes, s'observent également dans le cours que suivent les astres chevelus, auxquels on a donné le nom de comètes (note 16).

Ces astres, pourvus le plus souvent d'une atmosphère très-étendue, nommée queue, circulent autour du soleil suivant des lois régulières, et se meuvent comme les planètes, à cela près que leurs orbites sont des ellipses très-allongées. Ils décrivent donc des orbes plus ou moins dépendants de l'attraction des planètes, mais presque entièrement déterminés par l'attraction prépondérante du soleil. Aux premières époques de leur formation, ces astéroïdes finissent peut-être par devenir dans le cours des siècles des astres assez analogues aux planètes, quant à leur constitution physique. La condensation des vapeurs dont elles sont formées les y ramène, et cette condensation leur fait perdre ces immenses prolongements de leurs atmosphères, ou leur queue. Les comètes qui les ont perdues sont les plus anciennes et les plus avancées, puisqu'elles ne s'en montrent privées qu'après un grand nombre de retours successifs.

Parmi les comètes qui ont perdu leur queue, on

peut citer celle à courte période, qui fait sa révolution dans l'espace de 3 ans et un tiers. Son orbite actuel est si peu ancien, qu'il ne paraît pas remonter au delà de 1786 (note 17).

Probablement, lorsque les molécules gazeuses qui composent les astres nouveaux seront complétement condensées, ces corps célestes disparaîtront tout à fait comme tant d'autres, dont la petitesse du noyau est telle, qu'il n'est plus possible de les apercevoir au milieu de l'immensité de l'espace.

Les comètes sont donc aux premières époques de leur formation ; par cela même, elles tendent constamment à se condenser, à s'approcher de l'état solide ; elles finissent même par être plus ou moins analogues aux autres corps planétaires.

Dans l'état où certaines comètes se présentent à nous, les plus légers nuages, qui flottent dans les couches supérieures de l'atmosphère, et qui, au coucher du soleil, semblent comme inondés de lumière, sont des corps denses et massifs comparativement à la contexture déliée et légère de ces astres. Mais, par suite de la condensation des vapeurs qui les composent, les comètes finissent par avoir vers leur centre un noyau plus dense que celui qu'elles possèdent aux premières époques de leur formation.

Celles qui sont dans ce dernier cas n'ont pas même d'apparence de noyau central ou de disque. Parmi lès comètes sans noyau apparent et qui semblent de simples masses globulaires de vapeurs légèrement condensées vers le centre, on peut citer celles de 1795, de 1797, de 1798, observées par Olbers, et la petite comète de 1804, dont la nébulosité avait environ 2,000 lieues de diamètre. Aussi aperçoit-on à travers leur portion la plus condensée la lumière des étoiles, qui n'éprouve pas dans sa marche la plus faible déviation ni le moindre affaiblissement dans son intensité. La matière de la nébulosité est si rare, si diaphane, que les lumières les moins vives peuvent la traverser dans une immense profondeur sans cesser d'être visibles.

Cette faible densité est une conséquence de la petitesse de la masse de ces astres, comparativement à leur volume, quelquefois si grand, qu'il est presque égal à celui du soleil. L'état de condensation, vers lequel tendent toutes les comètes rend leur retour souvent impossible ou du moins bien difficile à fixer; car si le rapprochement de la matière qui les compose a lieu d'une manière rapide, elles perdent la plus grande partie de leurs atmosphères et sont réduites à de très-petites masses. Elles deviennent alors à peu près invisibles avec les meilleurs instruments. On ne les retrouve plus dans l'immensité du ciel.

Ces astres portent en eux-mêmes les preuves de leur peu d'ancienneté. Ils sont distincts des planètes, en ce qu'ils décrivent des orbites très-allongés et dans tous les sens indifféremment. On ne saurait les confondre avec les aérolithes, puisqu'ils sont assujettis à des lois plus régulières, qui permettent de déterminer leurs mouvements.

En second lieu, leur peu de densité est manifesté par leur apparence vaporeuse et la transparence de quelques-uns à la lumière des étoiles, qu'ils laissent passer, sans lui faire éprouver la moindre déviation ni la plus légère altération.

La différence des comètes aux autres astres est aussi sensible sous le rapport de leurs autres propriétés physiques. Ainsi, la nébulosité et la queue qui les accompagnent témoignent de l'immense atmosphère qui les enveloppe. Cette atmosphère se condense à chaque révolution de l'astre, vers le périhélie, et d'une révolution à l'autre, en vertu du refroidissement.

Les comètes ne diffèrent pas moins entre elles, que des autres astres, soit stellaires, soit planétaires ; ce qui fournit une preuve assez positive de l'état éminemment transitoire où elles se trouvent actuellement, et qu'elles ne sont point parvenues à un état vraiment définitif.

Les unes ne sont qu'une nébulosité légèrement condensée vers le centre ; les autres paraissent avoir un noyau solide. Ces noyaux varient d'ailleurs dans le degré de leur transparence, de leur éclat et de leur opacité. Les différences relatives à leur queue, à sa forme, à sa direction, à sa longueur et à son éclat, ne sont pas moins remarquables.

Si certains de ces astres perdent leurs queues ou la plus grande partie de leurs atmosphères, d'autres en acquièrent au contraire de nouvelles. Telles ont été les comètes de 837, 1097, 1399, 1436, 1744 et 1823. Celles-ci ont eu deux, trois, et jusqu'à six queues différentes épanouies en éventail.

D'autres fois, les comètes semblent se partager en deux portions distinctes, par suite de l'inégalité de la condensation de la matière nébuleuse qui les compose. Mais ce qu'il importe de faire remarquer, c'est que ces circonstances dépendent d'effets et d'actions qui régissent le globe terrestre et sont communs à ceux dont nous éprouvons l'influence.

Lorsque l'atmosphère de ces astres est composée d'un seul gaz ou de deux également dilatables, elles n'ont qu'une seule queue, et ne se partagent jamais en plusieurs. Lorsqu'au contraire leur atmosphère est formée par plusieurs gaz d'une dilatabilité différente, les comètes ont plusieurs queues, et celles-ci se séparent souvent. Ces astres, composés de matières vaporisables à des degrés différents de température, en se rapprochant du soleil, reçoivent une chaleur plus ou moins considérable. Dès lors, les vapeurs les plus dilatables doivent tendre à se séparer de celles qui le sont moins, à peu près comme ce que nous produisous par l'effet d'une température élevée sur tous les corps et particulièrement sur les gaz. En se séparant, ces vapeurs, ainsi dilatées, produisent probablement dans l'espace de nouvelles comètes qui, en s'éloignant du soleil, tendent à se condenser, comme celles dont elles sont provenues.

Au delà de cette terre, les lois dépendantes de la pesanteur et de la température régissent donc les corps célestes comme elles déterminent ici-bas les faits d'ensemble et les faits de détail. Une pareille similitude prouve que les phénomènes célestes et terrestres sont essentiellement comparables, puisque les uns et les autres dépendent des mêmes causes et sont soumis aux mêmes conditions.

Les comètes sont évidemment des astres aux premières époques de leur formation, puisqu'elles éprouvent des modifications sensibles par une suite naturelle de leur cours. Ainsi, le 15 octobre 1835, la comète de Halley présenta dans sa nébulosité de forme circulaire, nommée chevelure, quelque peu au sud du point diamétralement opposé à la queue, un secteur compris en deux lignes sensiblement droites, dirigées vers le centre du noyau. La lumière de ce secteur surpassait notablement celle de tout le reste de la nébulosité. Ses deux rayons limites étaient nettement définis.

Le lendemain 16, après le coucher du soleil, on

reconnut que le secteur du 15 avait disparu, mais sur une autre partie de la chevelure au nord. Cette fois, il s'était formé un secteur nouveau, du point diamétralement opposé à l'axe de la queue. Il méritait bien ce nom, à raison de la place qu'il occupait, de son éclat vraiment extraordinaire, de la parfaite netteté des rayons qui le terminaient, et de sa grande ouverture angulaire, dépassant 90°. Le 17, le secteur de la veille existait encore. Sa forme et sa direction ne paraissaient pas notablement changées ; mais la lumière, beaucoup moins vive, paraissait grandement affaiblie.

Le 18, l'affaiblissement avait fait de nouveaux progrès. Les jours suivants, le ciel fut trop couvert pour permettre d'observer cette comète. On aperçut le 21 à 6 heures trois quarts de l'après-midi, dans la nébulosité, trois secteurs lumineux distincts. Le plus faible et le moins ouvert était situé sur le prolongement de la queue.

Le 23, il n'existait plus que des traces à peine sensibles des secteurs, et la comète avait totalement changé d'aspect. Le noyau, qui jusqu'à cette époque s'était montré si brillant, si net, si bien défini, était devenu tellement large, tellement diffus, qu'on ne croyait à la réalité d'une variation aussi grande, aussi subite, qu'après s'être assuré qu'aucune humidité ne couvrait ni l'oculaire ni l'objectif des lunettes employées dans les observations.

Ce même jour, 23 octobre, la région orientale de la
nébulosité, considérée en masse, n'était peut-être pas
plus étendue que la région opposée ; mais elle la surpassait incontestablement en intensité.

Ces faits, observés à Paris par M. Arago, l'ont été
également à Dessau par M. Schwabe. Ce dernier a
même dessiné avec la plus grande exactitude les divers changements que la comète de Halley a éprouvés
à ses différentes phases. M. Schwabe paraît avoir
encore aperçu le 26 octobre de faibles rayonnements
vers le noyau. Enfin, d'après lui, la nébulosité généralement circulaire aurait toujours offert une dépression, un enfoncement local très-sensible dans sa partie tournée vers le soleil.

Un secteur semblable sous le rapport de la forme,
de la position et de l'éclat à ceux qui avaient été vus à
Paris, les 15, 16, 17 et 18 octobre, fut observé en Ir-
lande, le 19, par M. Cooper. M. Amici, de Florence,
s'assura de plus que le 13 octobre (jour où la comète ne put être observée ni à Paris ni à Dessau) cet
astre répandait six rayons lumineux très-vifs, partant, en divergeant du noyau, et s'étendant à des distances inégales dans la nébulosité ; mais, chose singulière, les jours suivants ce phénomène avait complétement disparu.

Des changements non moins remarquables ont eu
lieu de tout temps, **relativement à la forme et aux**

dispositions de la comète de Halley. Ils ont été si marqués, que l'on s'est demandé si ces changements n'étaient pas un caractère distinctif de cet astre. Il paraît pourtant certain que si le 26 août 1759 le noyau ressemblait à une étoile de seconde grandeur, il était à peine discernable le 11 septembre suivant, tant la comète était diffuse d'après l'assertion de la Hire.

Toutes les observations faites depuis 1305 jusqu'en 1835 prouvent également combien ont été nombreux les changements et les modifications que cette comète a subis. Mais, en suivant avec soin toutes les circonstances de son apparition, il n'en est aucune de laquelle on puisse induire qu'elle se soit affaiblie. Il résulterait plutôt de l'ensemble des observations dont elle a été l'objet, et particulièrement des deux passages de 1759 et 1835, que cet astre aurait grandi dans l'intervalle.

Les secteurs, dont la manifestation et la destruction ont lieu d'une manière aussi subite que le renouvellement, ont une si grande étendue, qu'ils n'occupent pas moins de deux cent mille lieues dans l'espace. D'après cette circonstance remarquable, et celle que jamais aucune comète ne s'est présentée avec une phase évidente, ces astres doivent être aux premières époques de leur formation. Ils ne sont donc pas, comme les planètes, éternels dans les formes et les dispositions sous lesquelles ils se présentent à nous.

C'est seulement après un grand nombre de révolutions successives autour du soleil, que leurs nébulosités sont assez condensées pour circuler dans l'espace avec un noyau solide, analogue à celui qui compose les planètes du système solaire.

Il ne faut pas croire que les anomalies et les variations dont nous venons de rendre compte soient uniquement propres à la comète de Halley. Elles sont au contraire communes à la totalité de ces astres. Aussi n'est-il pas impossible qu'il se manifeste dans leur noyau, et dans la totalité ou dans quelques parties de la chevelure et de la queue, des changements d'intensité presque subits.

Sans rappeler ces apparitions et ces disparitions successives des secteurs lumineux dont nous avons déjà parlé, il suffit de considérer que, le 18 novembre, le ciel étant de la plus grande pureté, la longueur de la queue de la comète ne semblait plus guère que la moitié de ce qu'on l'avait trouvée le 16 par des circonstances moins favorables. L'astre, comparé dans son ensemble à ce qu'il avait été la veille, avait éprouvé un affaiblissement extrême. Cependant dans l'intervalle la comète s'était rapprochée du soleil, en sorte que, loin de diminuer d'éclat, sa splendeur aurait dû au contraire s'augmenter, puisqu'une grande partie de la lumière de ces astres leur vient du soleil.

On se demande enfin si ce n'est pas plutôt à des changements réels, plutôt qu'à la conséquence de l'interposition de quelques vapeurs atmosphériques entre l'astre et l'œil de l'observateur qu'il faut attribuer les variations remarquées chez le plus grand nombre des comètes. Ainsi, d'après Kepler, la queue de celle de 1607, d'abord fort courte, devint longue en un clin d'œil. Vendelin, Sendelius, le P. Cysat ont également assuré avoir aperçu sur les bords de la queue de la comète de 1618 des ondulations telles qu'on aurait pu les croire agitées par les vents.

D'un autre côté, Pingré affirme qu'étant en mer, près des Canaries, il vit distinctement dans la longue queue de la comète de 1769 des ondulations semblables à celles que les aurores boréales présentent. Certaines de ces étoiles, qui paraissaient décidément renfermées dans la largeur de la queue, en étaient peu de temps après sensiblement éloignées. Comment ne pas admettre, d'après ce que l'on a reconnu lors de la dernière apparition de la comète de Halley, que ces circonstances dans les variations éprouvées par ces astres, sont bien réelles et ne dépendent nullement de l'interposition de l'atmosphère terrestre ?

Il est dans l'observation de Pingré un fait bien important, surtout s'il venait à se généraliser ; c'est celui des ondulations qu'il a remarquées dans la comète de 1769 et qu'il a comparées à celles des aurores boréales. Ce serait une liaison de plus entre deux ordres de phénomènes qui paraissent avoir tant de rapports.

D'un autre côté, les variations extraordinaires qu'a éprouvées dans ses dimensions la nébulosité à courte période, lors de son apparition en 1829, sont telles que dans un intervalle de deux mois son diamètre apparent a été réduit au vingtième. Le vrai a été restreint au vingt – cinquième, et son volume au $\frac{1}{16750}$. Une aussi étonnante diminution dans un si faible intervalle de temps a suggéré à M. Valz l'idée de rechercher par le secours de l'analyse quelles seraient les modifications que pourrait faire subir à une pareille nébulosité l'interposition d'un fluide éthéré qui ne la pénétrerait pas.

Il résulte de cette comparaison entre le calcul et l'expérience une admirable concordance avec les six observations qu'il a été possible à ce physicien de réunir. Deux d'entre elles ont suffi pour déterminer le rapport suivant des densités de l'éther D et D′ aux distances r et r′ du soleil.

$$\frac{D}{D'} = (4339) \frac{r' - r}{r\ r'} \text{ ou log. } \frac{D}{D'} = 3{,}63738 \frac{r' - r}{r\ r'}.$$

Les observations extraordinaires qui ont conduit à un résultat aussi remarquable ne sont pas du reste les seules de ce genre. Elles sont confirmées par les recherches d'Hevelius sur la comète de

1652 et par celles du P. Cysat sur celle de 1618.

On peut juger de l'accord de la précédente théorie avec des observations qui lui sont antérieures de deux siècles, en comparant les données déduites du calcul théorique avec les observations de la dernière comète de 1618 faites par le P. Cysat à Ingolstadt. Le rapport qui existe à cet égard est d'autant plus digne d'attention, que ces observations ont été faites à une époque où l'on venait d'inventer les lunettes, dont le premier emploi ne comportait sans doute encore que de grossières approximations de leurs nébulosités. En voici le tableau :

ÉPOQUES.	RAYON VECTEUR.	DISTANCE A LA TERRE.	NÉBULEUSES OBSERVÉES.	NÉBULEUSES CALCULÉES.	DIAMÈTRE VRAI EN RAYONS TERRESTRES.
1er décembre 1618.	0,7080	0,3695	8	5',10	20,61
8 id.	0,8443	0,3597	10	10, 3	25,10
17 id.	1,0171	0,4087	13	15,30	37,06
20 id.	1,0739	0,4356	14	16,50	42,54
24 id.	1,1482	0,4775	16	18,10	55,50

D'après ce tableau, la plus grande différence entre les nébuleuses observées et les nébuleuses calculées ne s'élève pas à 3''; elle est si faible, qu'on est sur pris qu'un observateur de cette époque se soit si fort rapproché de la vérité. En 1652, avant même l'invention du premier micromètre, Hevelius, plus habile astronome, n'offre dans ses observations que des différences bien plus légères, puisqu'elles ne sont que d'une minute. Ces différences sont analogues à celles qu'on ne peut éviter avec des nébulosités aussi peu favorables à des mesures rigoureuses.

Du reste, les conclusions qu'Hevelius a tirées de ses calculs (livre vi de la *Cosmographie*), quoique sujettes à quelques rectifications, pourraient déjà faire soupçonner l'existence d'un fluide éthéré disséminé dans l'immensité des espaces. L'interposition d'un pareil fluide entre les corps célestes, démontrée aussi bien par la théorie que par l'expérience, on a cherché à expliquer par ce moyen la formation des queues des comètes.

On peut concevoir, en effet, que l'accroissement de température qu'acquièrent ces corps célestes en se rapprochant du soleil volatilise les parties solides qui en sont susceptibles. Si les vapeurs produites se trouvent d'une densité moindre que celles de l'éther, elles s'échapperont dans la direction opposée au soleil, et produiront par leur écoulement continu l'apparence que présentent les queues des comètes.

Cette hypothèse se vérifie assez bien par l'analyse, et les résultats du calcul se rapprochent autant qu'il est possible de l'espérer, des déterminations fournies par l'observation. Celle-ci nous apprend que les queues des astres cométaires ont une si faible densité et une si grande diaphanéité, qu'elles laissent apercevoir à travers leur grande étendue de fort petites étoiles, et ne donnent aucune trace sensible de réfraction. Cette circonstance doit bannir toute espèce d'appréhension sur les résultats fâcheux de leur rencontre et de leur mélange avec notre atmosphère, dans laquelle elles ne sauraient pénétrer profondément ni même parvenir à l'état gazeux.

Avant le passage au périhélie d'une comète parabolique, la direction de l'émission des vapeurs, opposée en partie à celle du mouvement de progression antérieur, rend généralement leur vitesse moindre que celle de la comète, ce qui lui fait décrire des ellipses ; tandis qu'après la même époque, la résultante étant au contraire plus grande, il s'ensuit des hyperboles. Les queues ne pouvant plus ainsi revenir vers la comète qui les a produites, et s'en éloignant au contraire de plus en plus, donnent naissance à de nouveaux corps cosmiques, en se concentrant partiellement dans l'espace.

Les plus considérables pourraient parvenir ainsi à produire de nouvelles petites comètes, qui seraient alors elliptiques et selon l'occurrence à courte période, comme celles qu'on a déjà reconnues depuis la petite ellipse désespérée de 1770. Lorsque l'exiguïté de ces nouveaux corps les rend imperceptibles dans l'espace, ils forment pour lors les aurores boréales, les étoiles filantes, les aérolithes, les bolides et tous ces astéroïdes divers dont la chute a été constatée sur le globe, du moins pour certains, depuis que ces corps ont fixé l'attention des physiciens.

Ainsi s'explique assez naturellement la formation des petites comètes à courte période que l'on voit se multiplier de nos jours, et qui paraissent être les moins importantes par l'exiguïté de leurs masses.

On peut citer, entre autres, celle de cinq ans et demi, dont la grande proximité en 1770 prouva qu'elle n'était pas même $\frac{1}{5000}$ de la terre; celle de 3 ans $\frac{1}{3}$, qui laissa apercevoir des étoiles de la 10e et de la 11e grandeur à travers sa partie centrale, et enfin celle de 6 ans $\frac{3}{4}$. Il y en a sans doute bien d'autres que leur petitesse ne laisse entrevoir que dans des circonstances favorables, et dont on n'a pas pu par cela même reconnaître encore la périodicité.

Il paraît qu'à chaque nouvelle apparition d'une même comète, elle perd toujours plus de matières volatilisées, et que sa queue doit progressivement diminuer d'étendue et se former toujours plus tard. Ainsi en 1456, la comète d'Halley étala une queue de 60°, la plus étendue qu'on ait vue depuis lors. Elle paraît même avoir eu une queue anomale dirigée vers le soleil et qui n'a plus reparu. En 1607, Kepler et Longomontanus distinguèrent à la vue simple la queue de la même comète, l'un à Copenhague et l'autre à Prague, trente jours avant son passage au périhélie. Auparavant et en 1759, Messier n'avait pu reconnaître au télescope aucune trace de queue à cette comète, vingt-six jours seulement avant cette époque. Ces décroissements indiquent peut-être que l'orbite actuel est d'une assez faible antiquité, ou que le petit nombre de retours n'a pas encore permis une plus grande fixité dans l'état de ces astres.

D'autres faits semblent également annoncer que les comètes sont des corps célestes aux premières époques de leur formation. Un assez grand nombre d'entre elles paraissent être sans aucune trace de noyau. Elles sont pour lors uniquement composées de vapeurs excessivement déliées et subtiles. Mais les comètes chez lesquelles il existe un noyau dans leur centre offrent les parties de la nébulosité qui en sont voisines ordinairement peu lumineuses, rares et parfaitement diaphanes.

A quelque distance du centre, leur propriété éclairante éprouve un accroissement subit ; à partir de ce point, on aperçoit un anneau lumineux plus ou moins large, qui semble ainsi comme suspendu autour du second d'entre eux. Quelquefois on en a reconnu deux et même jusqu'à trois concentriques séparés par des intervalles dans toute l'étendue desquels la lumière était à peine sensible. Il est aisé de concevoir. que cet anneau circulaire en projection doit en réalité être une enveloppe sphérique.

S'il y a des comètes sans noyaux, il en est d'autres, au contraire, qui en possèdent d'assez semblables aux planètes par la forme et l'éclat. Ils sont générale- ment très-petits, quoiqu'il n'en soit pas toujours ainsi. Le diamètre du noyau de la comète de 1798 avait en effet onze lieues, et celui de la comète du mois de dé- cembre de 1805 en avait jusqu'à douze. Les comètes de 1807 et de 1811 offraient des noyaux de dimen- sions bien autrement considérables ; celui de la pre- mière était de 222 lieues, tandis que le noyau de la seconde s'étendait jusqu'à 1089 lieues.

Aux yeux de certains astronomes, les noyaux co- métaires, ceux-là mêmes qui par la vivacité de leur lumière ressemblent le plus aux planètes, jouissent d'une complète diaphanéité. Les comètes seraient donc toujours de simples amas de vapeurs.

Cette opinion est évidemment trop absolue ; car s'il est certain qu'il existe des comètes sans noyau, et qui dans toute leur étendue sont de simples agglo- mérations d'une matière gazeuse, ayant presque le même éclat, il en est une foule d'autres qui offrent un noyau central plus ou moins solide ; un degré de concentration de ces vapeurs plus avancé donne sou- vent naissance, dans le centre de la nébulosité, à un noyau remarquable par la vivacité de sa lumière.

A une époque plus avancée dans la condensation, le liquide suffisamment refroidi s'enveloppe d'une croûte solide, et peu à peu toute transparence du noyau tend à cesser. Alors son interposition entre nous et une étoile produit une éclipse tout aussi réelle, tout aussi complète, que celles qui résultent journellement des déplacements de la lune et des planètes.

Il existe donc des comètes à noyau solide ; il est même d'observation que ces astres ne sont pas façonnés sur un modèle uniforme. En effet, certaines comètes se montrent sans noyau ; d'autres ont un noyau peut-être diaphane, et plusieurs en offrent de tout aussi brillant que celui des planètes dont le centre est probablement solide et opaque. Ces circonstances semblent annoncer que toutes les comètes ne sont pas arrivées au même état de condensation. Sans doute elles tendent à y parvenir, et il est probable que toutes l'atteindront. Mais, d'après les phases diverses par lesquelles les comètes doivent passer pour arriver à un degré de condensation analogue à celui des planètes, ces astres sont loin de pouvoir être considérés comme des corps célestes et totalement terminés.

Cette conséquence résulte encore des grandes différences que les comètes offrent entre elles sous le rapport de la longue traînée lumineuse dont elles sont souvent accompagnées, et à laquelle on a donné le nom de queue.

Ordinairement la portion très-éclairée, ou la queue, est placée derrière la comète à l'opposite du soleil; mais la ligne qui joint les deux autres ne se confond presque jamais exactement avec l'axe de la queue. Quelquefois le défaut de coïncidence est considérable; il arrive même que ces deux lignes forment un angle droit.

Des différences non moins grandes s'observent dans l'étendue occupée par les queues des comètes. En général, elles remplissent des espaces immenses. Ces astres, mesurés quant à leurs dimensions angulaires, ont donné pour leur longueur, d'abord la plus petite comète, ou celle de 1811, 23°; celle de 1669, 63°; celle de 1680, 90°; celle de 1769, 97°; et enfin la comète de 1618, 104°. Quant à l'étendue des matières nébuleuses qui composaient les astres cométaires de 1680, de 1769 et de 1618, elle était si considérable qu'elle pouvait atteindre l'horizon et se coucher, tandis qu'une portion de leur queue était encore au zénith.

Enfin, ces astres diffèrent tellement les uns des autres sous le rapport de l'étendue de nébulosités qui les accompagnent, que tandis que la plupart ont des queues soit simples soit multiples, il en est cependant où l'on ne saurait en découvrir. Telle est, par exemple, la comète à courte période, où l'on n'a jamais vu de queue proprement dite. Si donc certains de ces corps célestes n'ont pas de queue sensible, plusieurs paraissent également sans noyau apparent. On n'en voit point de dépourvue de cette espèce de nébulosité ou brouillard nommé chevelure par les anciens.

L'amas de nébulosités nommé queue est dans certaines circonstances perpendiculaire à la ligne menée du soleil au noyau; mais souvent elle offre une courbure très-considérable. Ces queues, ordinairement simples, s'étendent dans certains de ces astres à tel point, qu'on en observe jusqu'à six à la fois. On voit pour lors ces traînées lumineuses naître et s'évanouir en très-peu de jours; elles forment entre elles de si grands angles, dans certaines positions particulières de la terre, que la comète de 1843 parut avoir, pendant plusieurs jours, une queue dirigée vers le soleil et une queue tournée à l'opposite.

D'un autre côté, on a des indices, dans des queues multiples, d'un mouvement de rotation très-rapide et qui devrait amener en peu de temps leur entière dispersion dans l'espace. Enfin les anomalies sont si grandes à cet égard que, malgré toutes les présomptions, certaines comètes, dont la nébulosité semble extrêmement légère, n'offrent cependant aucune apparence de queue. Quoique probablement la résistance de l'éther soit pour beaucoup dans la plupart de **ces phéno**mènes, il n'en résulte pas moins que des différences très-considérables se manifestent chez les corps célestes qui les présentent.

Nous ne devons pas passer sous silence que, d'après Herschel, le noyau solide de la comète découverte en 1807 par M. Pigoti brillait d'une lumière propre. De très-petites étoiles lui parurent s'affaiblir beaucoup lorsqu'on les voyait à travers la chevelure ou à travers la queue de la comète.

Néanmoins sur les seize comètes télescopiques que cet astronome distingué observa avec ses grandes lunettes, quatorze n'avaient aucun corps solide visible à leur centre. Les deux autres avaient une lumière centrale très-mal terminée, qu'on pouvait bien appeler un noyau; mais assurément cette lumière ne méritait pas le nom de disque.

En comparant attentivement la comète de 1807 et la belle comète de 1811, sous le point de vue des changements de distance du soleil et des modifications physiques qui en sont la conséquence, Herschel a mis hors de doute que ces modifications ont quelque chose d'individuel, de relatif à un état spécial de la matière nébuleuse. En effet, sur tel astre, les changements de distance produisent d'énormes effets; sur tel autre, au contraire, les modifications sont insignifiantes; il lui paraît donc que les comètes sont loin d'être arrivées à un état fixe et stable, et qu'elles ont bien des phases à subir avant d'y être parvenues.

En résumé, parmi cette multitude d'astres de nature, d'éclat et de formes diverses, que le firmament offre à nos regards, si les uns sont tout à fait achevés, il en est une foule d'autres qui sont loin de l'être. Les faits rapportés ci-dessus nous autorisent à comprendre dans la même catégorie, non-seulement les comètes, mais encore les aurores boréales, les étoiles filantes et les aérolithes.

Il paraît certain que les intervalles des retours des comètes au périhélie ne sont pas constamment les mêmes. Celui de 1531 à 1607 a été plus long de trois mois que celui de 1607 à 1682, et celui-ci a été de dix-huit mois plus court que le retour de 1682 à 1759. Les mouvements des astres cométaires sont donc sujets à être troublés, comme ceux des planètes, et d'une manière encore plus sensible.

La comète de 1770 offre un exemple frappant de ces inégalités. Comme elle fut longtemps visible, on fit sur sa marche un grand nombre d'observations ; mais il fut impossible de les représenter par une parabole. Lexell trouva que l'on ne pouvait y satisfaire que par une ellipse, dans laquelle la durée de la révolution serait de cinq ans et demi. La plus légère différence dans cette durée supposerait des erreurs trop fortes pour être admises ; cependant on n'a jamais revu cette comète. Burkardt, ayant refait ces

calculs avec un soin extrême, est parvenu à peu près
aux mêmes résultats que Lexell. Il n'y a donc aucun
doute que l'orbite de cette comète n'ait été changé
depuis 1770, circonstance qui s'accorde avec celles
que nous avons déjà fait connaître.

La comète de Bremiker, qui a été récemment l'objet d'observations suivies, a confirmé ces résultats.
Sa petitesse est telle, qu'on n'a pu l'apercevoir qu'à
l'aide des plus forts télescopes. Le noyau égalait à
peu près une étoile de dixième ou de onzième grandeur ; il était entouré par une nébulosité qui tran-
chait tout à coup sur son fond. Lorsqu'on employait
des grossissements de 63 à 65, cette distinction devenait très-évidente ; on s'est servi de ce dernier
grossissement les premiers jours où l'on a observé
la comète.

Le noyau de cet astre a été visible les 14, 16, 19
et 24 du mois de novembre 1840 ; seulement le 19
du même mois, il parut plus excentrique vers le
nord. Du 3 au 22 décembre, il y eut une série de
nuits pendant lesquelles les nuages empêchèrent de
l'apercevoir. Dans cet intervalle, son diamètre devait
être devenu plus étendu et plus brillant, puisqu'on
put l'observer lorsque les étoiles de quatrième grandeur étaient à peine visibles à l'œil nu. Cet astre fut
aperçu pour la première fois le 29 décembre ; son
noyau ressemblait tout à fait à une étoile, et la né-

bulosité paraissait plus épaisse et plus étendue. On évalua la grandeur du diamètre à une minute un quart ; mais la comète n'avait plus aucune apparence de queue.

Les changements divers qui s'opèrent dans tous les astéroïdes disséminés dans le système de l'univers, ou du moins dans le système solaire, sont donc des faits constants et acquis à la science. L'état de condensation vers lequel tendent tous les corps célestes produit probablement les modifications qu'ils éprouvent ; en même temps il rend leur retour difficile et souvent impossible à fixer. Si le rapprochement de la matière qui les compose a lieu d'une manière rapide, les astéroïdes perdent la plus grande partie de leurs atmosphères et sont réduits à de très-petites masses. Ils deviennent alors à peu près invisibles avec les meilleurs instruments, et l'on ne peut plus les retrouver dans l'immensité du ciel (note 18).

Ces circonstances se manifestent particulièrement chez les comètes. Leurs variations sont si grandes que leurs différences les éloignent autant les unes des autres que des corps célestes avec lesquels on voudrait les comparer. Il est difficile de ne point supposer que ces variations tiennent à l'état éminemment transitoire où elles se trouvent actuellement. Certaines sont uniquement des nébulosités légèrement condensées vers le centre, tandis que les autres paraissent avoir un noyau solide ; ces noyaux varient d'ailleurs dans le degré de leur transparence, de leur éclat et de leur opacité. Les différences relatives à leur queue, à sa forme, à sa direction, à sa longueur et à son éclat, ne sont pas moins remarquables.

Un phénomène des plus importants pour l'objet qui nous occupe, c'est qu'une même comète peut éprouver les différences les plus grandes relativement aux circonstances que nous venons d'énumérer ; car, sans parler des perturbations qu'elle ressent dans sa marche, on la voit à des intervalles très-rapprochés changer complétement de forme et d'éclat. Telle a été surtout la comète de Halley dans ses deux derniers passages. En effet, elle a varié de forme et d'aspect presque d'un jour à l'autre, ainsi qu'il est résulté de toutes les observations dont elle a été l'objet.

Ces faits nous montrent que les comètes, comme les autres corps célestes dont nous avons décrit les phases, sont encore aux premières périodes de leur formation, ce qui justifie la théorie que nous en avons donnée.

Les divers phénomènes célestes appelés aurores boréales, étoiles filantes, aérolithes ou comètes, ont donc entre eux des analogies évidentes. Aussi un grand nombre d'étoiles filantes sillonnent le ciel dans la région qu'occupent les aurores boréales. Dès lors il est probable que les unes et les autres proviennent d'une source commune, et dépendent de la même cause. Cette hypothèse est d'autant plus admissible, que les retours annuels des météores lumineux ou des étoiles filantes ne sont pas bornés à cet ordre de phénomènes. Ils paraissent communs aux aurores boréales, dont les apparitions sont également périodiques.

Des retours aussi constants et aussi remarquables ne peuvent être ramenés par une cause purement fortuite. Cette périodicité dépend probablement de ce que les aurores boréales, comme les étoiles filantes, tendent à être soumises à des retours fixes et réguliers. Ceci est surtout évident pour les comètes, astres plus avancés que ne le sont les autres astéroïdes aux premières époques de leur formation.

Sans doute la vraie nature des phénomènes que nous venons d'étudier est encore imparfaitement connue; mais nous devons espérer que les astronomes, livrés maintenant à leur observation, nous mettront à même de mieux l'apprécier, et de remonter sans incertitude jusqu'à leur cause première. Mais, dans l'état actuel de la science, l'hypothèse qui, à raison de la liaison et de la périodicité de tous ces astres nouveaux, les rattache à une même origine, est la seule vraisemblable; elle a aussi l'avantage d'être plus conforme à l'unité du plan suivi par la nature dans toutes ses œuvres.

Il résulte donc de l'ensemble de ces faits :

1° Que dans l'espace planétaire il y a des bandes ou des courants de matières nébuleuses plus ou moins subtiles et déliées dans un état de magnétisme plus ou moins prononcé, bandes que la terre traverse successivement dans les différents jours de l'année, pendant sa révolution périodique ;

2° Que les plus impalpables, pour ainsi dire, de ces particules se précipitent sur les pôles magnétiques de notre globe, et occasionnent les aurores boréales ;

3° Que les parties moins ténues et moins petites (dans lesquelles, indépendamment des forces magnétiques, les effets de la gravitation universelle commencent à se manifester) sont attirées par la terre, et se montrent sous forme d'étoiles filantes ;

4° Que ces mêmes parties dans un état plus avancé donnent lieu de la même manière à des apparitions plus éclatantes, connues sous les noms de globes de feu, de météorites ignés, et enfin d'aérolithes. Ceux-ci, en raison de leur plus grande masse, parviennent, sans se consumer et sans se réduire pour ainsi dire en cendres, jusqu'à de très-petites distances de la surface de la terre ; mais alors ils éclatent presque toujours par accumulation d'électricité et de chaleur, peut-être pour prévenir un choc trop rude contre la partie solide de la terre ;

5° Que les comètes, dont la masse est généralement

très-petite, sont néanmoins les plus gros de ces aérolithes. Elles sont de véritables uranolithes qui, échappant à l'attraction des planètes, ont eu assez de temps pour suivre dans l'espace planétaire leur cours indépendant, et recruter assez de matière pour être vues de la terre;

6° Que les états divers dans lesquels ces astres se présentent à nous, les phases, les modifications qu'ils subissent dans leurs cours, annoncent qu'ils sont aux premières périodes de leur formation; dès lors, il est rationnel de les considérer comme des astres nouveaux qui, comme les autres corps célestes, tendent à prendre un état fixe et stable, pareil à celui qu'ont acquis les planètes du système solaire.

En effet, les comètes passeront peut-être un jour à l'état de planète, en ce qui concerne l'excentricité et l'inclinaison de leur orbite. Il suffit, pour la confirmation de la théorie que nous venons de proposer, que ces astres tendent à se rapprocher de ces corps sous le rapport de leur état physique, c'est-à-dire qu'ils tendent à acquérir un noyau solide et à perdre leur enveloppe nébuleuse. Or, ce fait ne saurait être contesté.

D'un autre côté, on ne doit pas perdre de vue que les comètes, ainsi que l'a présumé Laplace, paraissent d'origine étrangère au monde que nous habitons. Aussi les comètes y sont entraînées à peu près par hasard, cédant à l'action prépondérante du soleil dont elles s'étaient trop approchées. Dès lors il n'est point étonnant que leur orbite diffère en inclinaison et en excentricité des orbites planétaires.

Enfin, parmi les faits qui tendent à confirmer l'hypothèse de Laplace et d'Herschel sur la formation de la lumière, on peut citer particulièrement l'existence de l'anneau de Saturne. Parmi les théories qui ont été successivement imaginées pour rendre compte de sa formation, aucune n'a encore expliqué la cause qui l'a produit. La théorie de Laplace est la seule qui nous la fasse concevoir d'une manière assez probable, et qui permette d'en déduire des conséquences remarquables.

D'après ce grand géomètre, l'atmosphère nébuleuse du soleil s'est successivement condensée par zones de vapeurs; ces zones ont circulé autour de cet astre. Par l'effet du refroidissement et de la condensation, ces amas de vapeurs se sont divisés et ont formé un certain nombre de noyaux solides. Ces noyaux ont circulé tous ensemble autour du soleil, et ont été enveloppés par une atmosphère nébuleuse.

Cette atmosphère en se refroidissant a pris la forme de cercles concentriques à chacune de ces planètes. Or, l'existence de ces anneaux est invisiblement prouvée, puisqu'il en existe encore dans l'un des astres du système solaire. D'un autre côté, d'après les observations récentes des jésuites de Rome, l'anneau de Saturne est composé de sept cercles concentriques, qui dépendent probablement des condensations successives dont nous venons de parler.

On pourrait se demander pourquoi il n'en reste plus maintenant qu'un seul. Pour le concevoir, il suffit de remarquer qu'un anneau aussi grand ne pouvait être composé de parties régulièrement disposées et de substances également dilatables. Par suite de l'absence de cette condition, il s'est séparé en plusieurs fractions qui ont continué à circuler séparément autour du soleil. La plus grande de ces fractions a pu réunir à elle toutes les autres par son attraction, de sorte qu'au lieu d'un anneau on a eu une seule masse qui, en vertu de son mouvement et des lois de l'équilibre des liquides, a dû prendre la forme d'un ellipsoïde aplati aux pôles.

Mais, lorsque ces fractions se sont trouvées très-peu inégales, elles ont formé de petites planètes distinctes animées de vitesses différentes. C'est dans cette dernière classe que paraissent rentrer les quatre planètes télescopiques de notre système, et auxquelles on a donné les noms de Vesta, de Junon, de Cérès et de Pallas.

Lors même que la portion connue généralement sous le nom d'anneau de Saturne ne serait point formée ou composée par de véritables cercles concentriques, mais serait au contraire de petits corps ou des astéroïdes rangés autour de la planète, ainsi que le présume M. Chasles, cette circonstance ne contrarierait nullement l'hypothèse que nous avons adoptée et que semblent confirmer tous les faits.

D'après les observations dont nous venons de rapporter les principaux résultats, il est presque démontré que les espaces célestes sont remplis par un milieu excessivement rare et subtil, surtout lorsqu'on le compare avec les milieux que nous connaissons. Il est néanmoins impénétrable, et présente une densité et une résistance sensible, quoique peu considérable.

Un pareil milieu élastique et soumis à l'attraction doit se condenser autour des corps célestes, suivant les mêmes lois que l'atmosphère autour de la terre. Il doit en résulter encore une condensation croissante de la nébulosité des comètes, à mesure qu'elles s'approchent du soleil. Cette condensation est analogue à celle qu'éprouve un ballon dans l'atmosphère. Or les lois de diminution du diamètre apparent de l'astre ont été calculées d'après ces diverses hypothèses par M. Valz; elles ont été comparées à la comète de 1786, et ont fixé son retour en octobre 1829; elles ont donc concordé avec les résultats des observations de cet astronome sur ce dernier corps. Il en a été de même des comètes de 1618 et de 1652, dont les observations ont été conservées.

Ces faits curieux confirment l'heureuse hypothèse de l'astronome Encke, qui le premier avait expliqué par la résistance de l'éther le retard de trois heures éprouvé successivement par la comète de 1786. Ils sont une preuve irrécusable de l'existence du milieu éthéré. C'est sur eux que M. Valz s'est appuyé pour fixer la densité de l'éther à 0^{mm},00029. Cette hypothèse donne d'ailleurs une explication aussi simple que naturelle de la queue des comètes.

L'existence de la matière éthérée une fois admise, nous avons été comme forcés d'apprécier l'hypothèse cosmogonique de Laplace, qui en est une conséquence toute naturelle. Ainsi, puisque l'éther, analogue aux corps que nous connaissons, a une densité, une élasticité propre, il doit aussi avoir une certaine température; car il est difficile de concevoir un corps dépourvu de toute espèce de calorique. Mais, si l'éther a une chaleur propre, elle doit diminuer par l'effet du rayonnement; cette diminution de température doit avoir nécessairement pour effet une condensation progressive et continue de l'éther.

Si nous nous reportons par la pensée aux premiers âges de la création, nous voyons cet éther se condenser d'abord vers un centre unique, former une immense atmosphère autour d'un noyau solidifié. Par l'effet du refroidissement, l'atmosphère se contracte, la vitesse de rotation s'accélère, et l'accroissement de la force centrifuge limite cette même atmosphère. Des zones gazeuses abandonnent successivement le noyau central, sans cesser d'opérer leur révolution autour de lui ; elles finissent enfin, par de nouvelles condensations, à former les planètes et leurs satellites.

Si nous réfléchissons sur cette théorie, nous sommes conduits à reconnaître que ce qui s'est passé jadis pour le système solaire doit continuer à se passer tous les jours, tant qu'il existera dans l'espace un milieu susceptible de se refroidir et de se condenser. On peut donc conclure avec probabilité qu'il se forme aujourd'hui, comme autrefois, de nouveaux corps célestes, de nouveaux systèmes analogues à celui dont nous faisons partie. Les faits sont entièrement d'accord avec ces idées théoriques, et nous allons les résumer afin de les rendre plus présents à l'esprit.

Il existe dans les nébuleuses des masses immenses de matière soit gazeuse, soit liquide, soit même certaines qui commencent à se solidifier, autant qu'on peut en juger par les variations de leur éclat ; ces masses sont les matériaux des mondes nouveaux. Leur forme, leur splendeur éprouvent des changements non moins nombreux que leur étendue ; ces changements indiquent un état de fluctuation dans la matière qui les compose, et qui ne peut se rapporter

qu'à des astres aux premières périodes de leur formation.

C'est aussi à la condensation plus ou moins avancée
de cette matière nébuleuse que nous avons rapporté la
cause des principaux phénomènes sur lesquels nous
avons fixé l'attention. Nous allons seulement dans ce
résumé constater les rapports intimes qui existent
entre eux.

D'abord la position des aurores boréales par rapport au méridien magnétique prouve les propriétés
éminemment électriques de la matière qui donne lieu
à ce phénomène. Il en est de même de l'influence
si grande et si constante tout à la fois qu'elles exercent sur l'aiguille aimantée, même dans les lieux où
elles ne sont point aperçues.

Mais le point le plus important de ce phénomène,
c'est l'époque de son apparition ; car, si l'on peut citer des aurores boréales dans les divers mois de l'année, on peut cependant affirmer qu'elles ne sont jamais plus fréquentes qu'aux deux époques du retour
périodique des étoiles filantes, c'est-à-dire vers le
milieu d'octobre. Cette époque est celle où régulièrement chaque année on constate un très-grand nombre d'aurores boréales, ce qui prouve qu'il y a réellement une loi de périodicité dans ce phénomène. Si
cette périodicité se trouve quelquefois en défaut, il
n'en faut accuser que le peu de densité de ces va-

peurs nébuleuses, qui les rend sujettes à un très-grand nombre de perturbations. Quoi qu'il en soit, il suffit d'avoir constaté la relation des aurores boréales avec les étoiles filantes, pour être certain que les unes et les autres sont soumises aux mêmes lois et dépendent probablement de la même cause.

L'observation attentive des étoiles filantes prouve que ces astres traversent le ciel dans toutes les directions. Leur grosseur et leur éclat sont très-variables, et leur distance à la terre est tout à fait inconnue. Très-rares à certaines époques, elles se montrent tellement communes à d'autres à peu près fixes, que l'on est naturellement conduit à admettre qu'elles forment des groupes ou courants qui viennent rencontrer l'écliptique à des époques déterminées.

Les nombreuses recherches dirigées récemment sur ces astéroïdes annoncent que leurs principales apparitions ont lieu vers le 10 août et le 13 novembre. Nous admettrons donc, avec MM. Hermann et Chasles, l'existence de deux courants placés sur l'écliptique, vers 316° à 318° et 50° à 51° de longitude. Leur conjonction avec la terre est prouvée par l'extinction notable des rayons solaires, et même quelquefois par un obscurcissement sensible du soleil. Elle a, du reste, constamment coïncidé avec une diminution de ses effets thermométriques, particulièrement le 12 mai, époque de l'une de ces conjonctions.

Les observations anciennes s'accordent parfaitement avec cette hypothèse, comme on peut le voir dans les tableaux de MM. Hermann et Chasles. Les recherches récentes de M. Biot fils sur les étoiles filantes observées en Chine leur prètent également leur appui ; car, évidemment, elles n'ont pas été faites par suite d'idées préconçues et dans l'intérêt d'un système. Quant au mouvement de translation que paraissent avoir sur l'écliptique les deux courants d'étoiles filantes, en vertu des observations ci-dessus mentionnées, les hypothèses des physiciens que nous venons de citer ne sauraient encore être appréciées à leur juste valeur, vu le défaut de recherches à cet égard.

D'un autre côté, l'absence d'étoiles filantes en novembre de l'an 528 à l'année 1123, et à l'inverse leur périodicité vers les mois de février et mars, dans le même intervalle, font supposer à M. Chasles que le courant d'astéroïdes qui produisait alors ces phénomènes est le même dont l'action opère les phénomènes actuels du 18 novembre. Seulement, dans ces 1300 ans, le retard de leurs apparitions a été de neuf mois ; ce qui ferait environ un mois pour 125 années.

M. Hermann pense que de 845 à l'époque actuelle le retard n'a été que de deux mois environ, parce qu'il admet une vitesse de rétrogradation bien

différente. D'après cette vitesse, les phénomènes rapportés par les chroniques, pour le VIIIe ou le IXe siècle, pendant les mois de février et de mars, étaient dus à la même cause qui produit de nos jours un abaissement notable de température vers le 12 mai.

Sans doute, il est difficile aujourd'hui de se décider entre ces deux opinions ; mais l'une et l'autre n'en prouvent pas moins que ces astres varient singulièrement dans leur marche et dans leurs retours. Dès lors, leur cours est loin d'être soumis à des lois fixes et régulières ; son irrégularité annonce que les astres qui la présentent doivent être aux premiers âges de leur formation. Quant à la distance des étoiles filantes, il est évident qu'elle est trop grande pour que ces astéroïdes puissent se former dans l'atmosphère.

Il résulte donc de ces faits que si les variations entre les étoiles filantes et les aurores boréales nous forcent à leur attribuer une origine commune, d'un autre côté, l'éclat incomparablement plus grand des étoiles filantes, leur réunion en moindres masses et leur condensation, qui rend sensibles chez elles les effets de la gravitation, doivent nous les faire regarder comme parvenues à un état plus parfait ou, pour mieux dire, à une condensation plus avancée.

Quant à l'hypothèse qui attribue les aérolithes aux volcans lunaires, elle rendrait parfaitement compte de ce phénomène, si l'on pouvait admettre l'existence des volcans dans la lune, fait que l'observation directe repousse d'une manière à ne pas permettre le doute. Il en est de même de celle qui attribuerait leur formation comme s'opérant au milieu de l'atmosphère.

Ces deux hypothèses devant être rejetées, il devient pour ainsi dire nécessaire de considérer les aérolithes comme des corps planétaires qui circulent dans l'espace et se trouvent portés dans la sphère d'attraction de la terre. Leur rapidité s'affaiblit graduellement par la vitesse de l'air; ils finissent par tomber à la surface du globe enflammés, soit en raison de leur nature, soit par le frottement qu'ils ont éprouvé en traversant l'air atmosphérique.

Le seul fait que l'on puisse opposer à cette hypothèse, c'est que la composition chimique des aérolithes est peu variée. Quoiqu'elle ne soit pas constante, elle n'en diffère pas moins de tous les matériaux terrestres; ce qui rend probable la formation de ces corps à de grandes distances de la terre et même du système solaire. Cette objection n'est donc pas suffisante pour faire abandonner une théorie qui reçoit un si grand degré de probabilité de tous les faits observés, et dont nous nous bornerons à rappeler les principaux.

Il résulte des recherches récentes que les chutes des aérolithes coïncident constamment avec l'apparition des étoiles filantes et avec celle des aurores boréales. Les époques remarquables de ces chutes sont les 17 et 29 juillet et 29 novembre. Cette périodicité est incontestable d'après les faits que nous avons déjà énumérés.

Une pareille coïncidence entre les époques des apparitions de trois phénomènes regardés jusqu'ici comme entièrement étrangers les uns aux autres, autorise à les considérer comme résultant d'une même cause et animés des mêmes mouvements. Ainsi, une première condensation de la matière éthérée produit cette matière nébuleuse éminemment magnétique qui donne lieu aux aurores boréales.

A un état supérieur de condensation, ces nébulosités ont assez de masse pour manifester des phénomènes de gravitation, en vertu desquels nous les voyons se mouvoir dans l'espace à l'état d'étoiles filantes.

Les aérolithes sont les astres qui rencontrent la terre, et, lorsque leurs masses sont suffisamment grandes, elles peuvent circuler dans les espaces planétaires sous forme de comètes.

Ces derniers astéroïdes portent du moins en eux-mêmes l'empreinte de leur peu d'ancienneté. Ils sont distincts des planètes en ce qu'ils décrivent des orbites très-allongés et dans tous les sens indifféremment. Ils ne sauraient être confondus avec les aérolithes, puisqu'ils sont assujettis à des lois plus régulières, qui permettent de déterminer leurs mouvements. Du reste, ces astres ne paraissent point parvenus à un état parfaitement définitif.

En second lieu, leur peu de densité nous est manifestée par leur apparence vaporeuse et la transparence de quelques-unes à la lumière des étoiles qu'elles laissent passer sans lui faire éprouver la moindre altération.

La différence des comètes avec les autres astres est aussi sensible sous le rapport de leurs propriétés physiques. Ainsi, la nébulosité et la queue qui les accompagnent témoignent de l'immense atmosphère qui se condense à chaque révolution de l'astre vers le périhélie, et d'une révolution à l'autre en vertu du refroidissement.

VIII. *De la formation de la terre, et des matériaux qui en font partie.*

Nous croyons avoir démontré que le système de l'univers, considéré dans son ensemble, est loin d'être totalement terminé ; il ne nous reste donc plus qu'à savoir s'il en est de même de la terre.

L'origine des corps célestes du système solaire, réglée par des lois semblables à celles qui régissent notre globe, peut bien servir à éclairer la formation de la terre. C'est aussi pour mieux comprendre les causes qui ont concouru à amener notre planète dans l'état où nous l'observons aujourd'hui, que nous avons cherché à connaître les lois qui président à la constitution des astres nouveaux. L'ensemble des faits nous annonce que la terre a passé successivement par différentes phases avant d'arriver à l'état stable auquel elle est parvenue maintenant. Ces phases ou, si l'on veut, ces modifications que l'on a considérées comme des révolutions et de grandes catastrophes, étaient toutefois nécessaires au maintien des plantes et des animaux qui devaient embellir et animer notre planète. L'analogie rend également probable que de pareilles modifications ont eu lieu chez les autres planètes du système solaire, comme par delà ce système.

En effet, la terre n'a pas toujours été telle qu'elle se présente aujourd'hui à nos regards. Sa figure et sa forme nous apprennent qu'elle a dû être fluide, et des faits non moins positifs nous disent également que cette fluidité a été due à l'action de la chaleur élevée dont le globe a joui à son origine. Toute masse fluide, mue avec une grande vitesse de rotation, prend à la longue une figure sphéroïdale aplatie dans le sens de l'axe de rotation et renflée à l'équateur. Cet aplatissement, à part quelques irrégularités, est d'autant plus grand que le mouvement de rotation est plus rapide, d'après les lois de l'équilibre des fluides (note 19).

Cette forme est précisément celle que la terre, ainsi que les autres planètes du système solaire, présente d'après ces lois immuables ; aussi les corps célestes qui, comme Jupiter et Saturne, ont un mouvement beaucoup plus rapide que celui de la terre, offrent un aplatissement plus considérable. Par exemple, Jupiter, qui fait une révolution sur son axe en 9 heures 56 minutes de temps, a un aplatissement de $\frac{1}{14}$. La terre, dont la révolution exige 24 heures, et dont le mouvement est par cela même moins rapide, a aussi un aplatissement plus faible. Il est seulement de $\frac{1}{300}$.

On peut pourtant se demander si la fluidité originelle du globe a été réellement produite par l'effet d'une chaleur excessive, qui maintenait les corps les plus fixes et les plus denses dans un état de fusion complète, ou si elle n'aurait pas été opérée par un dissolvant aqueux.

Pour résoudre ce doute, on doit ne pas perdre de vue que, quoique l'eau occupe plus des trois quarts de la surface de notre planète, elle forme à peine la cinquante millième partie de sa portion solide. Or, un dissolvant quelconque ne peut dissoudre une quantité de matière qui lui soit de beaucoup supérieure en poids ; si donc le liquide aqueux avait été aidé dans sa force de dissolution par des réactifs puissants, on en trouverait certainement quelques traces dans la portion aujourd'hui solide. Il n'en est rien cependant ; nous verrons en effet plus tard que le chlore, par exemple, que l'on pourrait considérer comme un de ces agents, a été au contraire des plus rares aux premiers âges du monde. Dès lors on est en droit de considérer l'état primitif du globe, soit fluide, soit gazeux, comme dû à une température élevée et à une chaleur excessive, dont le centre est encore animé.

Ainsi la matière qui compose notre planète a été à son origine, ou dans le principe des choses, à l'état gazeux ; elle a ensuite passé successivement de l'état liquide à l'état solide. Elle paraît même être restée dans les premiers de ces états, tant que le calorique a opposé une grande résistance à la condensation de cette matière, contre-balançant non-seulement l'action de la pesanteur, mais encore celle des affinités chimiques (note 20).

Or, comme il est extrêmement probable que la chaleur s'est opposée jusqu'à un certain point à l'effet de l'attraction dans le soleil, Jupiter et Saturne, et dans les divers astres du système solaire, il est logique d'admettre que la chaleur a résisté jadis et peut résister encore dans notre planète, avec moins d'énergie seulement, à l'attraction moléculaire.

Cette conclusion est d'autant plus admissible que la résistance à la contraction de la matière a dû se manifester dans le principe des choses avec une plus grande intensité que dans le moment actuel. Il serait sans doute curieux d'apprécier les effets probables qui résulteraient d'un mélange de toute la matière terrestre à l'état de gaz ou de vapeur. Mais il est bien difficile de faire cette évaluation; car nous sommes loin de connaître les divers matériaux qui se trouvent au-dessous de la surface du globe.

Lors même que nous les connaîtrions, il faudrait se livrer à des calculs tellement compliqués, qu'il est douteux que, dans l'état de nos connaissances, on pût arriver à un résultat satisfaisant. Ce serait donc d'une manière hypothétique que nous pourrions nous former quelque idée des effets qui résulteraient de la diminution de la température sur les principales substances qui constituent les parties solides, liquides ou gazeuses de l'écorce du globe.

Nous abandonnerons cet ordre de recherches, parce qu'il ne pourrait nous amener à rien d'utile; nous admettrons seulement comme un fait démontré que toute la matière terrestre était, lors de son origine, à l'état gazeux, par suite d'une chaleur assez puissante pour contre-balancer jusqu'à un certain point l'action de la pesanteur.

Dans cette supposition, chacune des deux forces opposées, la chaleur d'une part et la pesanteur de l'autre, devaient agir avec une énergie immense. Leur action était d'autant plus grande que le volume des fluides gazeux est en raison inverse du poids qui les comprime, et que la pression sur les parties intérieures de la sphère ou du sphéroïde terrestre devait être extrêmement considérable. Aussi, lorsque, par l'effet du rayonnement dans les espaces planétaires, la pesanteur est devenue plus puissante que la chaleur, son action a suffi seule pour former des liquides et des solides.

Les molécules des matériaux terrestres qui à leur surface auraient conservé la forme gazeuse, auraient pu, à une température égale et même supérieure, si elles avaient été comprimées par la pesanteur, prendre dans leur intérieur la forme liquide et même solide. Nous obtenons tous les jours de pareils effets sur les différents composés, en faisant agir sur eux des pressions plus ou moins grandes, suivant la résistance qu'ils opposent à leur changement d'état.

1e De l'atmosphère.

L'atmosphère, comme on le sait, est une vaste couche aériforme qui environne la terre de toutes parts. Ses limites sensibles ne paraissent pas dépasser 100,000 mètres. L'air atmosphérique qui la compose est un mélange de deux gaz, l'azote et l'oxygène ; ils ne s'y trouvent donc pas en rapports définis.

Les proportions du premier sont de 792 parties, et de 208 pour le second. On y découvre de plus environ $\frac{4.9}{10000}$ d'acide carbonique et une quantité variable de vapeur aqueuse, dont on n'a pas encore d'appréciation bien exacte (note 21).

Parmi les corps qui entrent dans la composition de ce mélange, il en est un qui a eu la plus haute influence dans la formation de notre planète. Ce corps est l'oxygène. Il forme lui seul un cinquième de l'air atmosphérique, le tiers en volume, et environ les neuf dixièmes du poids de l'eau. En outre, les matériaux solides qui font partie des couches terrestres sont pour la plupart des corps oxygénés. L'oxygénation de ces divers matériaux est difficile à comprendre, ceux-ci se trouvant en contact avec le chlore, gaz avec lequel certains d'entre eux, les substances métalliques, par exemple, ont plus d'affinité qu'avec l'air vital. Comment dès lors, lorsque la diminution de la température a fait prendre aux métaux l'état liquide ou solide, ont-ils pu, indépendamment de toute combinaison formée, et lorsqu'ils étaient à l'état de vapeur, s'unir plutôt à l'oxygène qu'au chlore? Ces corps étaient non-seulement en présence les uns des autres, mais même en contact, ainsi que nous venons de le faire observer; ce fait résulte, du reste, de la composition particulière aux terrains des anciennes époques.

Cette différence entre les proportions des combinaisons oxygénées et des chloridées doit tenir à la grande quantité d'oxygène qui a toujours existé sur le globe, comparée aux proportions du chlore. Peut-être devons - nous à cette circonstance le fait remarquable de la distribution inégale des substances oxydées en comparaison des chloridées, et enfin l'état différent sous lequel le sodium se présente dans les roches et dans l'eau. Les premières l'offrent presque constamment à l'état d'oxyde ou de soude, tandis qu'il est au contraire à l'état de chlorure dans l'eau des mers et les eaux minérales qui découlent des profondeurs du globe. Ainsi, la presque totalité du chlore de l'écorce terrestre est combinée avec le sodium et dissoute dans l'eau de la mer. Les eaux marines sont aussi la mine la plus riche de sel gemme, ou de cette production secondaire que l'on ne découvre point dans les terrains stratifiés plus anciens que le calcaire conchylien (Muschelkalk) (note 22).

On conçoit plus facilement pourquoi l'azote, ce corps si particulier auquel nous n'avons pas pu faire perdre sa forme gazeuse, offre si peu de combinaisons dans la portion solide de notre planète. En effet, il forme à peu près les 80 centièmes de l'atmosphère ; aussi est-ce aux dépens de ce gaz que les végétaux et animaux ont pris celui dont ils sont composés. Si cette supposition est aussi fondée qu'elle est vraisemblable, l'azote solidifié dans les couches terrestres serait de formation secondaire, aussi bien que celui qui entre dans la composition des substances minérales d'origine organique, comme la houille par exemple.

Le docteur Thompson a trouvé jusqu'à 15,96 centièmes d'azote dans la houille collante d'Angleterre : cette proportion peut sans doute paraître assez considérable ; cependant elle est encore bien au-dessous de la réalité. On le présume du moins en considérant la grande quantité de produits ammoniacaux fournie par la distillation de ce combustible. Si donc il existe de l'azote dans les couches terrestres, il est très-probable que les roches où existent des restes de végétaux ou d'animaux seront les seules à en fournir ; sa proportion sera même d'autant plus considérable que ces restes ont été enfouis vivants ou du moins avec leurs chairs et leurs téguments. L'observation s'accorde assez avec cette dernière supposition.

On trouve dans l'atmosphère, et les matériaux fossilifères, ainsi que dans les végétaux et les animaux une quantité d'azote assez grande pour concevoir pourquoi des combinaisons azotées sont si rares parmi les véritables espèces inorganiques. Il en est tout le contraire de l'acide carbonique ; ce gaz, peu abondant dans l'atmosphère, entre pour beaucoup dans la composition de la portion solide du globe. M. Théodore de Saussure a reconnu, par des observations rigoureuses, que 10,000 parties d'air atmosphérique contiennent au plus 4,9 d'acide carbonique. Cependant un grand nombre de sources minérales et de fisssures de l'écorce du globe versent constamment cet acide dans l'atmosphère ; il en est de même des orifices volcaniques. Malgré ces sources constantes, les proportions de cet acide sont loin d'être en rapport avec les autres gaz qui composent la couche aériforme dont notre globe est enveloppé.

C'est surtout dans les masses calcaires des terrains les plus superficiels que se trouve la plus grande quantité de carbone. Du moins l'acide carbonique étant composé de volumes égaux de vapeur de carbone et d'oxygène, le volume de la vapeur de carbone condensée dans les couches calcaires doit être immense. Aussi est-il probable que si tout l'acide carbonique qui constitue les matériaux calcaires et les autres carbonates venait à s'échapper, le volume de celui qui entre dans la composition de l'air atmosphérique en serait considérablement augmenté.

Cette proportion serait plus forte encore si le carbone que recèlent les restes des anciens végétaux ensevelis dans le sein de la terre venait à se combiner avec l'oxygène de l'air. En effet, le carbone contenu dans les houilles est de 75 pour cent, et ces combustibles ne sont pas les seuls qui en présentent dans leurs combinaisons. Les lignites, les graphites, les bois altérés, les diverses résines végétales fossiles et les tourbes en renferment également.

Ces amas de carbone et l'acide carbonique des masses calcaires rendent très-bien raison de l'excès de ce gaz dans l'atmosphère des premiers âges. Ils nous apprennent qu'un temps assez long a été nécessaire pour l'absorber ; car ses fortes proportions ont empêché primitivement les animaux à respiration aérienne de venir animer et embellir notre planète (note 23).

L'atmosphère a donc varié pendant les phases successives par lesquelles la terre a passé ; il s'agit maintenant de s'assurer si de pareilles modifications sont encore possibles, ou si au contraire depuis les temps historiques l'atmosphère est arrivée à un tel état de fixité, que sa composition soit la même dans tous les lieux et à toutes les hauteurs.

Il résulte des expériences les plus positives, que l'azote et l'oxygène sont dans des rapports non définis dans l'air atmosphérique, mais que néanmoins ils sont constants. Ils n'ont pas du moins varié depuis trente-cinq ans environ ; à cette époque (1807), MM. de Humboldt et Gay-Lussac ont fixé la composition de l'air d'une manière irréprochable, dans les limites de sensibilité de leurs instruments.

On pourrait croire que cette composition devrait varier lorsqu'il pleut beaucoup, puisque l'eau qui se condense dissout et entraîne avec elle plus d'oxygène que d'azote. On pourrait le supposer encore en ce que ce liquide, en passant à l'état solide, abandonne de l'oxygène tout comme l'eau lorsqu'elle s'évapore. Les combustions, la respiration des animaux enlèvent également ce gaz à l'air ; mais, d'un autre côté, les plantes lui en rendent chaque jour par leurs parties vertes, sous l'influence solaire.

Ces causes et une foule d'autres tendent sans doute à troubler l'équilibre des éléments de l'atmosphère, dans un point donné, les unes dans un sens et les autres dans un sens différent ; mais la tendance des gaz à se mêler, aidée par les courants verticaux, fait disparaître rapidement les différences momentanées résultant de l'action locale de toutes ces causes. La différence de température, favorisée d'ailleurs par les vents qui transportent et confondent sans cesse les couches horizontales de l'air, tend également à mêler d'une manière indéfinie les portions d'air dont la composition peut être particulière, et contribue puissamment à rendre celle de l'atmosphère à peu près uniforme partout.

Le rapport de l'oxygène à l'azote dans l'air, quoiqu'on ne puisse pas l'exprimer par des nombres simples en volume, n'en est pas moins invariable, au millième près, dans des latitudes éloignées, à des époques assez distantes et à des hauteurs fort différentes. Les phénomènes de la vie organique, les décompositions spontanées des animaux et des plantes, les combustions ou oxydations qui s'accomplissent à la surface de la terre, tous ces événements, que notre imagination se plaît à grandir, sont de ces faits qui passent pour ainsi dire inaperçus en ce qui concerne la composition générale de l'air qui nous entoure.

Par une prévision providentielle, la nature n'a pas voulu que les altérations possibles de l'atmosphère par le jeu régulier des forces qui agissent à la surface de la terre, pussent jamais approcher, même de loin, de la limite où la vie des animaux et celle des plantes pourraient en souffrir. La constance de la composition de l'air donne la mesure et la preuve d'une des plus belles harmonies naturelles, celle qui liant les deux règnes organisés l'un à l'autre, par l'intermédiaire de l'atmosphère, les place ainsi dans une dépendance mutuelle.

Quoique l'air atmosphérique ne soit qu'un mélange mais non une combinaison en proportion définie d'azote et d'oxygène, ce mélange est à peu près constant. Les quantités de vapeur d'eau et d'acide carbonique disséminées dans l'atmosphère paraissent s'y maintenir également dans des moyennes assez fixes ; du moins elles ne paraissent pas les dépasser. Mais cette stabilité a-t-elle été toujours constante ? N'a-t-elle pas éprouvé de grandes variations dans les temps géologiques, et ne peut-on pas prévoir de pareils changements à l'avenir ? C'est ce qu'il convient d'examiner.

Il n'est aucun fait positif duquel on puisse induire que les rapports entre les quantités d'azote et d'oxygène qui existent dans l'atmosphère aient été différents de ceux qu'ils présentent maintenant. Seulement, d'après l'observation des couches fossilifères, la vapeur d'eau et l'acide carbonique y ont été jadis plus considérables qu'aujourd'hui.

En effet, la primitive végétation qui a couvert de magnifiques forêts le sol de l'ancien monde était composée d'arbres et de plantes dont les analogues vivent uniquement dans les lieux les plus chauds et les plus humides. Cette chaleur était fournie aux anciens végétaux par l'excès de celle qui existe dans l'intérieur de la terre, et qui avait également pour effet d'opérer une grande évaporation. Comme la masse d'eau répandue pour lors à la surface du globe était plus grande qu'actuellement, et la température plus élevée, l'humidité devait être plus forte (note 24).

D'un autre côté, cette végétation a laissé dans les couches terrestres des amas si immenses de charbon, qu'elle devait rencontrer quelque part un excès de carbone ou plutôt d'acide carbonique. Cet excès ne pouvait lui être fourni par le terreau, puisque cette matière n'existait pas encore; dès lors on ne peut en trouver la source que dans celui disséminé avec profusion dans le vaste bassin de l'ancienne atmosphère.

Il est remarquable que, précisément à l'époque où il n'existait pas encore de terreau ni d'animaux terrestres, la végétation ait pris le plus grand essor et ait été la plus florissante. Cependant les animaux paraissent indispensables à la vie des végétaux à raison de l'azote qu'ils leur fournissent.

On se demande où donc les plantes puisaient les matières azotées qui leur étaient indispensables, et dont elles ne pouvaient se passer. Par une admirable prévision de la nature, un des effets les plus simples de la haute température dont le globe a joui aux plus anciennes époques géologiques semble leur en avoir fourni les moyens.

Les foyers volcaniques étaient jadis bien plus nombreux et plus actifs que maintenant. Eh bien, ces foyers lançaient et vomissaient des torrents d'acide carbonique et de vapeurs ammoniacales bien suffisants à toutes les exigences de la respiration du monde végétal. Ces foyers ont non-seulement fait parvenir la température de la surface du globe à son état actuel, mais ils ont en outre suppléé aux excrétions animales, si favorables au développement de la végétation.

D'un autre côté, dans les contrées où les animaux sont rares, et la température est très-élevée, des décharges électriques produisent dans l'air des combinaisons ammoniacales au profit des végétaux.

14

De pareilles circonstances devaient bien plus se représenter aux anciennes époques géologiques, par suite de la haute température et de l'humidité plus considérable qui régnaient à la surface de la terre; ces causes, essentiellement dominantes pour lors, devaient produire un grand développement de combinaisons ammoniacales, développement utile à l'activité et à l'énergie des forces vitales.

L'ancienne végétation puisait sans doute à toutes ces sources une partie de l'azote qui lui était nécessaire; du moins les plantes actuelles absorbent et prennent ce gaz à l'état de combinaison ammoniacale. Les unes l'empruntent à l'atmosphère, et les autres le tirent du sol; aussi ces dernières ont été des plus rares dans les temps géologiques. Leur peu de fréquence a probablement dépendu de l'absence de terreau. Le sol ne pouvait donc pas fournir aux végétaux cette substance nécessaire à leur développement; mais il n'en était pas de même de celles qui, soutirant l'azote des combinaisons ammoniacales disséminées dans l'air atmosphérique, y en trouvaient des quantités suffisantes. Aussi seules, elles ont prospéré et ont acquis un accroissement remarquable, qu'aucun des végétaux actuels n'a pas encore dépassé.

D'autres faits aussi positifs semblent amener aux mêmes conséquences. Les animaux terrestres, ou

ceux qui respirent l'air en nature, n'ont pas été con-
temporains de cette ancienne végétation. Elle a été
à peu près uniquement accompagnée par des animaux
marins. Or, ces derniers vivent à l'aide de l'air en
dissolution dans l'eau, air toujours plus riche en
oxygène que celui du bassin atmosphérique. L'eau ne
paraît pas se charger d'acide carbonique en traversant l'atmosphère ; elle n'en contient pas plus après
qu'avant. Dès lors les premiers animaux de l'ancien
monde trouvaient dans les gaz en dissolution dans
l'eau une quantité d'oxygène suffisante à leur existence ; tandis que les espèces terrestres n'auraient pas
pu vivre, à cause de l'excès d'acide carbonique répandu pour lors dans l'atmosphère.

On doit le supposer avec d'autant plus de raison
que les premiers animaux terrestres qui ont paru sur
la scène de l'ancien monde ont été essentiellement
des reptiles. Quoique l'organisation de ces premières
espèces fût très-différente de celle qui les constitue
aujourd'hui, il paraît que ces animaux ont toujours
préféré les lieux les plus infects, les plus chauds
et les plus humides. Du moins, c'est surtout auprès
des marais ou dans les localités à demi inondées
qu'on découvre le plus grand nombre de reptiles. Il
en a été de même de ceux de l'ancien monde, et ils
y ont trouvé des conditions tout aussi favorables à
leur existence que les espèces vivantes. Dès lors,

comme l'humidité, la chaleur et une atmosphère chargée d'une grande quantité d'acide carbonique ont caractérisé les premiers âges, il est tout simple et tout naturel que les reptiles aient été les premiers animaux terrestres (note 25).

La composition de l'atmosphère n'a donc pas été la même à toutes les phases du globe; elle a éprouvé au contraire, comme les autres couches terrestres, des modifications plus ou moins importantes dans sa constitution. Ces modifications ont été loin d'être sans effet sur les êtres vivants, et à mesure qu'elles éprouvaient des changements considérables, il en était de même de l'organisation de ces êtres, par suite des nouvelles conditions auxquelles elles les soumettaient. Il nous reste maintenant à savoir si l'on peut prévoir de pareils changements, et s'ils sont possibles.

On ne saurait admettre des variations notables dans la composition de l'atmosphère, que si de grandes modifications s'opéraient dans la température du globe. Elles paraissent maintenant arrivées à un tel point d'équilibre, et leurs moyennes sont si semblables entre elles, la chaleur de la surface du globe étant à peu près uniquement déterminée par l'influence solaire, qu'elles sont par cela même sans influence sur l'air atmosphérique.

Il en est ainsi des combinaisons chimiques; comme

nous en connaissons à peu de chose près les limites et l'étendue, elles semblent tout à fait impuissantes à cet égard. L'influence de la végétation actuelle est sans effet sur cette composition, et nous l'avons déjà assez fait sentir pour n'avoir pas à y revenir. Nous ferons seulement observer que s'il en était autrement, l'atmosphère serait loin de présenter dans tous les climats, comme à toutes les hauteurs, une uniformité de composition réellement remarquable. Ce qui le prouve enfin, c'est que les serres où nous entassons tant de végétaux des climats les plus différents ne présentent pas plus d'acide carbonique, le jour ou la nuit, qu'à l'air extérieur (note 26).

Enfin, si les végétaux sont impuissants pour modifier la composition de l'atmosphère, les calculs de Dalton semblent prouver que les animaux n'ont pas plus d'influence. D'après ce grand physicien, les animaux qui se sont succédé à la surface du globe n'y ont produit pendant cinq mille ans, qu'un millième d'acide carbonique. Cette quantité a d'autant moins d'importance, qu'elle a été compensée par l'oxygène fourni à l'atmosphère par les végétaux qui, du reste, se sont emparés et ont absorbé cette faible proportion d'acide carbonique.

On pourrait, du reste, prévoir ces faits à priori ; l'air est aussi nécessaire aux végétaux qu'aux animaux. Ces deux classes d'êtres en absorbent des

quantités plus ou moins considérables selon les besoins de leur organisation , ou d'après ce qu'exigent
leurs conditions d'existence. Ils le font dans des rapports déterminés pour chaque espèce. Ces rapports
ne peuvent pas être dépassés ; car, s'ils pouvaient l'être,
il s'ensuivrait qu'un animal à respiration incomplète
pourrait acquérir une respiration complète ou même
double. Il en serait de même des végétaux ; car autrement les plantes cellulaires devraient finir par absorber
autant d'air que les plantes vasculaires (note 27).

Or, comme de pareilles transformations dans les organes respiratoires n'ont jamais lieu , et sont même
impossibles dans le système général de l'organisation,
il fallait que le mélange des deux gaz qui forment
l'air atmosphérique fût uniforme, tout au moins dans
toute la couche de l'atmosphère où devaient être
plongés les êtres vivants. Sans cela les animaux
n'auraient pas pu se déplacer sans danger, et les végétaux qui, par suite de la légèreté des organes à
l'aide desquels ils doivent se reproduire, se transportent souvent si loin des lieux où ils ont pris naissance, n'auraient pas pu le faire sans compromettre
leur existence. Tel ne pouvait pas être le dessein de la
nature ; et, pour maintenir la perpétuité des êtres vivants dans des bornes en quelque sorte immuables, elle
a dû rendre la composition de l'atmosphère uniforme et
constante à chaque époque et à chaque phase de la terre.

Ainsi, quoique l'air atmosphérique n'ait pas eu toujours la même nature, ou au moins qu'il ait varié dans les proportions des gaz qui s'y trouvent à l'état de mélange, il n'est nullement probable qu'il puisse éprouver de pareils changements, tant que les êtres dont la terre est peuplée ne viendront point à changer. Il faudrait que ceux qui existent maintenant fussent remplacés par d'autres espèces. Celles-ci devraient avoir des conditions d'existence totalement différentes, et exiger par cela même une diversité plus ou moins prononcée dans les milieux ambiants. Mais tant que les espèces vivantes resteront ce qu'elles sont maintenant, il n'est aucune cause actuellement agissante qui puisse faire prévoir le moindre changement dans la composition du mélange qui compose l'air atmosphérique.

Ce mélange varie si peu, que les saisons, les courants, la température, la lumière, et l'électricité elle-même, cette cause si active et si puissante, sont presque sans action et sans influence sur sa composition.

Si les variations des saisons, qui amènent l'engourdissement des plantes et suspendent tout à fait la végétation, sont insensibles sur la proportion d'acide carbonique contenu dans l'air atmosphérique, on doit être peu surpris de voir qu'il en soit de même des autres causes physiques. En effet, l'expérience directe démontre qu'il n'y a pas plus d'acide carbonique dans la saison chaude que pendant les rigueurs de l'hiver.

Dans l'examen de la plupart des phénomènes naturels et particulièrement dans celui qui nous occupe, il ne faut pas les considérer d'une manière isolée, et par rapport à un seul coin de la terre. En effet, l'air, par suite de la mobilité de ses molécules, circule constamment, et les couches d'une région sont bientôt transportées dans une autre par suite de l'agitation de l'atmosphère. Cette circonstance rend le mélange qui constitue l'air atmosphérique constamment le même dans tous les lieux, comme aux hauteurs les plus élevées auxquelles l'homme ait pu atteindre.

Mais l'air se trouve dans d'autres pays où la végétation, loin d'être suspendue, est au contraire dans toute son activité, et où, par conséquent, elle réclame une grande quantité d'acide carbonique. Ainsi, tandis que l'air de nos climats se charge d'un excès de cet acide, les végétaux des régions équatoriales l'épuisent bientôt, et par cela même une plus forte proportion n'existe réellement pas dans l'atmosphère.

Une semblable compensation s'établit entre les quantités d'eau que les plantes tropicales réduisent pendant l'hiver, lorsque les végétaux des contrées tempérées n'exercent plus aucune action à cet égard. L'oxygène que la végétation des premières rejette n'est pas pour cela en excès dans la saison des frimas ;

car il est absorbé par les animaux, ainsi que par toutes les combinaisons qui s'opèrent continuellement à
la surface du globe.

Par ces admirables combinaisons et l'agitation des
couches aériformes qui ne se ralentit jamais, l'harmonie se maintient dans l'air atmosphérique, comme
dans l'ensemble des choses créées.

Ce que nous venons de dire a pu faire saisir que la
température et les variations qu'elle éprouve dans son
intensité n'exercent pas d'action sur la composition
de l'air atmosphérique. Mais, pour nous en assurer,
voyons dans quelles limites ces changements sont
possibles.

La température actuelle de l'atmosphère y est entretenue par plusieurs causes, dont la principale est
l'action des rayons solaires. Celle des astres stellaires
et de la chaleur centrale n'y a du moins presque aucun
effet. Tout au plus la première sert-elle à tempérer
le froid des nuits, car sans son influence il serait in-
supportable au coucher du soleil, lorsque cet astre
est tout à fait au-dessous de l'horizon. La seconde affecte au plus la surface du globe d'un trentième de
degré, valeur beaucoup trop faible pour exercer la
moindre action et être en quelque sorte appréciable.

Ces causes, dont les limites sont si restreintes, ne
sont donc rien auprès des effets que les rayons du soleil produisent sur l'atmosphère; aussi peuvent-elles

être négligées surtout dans l'examen que nous faisons des actions qui pourraient être sensibles sur la chaleur de la terre.

La température de l'atmosphère, et par suite celle de la surface du globe, se trouve donc sous la dépendance du soleil. Or, si cet astre verse sur notre planète des quantités égales ou à peu près égales de chaleur, la température de la terre doit par cela même être constante et n'éprouver d'autres variations que celles qui dépendent de la position du soleil par rapport à elle.

C'est aussi ce que nous apprennent les faits, soit lorsqu'on apprécie la chaleur que nous envoie simultanément le soleil, soit lorsqu'on porte son attention sur l'égalité des températures moyennes d'un lieu quelconque, appréciée par leur observation constante pendant environ dix années.

Cette première valeur est égale à celle qui serait nécessaire pour fondre une couche de glace de quatorze mètres d'épaisseur, qui couvrirait toute la superficie du globe. Cette énorme chaleur n'est cependant que de deux billions trois cent quatre-vingt-un millions de la chaleur totale rayonnée dans toutes les directions.

La chaleur solaire règle donc tous les mouvements qui ont lieu dans l'atmosphère et à la surface de la terre. Elle détermine la marche de l'évaporation, et règle la chute de l'eau qui retombe en pluie. Cette chaleur est encore la cause des combinaisons et des recompositions chimiques qui en développent des quantités latentes plus ou moins grandes, ainsi que des efflux de lumière et d'électricité. Elle fixe ici-bas, dans des limites précises, la distribution de la vie par les effets de sa répartition inégale, soit comme chaleur, soit comme lumière (note 28).

L'observation des températures moyennes terrestres faite sur dix années prises au hasard amène à peu près aux mêmes conséquences. Le décroissement de la chaleur, à mesure qu'on s'élève dans les régions de l'atmosphère, n'est pas moins constant ni moins régulier que la chaleur de l'air à la surface du sol. Quoique sa diminution ne soit pas rigoureusement proportionnelle à la hauteur, et qu'il y ait quelques variations suivant les localités, elle peut être fixée à 1° par une élévation de 190 à 195 mètres au-dessus du sol. Mais ce qu'il importe de faire remarquer, c'est que cette diminution est à peu près constante dans les régions tempérées.

Les températures moyennes annuelles ont été particulièrement l'objet de l'étude des physiciens modernes ; M. de Humboldt a porté sur elles son attention, et il les a évaluées d'après le calcul de plus de vingt-cinq mille observations thermométriques. Elle l'ont conduit à ce résultat que les extrêmes de leurs variations ne s'élèvent pas, d'une année à l'autre, dans aucune contrée de la terre, à plus de 1° à 2° du thermomètre centigrade. Ainsi, malgré ce que semblent nous dire les produits variables des récoltes, ou le témoignage de nos sens, il faut réduire à cette faible différence leurs plus grandes modifications. Enfin, ce qui est non moins digne d'attention, ces points extrêmes donnés par l'observation de plusieurs années, sont bien rarement dépassés, soit dans un sens, soit dans un autre.

Il y a donc une grande fixité dans la chaleur que la terre reçoit dans le cours d'une année de l'astre qui l'éclaire et la vivifie. Il en est de même lorsque nous voulons évaluer la loi du décroissement qu'éprouve le calorique à mesure que nous nous élevons dans les régions supérieures de l'atmosphère. Ce décroissement, d'autant plus rapide que l'on s'approche des régions septentrionales, et d'autant moins qu'on s'en éloigne, est du reste soumis à des lois de stabilité tout aussi fixes que les autres circonstances atmosphériques.

Le phénomène de la distribution de la chaleur à la surface du globe, bien interrogé et bien apprécié, nous dit donc que la chaleur solaire, celle qui règle et détermine les climats, est maintenant parvenue à une fixité et à une régularité qui annoncent celle des causes qui la produisent (note 29).

Si nous transformons la totalité de la chaleur que

la terre reçoit du soleil dans le cours d'une année, en quantité de glace fondue, on trouve qu'en la supposant uniformément répartie sur tous les points du globe, et qu'elle soit employée sans perte aucune à fondre de la glace, elle serait capable d'en fondre une couche qui envelopperait la terre entière et qui aurait une épaisseur de $30^m,89$ ou près de 31 mètres. Telle est la plus simple expression de la quantité totale de chaleur, que d'après les observations de M. Pouillet, la terre reçoit chaque année du soleil.

Les mêmes données fondamentales qui ont permis à ce physicien de résoudre cette question lui ont même donné le moyen de trouver la totalité de la chaleur qui s'échappe du globe entier du soleil dans un temps donné, sans supposer autre chose, sinon que toutes les portions égales du globe émettent d'égales proportions de chaleur. Ce fait paraît jusqu'à présent confirmé par l'expérience, puisque les différents aspects que nous présente le soleil par l'effet de sa rotation ne semblent avoir aucune influence marquée sur les températures terrestres.

Si l'on transforme, de même que nous l'avons fait pour le cas précédent, la chaleur du soleil exclusivement employée à fondre une couche de glace appliquée sur le globe de cet astre et qui l'envelopperait de toute part, cette quantité de chaleur serait capable de fondre en une minute une couche de $11^m,80$ d'épaisseur, et en un jour de 16,992^m ou 4 lieues $\frac{1}{4}$. Cette détermination ne repose sur aucune hypothèse ; elle est indépendante de la nature propre du soleil, de la matière qui le compose, de son pouvoir rayonnant, de sa température et de sa chaleur spécifique. Elle est simplement la conséquence immédiate des principes les mieux établis par rapport à la chaleur rayonnante et du nombre auquel on est parvenu par l'expérience directe.

Il importe encore de faire remarquer que la chaleur solaire est maintenant parvenue à un tel état de fixité, que depuis les temps historiques aucun climat ne paraît avoir sensiblement varié, ainsi que nous le prouverons plus tard par l'observation des faits agronomiques et d'autres phénomènes physiques.

La composition de l'atmosphère étant à peu près invariable dans tous les lieux et à toutes les hauteurs, et la température de la terre étant soumise à des causes régulières et constantes, on peut présumer qu'il doit en être de même de la pression barométrique. En effet, les oscillations du baromètre, qui nous font connaître les diverses variations de la pesanteur de l'air, ont des *maxima* et des *minima* réglés par des moyennes que ces variations ne dépassent presque jamais. Seulement l'étendue de ces oscillations est d'autant plus considérable qu'on les observe dans les régions septentrionales, et d'autant

moindre qu'on les étudie dans les contrées méridio-
nales et surtout dans les régions équatoriales.

La constance et la régularité des marées atmosphériques est un des faits les plus constants et des plus
dignes d'attention parmi les phénomènes physiques
du globe. C'est surtout lorsque des perturbations passagères viennent en troubler l'harmonie pendant
quelques instants, qu'elles paraissent encore plus admirables. Cette cause de trouble momentané une fois
passée, on leur voit reprendre tout aussitôt leur cours
ordinaire, comme si aucune perturbation ne l'avait
interrompu ; et la marée atmosphérique continue sa
marche comme si rien n'en avait dérangé le cours et
la régularité.

C'est surtout sous les tropiques que les variations
dans la pesanteur de l'air sont extrêmement limitées ;
leur plus grande amplitude s'élève à peine à 2 millimètres ; tandis que dans les régions tempérées les
variations barométriques s'étendent dans le cours de
l'année de 20 à 50 millimètres. Aussi est-il possible,
avec le secours du baromètre de prédire l'heure où
l'on se trouve, et même de juger, par le dérangement que l'on voit s'opérer dans sa marche ordinaire,
qu'une tempête va succéder au calme de l'atmosphère.

La pression barométrique, lorsqu'on l'observe au
milieu des mers, paraît suivre les mêmes lois, et

varier dans des limites si faibles qu'elle est à peu près la même partout. Seulement elle semble moindre dans l'hémisphère austral que dans le boréal, où se trouve le plus grand nombre de terres sèches, élevées au-dessus des eaux, et où les continents ont pris le plus d'étendue.

D'après ces faits, tout serait donc achevé pour l'atmosphère terrestre, soit dans sa composition, soit dans sa température, soit encore relativement à sa pression.

2° Des eaux salées et des eaux douces.

L'état gazeux primitif par lequel la terre a passé avant d'arriver à sa constitution actuelle, a été loin de s'opposer à la production d'un océan, dans lequel serait combinée la plus grande proportion d'hydrogène, d'oxygène et même de chlore. En supposant que, par suite de l'intensité de la chaleur des premiers âges, cette combinaison ne fut point d'abord absolument liquide, elle l'est devenue nécessairement, lorsque le rayonnement de la chaleur a été assez avancé pour permettre l'existence d'une surface solide refroidie au-dessous des gaz ainsi combinés.

Il y a donc eu jadis un état du globe dans lequel le chlore s'est uni avec l'hydrogène et le sodium, tandis que d'un autre côté l'hydrogène s'est combiné avec l'oxygène. Ces quatre éléments, en se réunissant ensemble, ont posé les bases de l'Océan actuel ; ils ont fini par constituer l'ensemble des mers qui environnent les continents. Cet océan primitif couvrit d'abord la surface totale du globe, la matière qui en compose aujourd'hui les matériaux durcis ne s'étant pas encore solidifiée.

Lorsqu'elle se précipita, l'océan retint les sels les plus solubles auxquels les eaux des mers doivent aujourd'hui leurs caractères particuliers. Partie de ces sels se déposèrent ensuite lorsque les mers se retirèrent des lieux qu'elles avaient d'abord occupés ; ils constituèrent plus tard ces amas de sel gemme, si abondants au milieu des terrains secondaires. Peu à peu, et par suite de l'extension des matériaux solides et du redressement de ces mêmes matériaux, l'océan primitif diminua non-seulement dans son étendue, mais il abandonna certaines portions de ses eaux dans l'intérieur des continents (note 30).

Ces portions délaissées par l'ancien océan ont constitué les mers intérieures ou les méditerranées si nombreuses dans l'ancien continent, et qui ne sont guère représentées dans le nouveau monde que par de grands lacs, qui abondent surtout dans l'Amérique méridionale. Plus tard enfin, et par le redressement du sol recouvert par l'océan et les méditerranées, les mers diminuèrent d'étendue et rentrèrent dans les bassins et les limites qu'elles n'ont plus dépassés depuis lors. Aussi tout semble achevé aussi bien pour l'océan que pour les mers intérieures (note 31).

Ce qui est arrivé aux eaux salées parait s'être également opéré pour les eaux douces, soit pour celles que l'on voit soumises à un cours régulier, soit pour les eaux stagnantes accumulées dans des bassins plus ou moins étendus. Seulement la séparation de ces dernières, ou, si l'on veut, leur distinction d'avec les eaux salées a eu lieu assez tard, lors des temps géologiques. Mais les unes et les autres paraissent avoir été plus abondantes pendant cette grande période que depuis l'époque historique, où leur volume parait avoir grandement diminué (note 32).

On est loin de trouver sur la surface terrestre ainsi que dans l'atmosphère des masses d'eaux courantes ou des amas de vapeurs d'eau assez considérables pour produire des phénomènes comparables à ceux auxquels sont dus les dépôts diluviens. La grandeur et l'étendue des matériaux qui composent ces immenses dépôts est au-dessus de tout ce que les eaux actuelles, en doublant ou en triplant même leur volume et leur action, pourraient effectuer. Les alluvions et les atterrissements de l'époque historique annoncent que, comme les autres phénomènes de perturbation, les eaux sont rentrées dans des bornes si restreintes, que leur violence est peu à craindre dans l'état des choses, à raison de leur diminution et de leur moindre abondance.

Il en serait encore de même lorsque toute l'eau qui se maintient à l'état de vapeur dans l'atmosphère viendrait à se précipiter sur la terre d'une manière subite et instantanée; elle n'y produirait qu'une lame de neuf décimètres d'épaisseur, quantité beaucoup trop faible pour y produire des causes de désordre comparables à celles qui ont dispersé les dépôts diluviens. Aussi est-il probable que la vapeur aqueuse qui, dans les temps géologiques, se trouvait dans l'atmosphère, y était en plus forte proportion, à en juger par la température plus élevée et la plus grande masse d'eau existant pour lors à la surface du globe.

C'est dans tout cet excès d'eau, ainsi que dans la chaleur dont le globe jouissait dans les temps géologiques, que nous devons chercher la cause de ces terribles inondations dont les dépôts diluviens nous démontrent les derniers effets. On conçoit que, par suite de l'affaiblissement de cette température et de la diminution de l'évaporation, de pareilles alluvions ne soient plus possibles aujourd'hui.

L'eau domine tellement encore à la surface de notre planète qu'elle annonce l'immense proportion d'oxygène disséminé dans les différentes couches qui la composent. Ce corps compose environ les vingt centièmes de la couche aériforme, et se montre combiné avec la plupart des matériaux solides du globe. Sans doute il n'entre dans la composition de la couche liquide que pour le tiers de son volume, l'hydrogène formant les deux autres tiers. Mais ces deux gaz constituent toute la vapeur d'eau disséminée dans l'atmosphère, ce qui annonce leur importance relativement à notre globe.

Sans doute nous ne pouvons guère estimer la proportion de la vapeur aqueuse disséminée dans l'atmosphère ; mais, malgré ses variations, elle existe constamment au milieu des couches aériformes, et cela pour répondre au grand objet auquel est destinée l'enveloppe gazeuse de notre planète. Dès lors elle annonce dans quel rapport l'oxygène et l'hydrogène sont disséminés sur la surface du globe.

Mais, puisque deux volumes de ce dernier gaz s'unissent dans la production de l'eau avec un volume d'oxygène, il s'ensuit qu'en ne prenant en considération que ce liquide, le volume de l'hydrogène est double de celui de l'air vital. Le premier de ces gaz est donc bien abondant ; il le paraît surtout lorsqu'on fait attention à la grande étendue des mers. A la vérité, on doit déduire trois ou quatre centièmes de la masse totale liquide pour les sels qui en font partie. Cette déduction a du reste bien peu d'importance. Aussi, en supposant à l'Océan une profondeur moyenne d'environ 5,000 mètres, il existe par cela même un volume immense d'hydrogène en combinaison avec l'oxygène.

Il faut en outre ajouter aux masses d'eau superficielles les eaux intérieures ou profondes et celles qui sont mécaniquement engagées dans les roches. Sans doute une grande partie de ces dernières, reçues de l'atmosphère pour jaillir ailleurs sous forme de sources, n'est contenue dans les roches que comme dans un réservoir momentané, mais elle n'en augmente pas moins la quantité totale.

On ne peut du reste rien imaginer de plus simple ni de plus admirable que cette circulation de l'eau destinée à l'entretien de la vie des végétaux et des animaux. Quelque grande que puisse être cette quantité, ce n'est point encore la seule qui démontre combien est considérable la proportion d'hydrogène et d'oxygène à la surface ou dans l'intérieur du globe. Il existe en effet de l'eau disséminée dans les roches à un état latent. Elle paraît même y être en proportion notable. C'est surtout dans les couches qui servent de canaux souterrains aux sources que la proportion d'eau disséminée doit être énorme; car elles font l'office de filtres, et ne doivent permettre le libre passage de ce liquide que lorsqu'elles en sont complétement saturées.

Les roches qui entrent dans la composition de notre planète contiennent donc de l'humidité disséminée; car la plupart d'entre elles, exposées à une chaleur convenable, donnent toutes de l'eau. Quelques serpentines, ainsi que d'autres matériaux primitifs, en recèlent jusqu'à 12 ou 15 centièmes, et bien des sels en renferment près de la moitié de leur poids. Cette proportion, et celle qu'on observe dans un grand nombre de minéraux, indique encore que l'eau provenant de cette dernière cause n'est pas sans quelque importance relativement au globe terrestre (note 33).

Mais si, d'après les faits que nous avons exposés, l'atmosphère est maintenant parvenue à un état de fixité réellement remarquable, on peut se demander s'il en est de même de l'Océan et des mers intérieures qui n'en sont que des relaissées.

Pour résoudre cette question, il faut considérer si les eaux des mers ont varié dans leur étendue depuis les temps historiques, et si elles ont éprouvé également quelques changements dans leur niveau, leur salure et leur pesanteur spécifique.

L'étendue des eaux salées a été évidemment plus considérable dans les temps géologiques qu'actuellement ; car les produits marins fourmillent dans une infinité de couches terrestres fort éloignées du bassin des mers actuelles. Ces faits sont si connus que nous ne nous y arrêterons pas plus longtemps, d'autant que nous les avons déjà discutés ; on doit se demander, cependant, si une pareille diminution a eu lieu depuis les temps historiques.

Sans doute, il est des points d'où les mers semblent se retirer par suite de l'accumulation des limons que les fleuves y apportent ; mais il en est d'autres qu'elles paraissent au contraire envahir et venir occuper. Il y aurait donc compensation à cet égard ; elle doit en effet avoir lieu, puisque le niveau des mers ne varie pas d'une manière sensible, ainsi que nous le prouverons plus tard. D'un autre côté, l'évaporation, qui enlève une certaine quantité d'eau à la masse liquide, est dans une moyenne à peu près invariable ; elle est d'ailleurs compensée par celle qui est entraînée dans le bassin des mers par les fleuves, et les rivières, en un mot, par toutes les eaux courantes.

On a cependant prétendu que certains amas d'eaux salées, et par exemple la mer Glaciale, avaient diminué d'étendue depuis les temps historiques. On s'est fondé sur l'extension immense qu'a dû avoir autrefois cette mer, au nord des steppes marécageuses et glacées de la Sibérie. Elle aurait été successivement hérissée de glace et par conséquent rétrécie dans les points où elle était jadis navigable, surtout vers le nord de l'Asie centrale. Ces faits ont été déduits de cartes chinoises et japonnaises ; il paraît en résulter que la Sibérie, à l'exception du Kamchatka, se serait étendue au nord, depuis le ve au vi^e siècle, de plus de 7° à 8° de latitude, portant ainsi de plus en plus loin au nord les eaux douces des fleuves de la mer Glaciale.

Ces cartes n'offrent pas de degrés de latitude ; elles montrent seulement les steppes de la Sibérie au septentrion du mont Altaï et du grand désert de sable, fort peu étendues dans cette dernière direction. M. Paravey, sentant combien ces cartes étaient imparfaites, a cherché à les appuyer sur des mesures plus précises de l'Océan Arctique en Sibérie. Pour cela, il a cité un astronome de Pékin qui estime ses bords à 62° ou 63° de latitude nord.

C'est sur ces uniques preuves et sur des cartes aussi mal construites que l'on voudrait faire admettre que la mer Glaciale aurait changé d'étendue. Elles sont d'autant plus impuissantes pour justifier une pareille conclusion, qu'on découvre sur les bords actuels de cette mer, empâtée dans les terrains gelés à une grande profondeur, de grands animaux antédiluviens. Ce fait positif, et dont la réalité ne repose pas sur des monuments incomplets, prouve d'une manière évidente que les limites de la mer Glaciale n'ont pas varié depuis les temps historiques.

Il parait donc que les mers gagnent d'un côté ce qu'elles perdent de l'autre ; du moins, il n'est aucun fait certain duquel on puisse induire que leur étendue ou, si l'on veut, leur masse totale ait réellement diminué depuis la dispersion des dépôts diluviens.

On doit d'autant plus le supposer, que leur profondeur et leur niveau ne paraissent pas non plus avoir varié depuis lors ; cependant cette profondeur, comme leur niveau, est extrêmement différente d'une mer à l'autre, et même comparativement à l'Océan (note 34).

La profondeur des mers semble assez en rapport avec leur étendue et même avec la hauteur des côtes qui les bordent. L'Océan est par cela même la mer la plus profonde et celle dont l'élévation doit être la plus considérable. Il est non moins remarquable de voir, dans l'état de repos, les eaux de l'Océan et celles de la Méditerranée faire partie du même horizon.

La comparaison entre les niveaux de ces deux mers a occupé dans ces derniers temps les physiciens et les géographes ; il était d'autant plus important à déterminer, que longtemps on avait admis un abaissement dans la hauteur de la Méditerranée. On avait même voulu y voir la cause du courant qui de l'Océan se dirige vers le détroit de Gibraltar, courant dû à l'énorme évaporation annuelle, que ne compensent pas les masses d'eau apportées dans cette mer intérieure par le Nil, le Rhône, le Pô, et les autres fleuves qui s'y déversent.

Des preuves directes et démonstratives de cette absence de compensation manquent complétement ; dès lors, cette hypothèse ne saurait être admise ; mais il est certain qu'en été, à parité de latitude, les eaux de la Méditerranée sont de 3° à 3° 5 centigrades plus chaudes que celles de l'Océan. Les premières éprouvent donc une évaporation plus considérable que les secondes, et cette circonstance explique très-naturellement la petite différence de niveau qui peut exister entre les deux mers à cette époque.

Cette cause doit suffire en effet, si elle produit entre les hauteurs de cette mer une différence quelconque, mais sensible. Ce problème est donc en définitive une question de fait. Le calcul et l'expérience peuvent seuls nous faire savoir de combien l'Océan Atlantique est plus haut que la Méditerranée, si toutefois il existe quelques différences de niveau entre les deux mers.

Le calcul, faute de bases suffisantes, ne peut avoir une grande précision, et l'expérience seule peut satisfaire les esprits les plus exigeants. Delambre a trouvé dans la grande chaine de triangles de la méridienne de France, qui s'étend depuis Dunkerque jusqu'à Barcelone, le moyen de rattacher directement ensemble le niveau des deux mers. Les triangles compris entre Rodez et la Méditerranée lui ont donné pour l'élévation verticale de cette ville un résultat qui s'accorde, à une fraction de mètre près, avec la hauteur rapportée à l'Océan, qu'on déduit de la portion de chaine interposée entre Rodez et Dunkerque.

Sans doute, pour faire servir ces observations à la

détermination d'une différence de niveau, il aurait fallu les répéter plus souvent, et les calculer avec le plus grand soin, au moyen de méthodes suffisamment exactes.

Cependant les ingénieurs français, MM. Delcros et Corabœuf, ont profité de ces chaînes diversement orientées, des triangles du premier ordre, qui couvrent toute la surface de la France, pour soumettre la question du niveau des deux mers à un nouvel examen. Nous devons au dernier un travail remarquable par sa précision, et dont le résultat a été que la station du Crabère, qui sépare l'Océan de la Méditerranée, présente une différence moyenne entre la hauteur de cette montagne au-dessus de l'une et de l'autre de ces deux mers de $0^m,73$ (ou 2 pieds 3 pouces). Cette différence est trop légère pour ne pas en conclure, ainsi que nous l'avons déjà fait observer, que dans l'état de repos les eaux de l'Océan et celles de la Méditerranée sont au même niveau. En tout cas, on ne saurait douter que s'il existe à cet égard quelque diversité elle ne soit insensible.

Les deux mers principales qui couvrent la plus grande partie de la surface du globe ont donc un même niveau, et il ne paraît pas avoir varié depuis les temps historiques. Il en est de même des variations de l'élévation des mers intérieures, dont la hauteur est supérieure ou inférieure à celle de l'Océan.

Ainsi, l'élévation de la mer Caspienne est moins considérable que celle de l'Océan, les eaux qui la composent s'étant accumulées dans la grande dépression de la partie centrale de l'Asie; sa surface se trouve donc de beaucoup au-dessous de l'Océan, et n'a point varié depuis les dépôts diluviens.

Cette mer, comme les autres mers intérieures, est une relaissée de l'ancien Océan : on ne saurait prétendre le contraire parce que les poissons qu'elle nourrit sont presque tous analogues à ceux des eaux douces, et que l'on y voit peu d'animaux réellement marins. On ne peut pas non plus supposer que la mer Caspienne n'a jamais été unie avec la mer Noire, les mêmes espèces de poissons et d'animaux marins ne se trouvant pas dans ces deux méditerranées.

Il est facile de juger que depuis l'époque historique la mer Caspienne, accumulée dans une des plus grandes dépressions de la surface du globe, doit recevoir, par cela même, un certain nombre de fleuves et de rivières qui ont dû avoir des effets marqués sur sa salure. D'un autre côté, les fleuves qui s'y rendent ne sont pas les mêmes que ceux qui se déversent dans la mer Noire; par conséquent, leurs eaux y apportent de nouvelles espèces de poissons. Il est donc naturel qu'il en soit de même des autres mers intérieures. En effet, dans la première, le Volga y entraîne ses eaux, et la mer Noire reçoit au contraire le Danube, un des fleuves les plus considérables de l'Europe, et dont le cours est totalement différent des premières eaux courantes.

Evidemment, l'Océan a constitué, lors de son origine, une seule mer avec la Méditerranée ; cependant les poissons et les animaux marins qui se trouvent dans l'une et dans l'autre, sont loin d'être identiques, quoiqu'elles aient le même niveau. Ainsi, aux anciennes époques géologiques, les mers intérieures ne composaient qu'une même mer avec l'Océan ; pendant longtemps encore après cette séparation, les premières communiquaient toutes ensemble, et ce n'est que peu à peu qu'elles sont rentrées dans leurs bassins respectifs, et qu'elles ont eu des végétaux et des animaux particuliers.

Ainsi, jadis la mer d'Aral était liée à la mer Caspienne, et celle-ci avec la mer Noire. Il serait par cela même facile d'établir une ligne de canaux qui mettrait en communication les bassins de la mer Caspienne et d'Aral avec la mer Noire et la Baltique au moyen du Volga. De pareilles communications hâteraient singulièrement la civilisation et la diffusion des lumières au milieu de ces vastes régions. Mais il importe de faire observer que, comme ce projet présente peu de difficultés, cette circonstance semble nous apprendre que toutes ces mers n'en formaient jadis qu'une seule avec le Grand-Océan.

Le soulèvement du sol secondaire a opéré la séparation des mers intérieures avec l'Océan primitif. Les méditerranées dont les eaux se sont accumulées dans les lieux les plus abaissés de la surface du globe ont maintenant leur niveau non-seulement inférieur aux autres mers intérieures, mais encore à l'Océan lui-même. Or, c'est un fait désormais acquis pour la physique du globe, qu'il existe dans la partie centrale de l'ancien continent une grande et immense dépression. Il est dès lors tout simple que le niveau de la mer Caspienne soit très-inférieur à celui de tous les amas d'eau salée, puisque cette mer se trouve dans le point le plus abaissé de la surface du globe.

Ce fait n'a pas sans doute d'analogie sur la terre; mais il en existe un grand nombre dans l'hémisphère visible de la lune, où des profondeurs immenses descendent bien au-dessous de la surface générale de cette planète.

A l'inverse, certaines mers, par des causes qui nous sont inconnues, ont leur niveau supérieur à celui d'autres amas d'eau salée. Telle est, par exemple, la mer Rouge, dont les eaux sont plus élevées que celles de la Méditerranée d'environ dix mètres, ainsi que les anciens l'avaient admis, quoiqu'elles communiquent avec l'Océan. Il paraît également certain que les unes et les autres ont conservé le même niveau depuis les temps historiques, à peu près comme divers amas d'eaux douces et salées disséminées à la surface de notre planète. Seulement l'industrie humaine a pu d'autant plus aisément les dessécher, que leur hauteur a été supérieure à celle des mers les plus voisines.

Ainsi les eaux douces et salées, à quelque classe qu'appartiennent ces dernières, c'est-à-dire, qu'elles soient courantes ou stagnantes, ne paraissent pas avoir varié ni dans leur étendue ni dans leur niveau. Elles n'ont pas éprouvé depuis les dépôts diluviens de notables changements, parce que la cause qui les entretient, ou l'évaporation, est elle-même dans un état de stabilité réellement remarquable.

Il en est de même des autres phénomènes qui se rapportent aux eaux salées, tels que leur pesanteur spécifique, et le degré de leur salure; car évidemment cette salure ne pourrait éprouver de changement notable, que si les eaux des mers venaient à diminuer ou à augmenter. Or, rien n'annonce qu'il en soit ainsi, la densité et la salure des mers est aussi invariable que leur niveau; et ces deux circonstances, liées à l'existence de leurs eaux, conservent cette stabilité qui caractérise d'une manière si éminente les phénomènes actuels.

Toutefois, la proportion des matériaux salins contenus dans l'eau des mers, et particulièrement dans l'Océan, varie selon les latitudes, et d'après certaines conditions; mais ces variations sont si légères qu'elles sont sans importance dans la généralité de ce phénomène. Ainsi, il est tout simple et tout naturel que la salure diminue dans les lieux où de grands fleuves se mêlent à l'Océan ; quelquefois même, lorsque leurs courants sont extrêmement considérables, elle s'affaiblit plus ou moins, et quelquefois même jusqu'à d'assez grandes distances des côtes (note 35).

Les mers intérieures, même celles qui communiquent avec l'Océan, présentent cependant des exceptions à cette loi générale; car, elles sont presque toujours moins salées. Il n'en est pas de même de la Méditerranée ; du moins d'après la pesanteur de ses eaux et quelques faits non encore publiés, elle paraîtrait recéler une proportion de sel plus forte que celle qu'on lui a supposée.

Quant aux autres mers ou lacs salés sans communication avec l'Océan, leur degré de salure pourrait changer dans la suite des siècles, si l'évaporation leur enlevait plus d'eau que les fleuves qui s'y perdent n'en apportent. En effet, si à une époque quelconque il y a égalité entre l'évaporation et les masses d'eau douce qu'elles reçoivent, les dépôts entraînés par les fleuves comblant peu à peu leur fond, leur niveau devra s'élever et leur surface s'étendre. L'évaporation deviendra par cela même plus considérable, et augmentera en proportion de l'étendue qu'auront prise les eaux. La salure, ainsi de plus en plus prononcée, pourra donner lieu à des dépôts abondants. L'industrie, en mettant en réserve dans de grands bassins des dépôts d'eaux des mers, opère par le seul effet de l'évaporation des produits salins dont elle tire ensuite parti (note 36).

Cette diversité, dans le degré de salure des eaux, ne laisse pas que d'exercer une certaine influence sur la distribution des animaux. Elle paraît du moins empêcher la plupart d'entre eux de remonter les fleuves, et les rendent tout à fait propres aux mers dont ils ne peuvent et ne sauraient s'écarter. Cette remarque s'applique surtout à la Baltique et à la mer Noire, où la proportion des matières salines ne paraît pas s'élever au delà du tiers de ce qu'elle est dans les eaux de l'Océan Atlantique.

Les grandes pluies et la fonte des glaces et des neiges diminuent encore la salure des mers sur certains points, particulièrement sur les plus rapprochés des côtes. L'eau de la mer en se congelant repousse en quelque sorte le sel qu'elle contient. Aussi la résolution en eau d'une grande quantité de glace ne peut qu'affaiblir la salure dans les lieux où elle s'opère, tout comme leur formation ne peut que l'augmenter. Mais l'agitation constante des eaux des mers, les courants et les tourmentes qui mélangent sans cesse les eaux des différentes latitudes et même des diverses profondeurs, tendent à rétablir à cet égard leur uniformité primitive. Aussi, malgré les causes accidentelles que nous venons de signaler, elle est rarement troublée d'une manière notable, du moins d'après ce que nous a appris M. Gay-Lussac. En effet, cet habile physicien, de concert avec M. Despretz, a essayé et analysé de l'eau de l'Océan Atlantique prise en pleine mer à peu près à toutes les latitudes, depuis le tropique du Capricorne jusque dans nos latitudes; la proportion de sel contenu dans toutes ces eaux n'a varié que de 3,48 à 3,77 pour cent parties d'eau. Irwing a trouvé la quantité des substances salines entre 3,30 et 3,50 dans de l'eau de l'Océan puisée au 80e degré de latitude nord, presque sous les glaces du pôle, variation qui, comme on le voit, est bien légère.

D'un autre côté, d'après Irwing et Marcet, l'eau prise à de grandes profondeurs, comme par exemple à 1,250 mètres et au delà, ne présente pas de différence sensible dans la salure.

Les eaux du Grand-Océan seraient donc également salées partout. Il en est de leur composition comme de celle de l'atmosphère; elle est à peu près la même dans toutes les latitudes. Si le mélange des gaz qui forment l'air atmosphérique et le degré de salure des mers avaient éprouvé des changements notables, l'existence des animaux terrestres et marins aurait pu être singulièrement compromise; aussi de pareilles variations ne pouvaient entrer dans les desseins de la nature (note 37).

La stabilité dans la salure et la densité de l'eau des

mers a été soumise à un nouvel examen. Ces questions ont été examinées lors du voyage de *la Bonite*. D'après les physiciens qui ont fait partie de cette expédition, ces deux circonstances éprouveraient toutefois quelques variations, suivant la hauteur des couches de l'Océan ; mais elles sont infiniment légères. Ainsi, comme les eaux du fond sont un peu plus salées que celles de la surface, la densité de l'eau prise en ce point est moindre que celle de l'eau puisée à une certaine profondeur. Cependant la quantité d'air tenu en dissolution dans l'eau est moins considérable à la surface de la mer que dans les bas-fonds ; la différence paraît s'élever jusqu'à un centième du volume de l'eau.

Les gaz recueillis à une grande profondeur renferment plus d'acide carbonique qu'il n'en existe dans l'eau puisée à la surface. Cette dernière est parfaitement limpide, tandis que celles qui proviennent au contraire des bas-fonds tiennent en suspension des matières floconneuses en proportion plus ou moins considérable. Aussi est-il probable que l'acide carbonique des eaux profondes dépend de la décomposition de ces matières, ou peut-être encore y est-il tout formé. C'est ce que des analyses faites sur les lieux nous permettront sans doute de décider.

Si ces observations sont exactes, elles ne sont pas de nature à modifier les conclusions que nous avons déduites des faits ci-dessus rapportés. Du reste, toutes les eaux, quelle que soit leur nature, s'imprègnent des gaz qui reposent sur leur surface. Cette absorption s'opère par une sorte d'affinité qu'elles exercent sur les différents gaz. Lorsqu'on étudie ses effets sur l'oxygène et l'azote, ces deux principes constituants de l'air atmosphérique, on la trouve plus forte pour le premier que pour le second. Il en résulte que les eaux des fleuves et des mers, toujours en contact avec l'atmosphère, se chargent à la longue d'un mélange gazeux où l'oxygène domine.

Par une conséquence nécessaire de ces propriétés, la vaste étendue des mers, qui recouvrent une grande partie du globe, tient en dissolution un mélange gazeux dont les proportions près de la surface doivent être égales à celles que contiennent les eaux continentales. Du moins, M. Biot a trouvé dans l'eau de la mer puisée à 1,000 mètres, un mélange d'air qui présentait en volume 28 d'oxygène sur 100. Une pareille proportion a été rencontrée dans la Méditerranée.

C'est encore là une de ces harmonies qui prouvent combien la nature a veillé au maintien et à la durée des êtres vivants, et par conséquent à ce que toutes les causes qui pourraient compromettre leur existence fussent essentiellement limitées dans leurs variations.

La salure et la densité des eaux des mers diffèrent donc bien peu à leur surface. En effet, d'après les expériences du docteur Marcet, les limites des pesanteurs spécifiques de l'Océan seraient entre 1,0272 à 1,0297; tandis que la densité des mers intérieures serait à peu près de 1,0144 à 1,0293.

Néanmoins, à mesure qu'on s'enfonce dans la profondeur des mers, la pesanteur spécifique de leurs eaux doit augmenter, à raison de leur compressibilité. L'effet de cet accroissement dans la pression empêche les végétaux et les animaux de vivre dans le fond de l'Océan ; ils résistent d'autant moins à cette augmentation, qu'à cette influence vient s'ajouter l'absence de la lumière.

Les causes qui font varier les eaux des mers dans leur salure et leur densité ont donc des effets extrêmement restreints ; dès lors on doit les considérer comme arrivées à un état fixe et stable.

Voyons maintenant quel peut être l'effet de la température sur les eaux des mers.

La chaleur des couches liquides et solides est à peu de chose près produite par l'action des rayons solaires, avec cette différence, que l'effet de ces rayons pénètre moins bas dans les premières que dans les secondes. Cette diversité dépend de ce que les couches liquides s'échauffent moins que les solides, par suite de leur évaporation plus facile, de leur mobilité et de leur plus faible conductibilité. D'un autre côté, l'eau étant compressible, sa température s'augmente par l'effet de la pression ; aussi le maximum de densité de ce liquide est-il à environ + 4°,5.

Cependant, d'après les observations du docteur Hope, l'eau de mer, différente en cela de l'eau pure, se dilaterait par la chaleur à toutes les températures au-dessus de son point de congélation, et se contracterait par le froid. Cette observation est trop en opposition avec les faits les plus positifs et les mieux établis, pour être admise jusqu'à ce qu'elle ait été pleinement confirmée.

Quoi qu'il en soit, une infinité de causes variables en intensité, agissent simultanément sur la chaleur des eaux des mers ; dès lors, leur température doit éprouver des différences assez considérables. Deux causes tendent cependant à la rendre susceptible de variations moins étendues que les terres sèches. Premièrement la faible conductibilité des couches liquides pour le calorique les empêche de s'échauffer autant que les solides. En second lieu, et en supposant que les observations du docteur Hope ne soient pas exactes, le maximum de densité de l'eau des mers est, comme celle de l'eau pure, à + 4°,5 ; toutes les fois qu'elle a acquis cette température, elle doit tendre à descendre, et les couches les plus basses doivent s'élever pour remplacer celles-ci. Il existerait donc des courants ascensionnels et descendants plus ou moins forts dans les eaux des mers, courants d'autant plus constants que la cause qui les occasionne l'est elle-même.

Aussi, d'après M. Dumont d'Urville, dans toutes les mers libres, la température générale des couches inférieures, à des profondeurs de 600 brasses et plus, est presque constante. Elle est assez rapprochée d'une limite comprise entre $+ 4°$ et $+ 5°$, qui est le maximum de densité de l'eau. Cette température se modifie progressivement, à mesure qu'on s'élève vers la surface, pour se rapprocher de la température des eaux superficielles, suivant la saison de l'observation. Enfin dans la zone la plus voisine de l'équateur, c'est-à-dire entre 10° de latitude nord et 10° de latitude sud, une cause particulière semble occasionner dans les couches sous-marines, jusqu'à cent brasses, un refroidissement plus brusque qu'on aurait lieu de l'attendre.

D'après l'observateur que nous venons de citer, les lois de la distribution de la température ne sont pas les mêmes pour la Méditerranée que pour l'Océan. En effet, celle des couches inférieures jusqu'à cent cinquante brasses paraît dépendre de la chaleur des couches supérieures, et d'une manière d'autant plus sensible que celles-ci ont été plus échauffées. Au delà

de ces cent cinquante brasses, les couches inférieures sont soumises à une température égale, à peu de
chose près, à + 13°.

La diminution de la chaleur des eaux des mers
à mesure qu'on s'approche des terres offre, toutes circonstances égales d'ailleurs, presque autant d'exceptions qu'il y a d'observations qui la confirment. Il en
est de même du fait généralement admis qu'un
thermomètre plongé dans l'eau s'élève graduellement
lorsque, partant d'un port ou d'une baie, on fait
voile vers la haute mer.

La présence d'un banc ou d'un haut-fond, quelquefois sensible et évident par ses effets sur la température des eaux des mers y est souvent sans aucune influence. Ainsi, le 14 août 1838, la frégate *la Vénus*,
approchant de l'archipel des Marquises, passa sur une
grande langue de terre située auprès de ces îles. Elle
la franchit et ne se trouva plus que par 6 à 8 brasses
de profondeur; tandis que, peu d'heures auparavant,
le fond de la mer n'était pas atteint au moyen d'une
ligne de 200 brasses.

Cet énorme changement n'amena cependant aucune différence sensible dans la température de
l'eau. Il n'est donc pas exact de prétendre que l'eau
des mers est toujours plus froide sur un banc que
près des grandes profondeurs. Il paraît pourtant
qu'un refroidissement sensible est souvent la con-

séquence ordinaire d'un banc, et peut même en faire prévoir la rencontre; mais certaines circonstances accidentelles, et encore peu appréciées, en masquent quelquefois les effets, et en rendent l'impression presque nulle.

Du reste, les observations sur la chaleur des eaux des mers dans le voisinage de l'équateur, loin des continents et loin des grandes îles, sont de la plus haute importance pour la détermination des températures terrestres. Elles en ont une d'autant plus grande, qu'entre les tropiques et en pleine mer la chaleur des eaux de l'Océan varie peu. La température moyenne déduite de dix, douze ou vingt observations analogues faites sans choix, entre 10° de latitude nord et 10° de latitude sud, a présenté partout les mêmes résultats, à une fraction de degré près.

On peut, à l'aide de ces faits, attaquer avec succès une question capitale restée jusqu'ici indécise, celle des températures terrestres. Avec leur secours on n'a plus du moins à s'inquiéter des influences locales, naturellement fort circonscrites, comme le déboisement des montagnes et des plaines, les changements opérés par la culture sur la forme et la nature du sol, et enfin le desséchement des lacs et des marais.

Chaque siècle, en léguant aux siècles futurs quelques chiffres bien faciles à obtenir, leur donnera le moyen peut-être le plus simple, le plus exact, le plus direct, de décider si le soleil aujourd'hui, source première et source à peu près exclusive de la chaleur de notre globe, change de constitution physique et d'éclat, comme la plupart des étoiles, ou si au contraire cet astre est arrivé sous ce rapport à un état permanent.

Les observations de *la Vénus* confirment puissamment cette seconde proposition. La température de l'Atlantique, voisine de l'équateur, a été trouvée à midi, dans le mois de janvier 1837, par les navigateurs à bord de cette frégate, de $+ 26°,6$, et en mai 1839, de $+ 26°,8$. D'un autre côté, l'Océan Pacifique leur a donné pour la région équatoriale correspondante à 130° de longitude occidentale, dans le mois de juin 1837, $+ 26°,9$; et enfin, dans un méridien plus rapproché de celui de l'archipel des Galapagos, dans le mois de février 1839, de $+ 26°,9$. Ces mesures prouvent que la température de l'Océan varie peu, et en même temps que la chaleur solaire est arrivée maintenant à un état de fixité et de stabilité réellement remarquable.

Il résulte encore de l'ensemble des observations qu'il existe pour la température de l'air à la surface du sol, et pour celle de l'air qui repose sur le bassin des mers, un *maximum* et un *minimum* qui ne sont jamais dépassés. Les moyennes déduites de l'ensemble des observations faites sur les climats terrestres et dans les lieux les plus différents conduisent à un pareil résultat.

En effet, dans aucune contrée de la terre sur le continent, et dans aucune saison de l'année, un thermomètre élevé de 2 à 3 mètres au-dessus du sol et à l'abri de toute réverbération, n'atteint pas au delà de + 46 à + 50° centigrades.

Ceci ne fait pas qu'un thermomètre, mis en contact avec un sol qui, par suite de sa nature, s'échauffe d'une manière considérable, ne puisse s'élever jusqu'à + 60°, ou que, lorsqu'on le recouvre d'une mince couche de sable ou même de terre végétale, il ne parvienne quelquefois à + 72°, ou même + 75°; mais ces effets calorifiques, dépendant de circonstances particulières, ne peuvent être tenus en compte comme des résultats directs de la chaleur solaire.

En pleine mer, la température de l'air surmarin, quels que soient le lieu et la saison, n'atteint jamais + 31° à + 34°.

Quant au degré de froid le plus extrême qu'on ait observé sur le globe avec un thermomètre suspendu dans l'air, il ne paraît pas avoir été au-dessous de — 56° à — 58°.

Ainsi, par exemple, le capitaine Back a vu le thermomètre à — 56°,6 sur les côtes de l'Amérique septentrionale, à 67°,46 de latitude, et le capitaine Parry a éprouvé dans l'île Melville un froid de — 47°.

Les plus hautes températures de l'air qui aient été observées sous la zone torride se sont élevées à + 45° ou + 55°; car Lyon et Ritchie ont vu leur thermomètre à + 54° à l'oasis de Mourzouck, et les degrés les plus inférieurs ne sont pas descendus à — 57°. La limite des variations extrêmes de l'air à la surface de la terre est donc d'environ 112°.

La plus basse des températures de l'air qui ait été reconnue est celle qu'a éprouvée le capitaine Back sur les côtes de l'Amérique septentrionale; elle a cela de remarquable d'être extrêmement rapprochée de celle qui paraît caractériser les espaces planétaires. On sait que l'on considère celle-ci comme assez rapprochée de — 60° ou de — 66°, d'après les observations récentes combinées avec les calculs de Fourier et de Swamberg.

Cette coïncidence et les résultats de l'expérience prouvent que Poisson n'était pas fondé à supposer que la chaleur de l'espace se maintenait constamment à — 13°, tandis qu'elle lui est inférieure d'au moins 47°. D'un autre côté, la température de l'eau des mers ne s'élève jamais sous aucune latitude et dans aucune saison de l'année à + 30° centigrades. C'est à ce terme que la température moyenne se maintient dans les régions équatoriales aux bords de la mer. Quant au minimum de cette température, il ne s'abaisse pas au-dessous de 0, en sorte que les variations que peut éprouver la couche liquide sont moins du tiers de celles que ressent la couche aériforme.

En résumé, la température de l'air et des eaux, et même la chaleur centrale, est maintenant dans un état de stabilité remarquable à la surface du globe ; car cette dernière ne fait pas varier le thermomètre d'un trentième de degré. La chaleur de l'espace paraît elle-même presque constante, et les températures moyennes terrestres ne varient pas non plus d'une année à l'autre de plus de 1 à 2° centigrades. Ce fait est d'autant plus digne d'attention, que depuis l'extrême *minima* jusqu'au *maxima* le plus élevé, le thermomètre parcourt dans l'année jusqu'à 108°. A la vérité, ces deux points extrêmes n'ont jamais lieu dans la même localité. En effet, les *maxima* sont uniquement bornés aux régions équatoriales, comme les *minima* aux régions polaires, ou du moins aux pays les plus septentrionaux, en sorte que la température n'atteint jamais ces deux points extrêmes dans les mêmes lieux ni dans la même contrée.

On peut encore voir une preuve de la stabilité des mers dans leur densité comparée à celle de la terre ; elle est même beaucoup moins considérable qu'elle le paraît à la surface des couches terrestres, puisque la densité de celles-ci s'augmente à mesure que ces couches s'approchent du centre. Les déterminations fournies par le pendule, les degrés du méridien et enfin l'attraction des montagnes, en sont des preuves précises et certaines.

Cependant plusieurs causes irrégulières, telles que les vents et les tremblements de terre, agitent la mer et la soulèvent à de grandes hauteurs; elles vont même, dans certaines circonstances, à la faire sortir de ses limites. Mais ces perturbations sont toujours momentanées, et les eaux des mers tendent bientôt à reprendre leur état d'équilibre; les frottements et les résistances de tout genre finiraient même par les y ramener sans l'action du soleil et de la lune.

Cette tendance constitue l'état d'équilibre et de stabilité auquel les mers sont maintenant arrivées, condition que les causes agissantes ne sauraient leur faire perdre. Elles ne le pourraient que si leur moyenne densité était moindre que celle de la terre, ce que rien ne peut faire supposer dans les temps actuels.

La densité des mers paraît même n'avoir jamais varié; si cependant des produits marins se trouvent à plusieurs milliers de mètres au-dessus de leur niveau, ce n'est pas que leurs eaux aient atteint pour cela une pareille élévation. Le soulèvement des couches qui les renferment les y a portés. Les débris des végétaux et des animaux marins ont donc été exhaussés du fond des mers à une hauteur aussi considérable, et l'on ne doit pas attribuer leur présence à quelques milliers de mètres au-dessus du niveau des mers actuelles au défaut d'équilibre et de stabilité qu'auraient eu, lors de leur soulèvement, les eaux de l'ancien Océan.

Au contraire, dans l'état primitif et liquide du globe terrestre, les matières les plus pesantes se sont rapprochées du centre, et cette condition a déterminé la stabilité des mers. Cette stabilité, comme celle des autres phénomènes terrestres, n'a éprouvé depuis lors aucune sorte de dérangement, les causes actuellement agissantes étant tout à fait impuissantes pour en détruire l'ordre et l'harmonie. En effet, les causes fortuites ou constantes qui troublent l'équilibre des mers sont assujetties à des limites qui ne peuvent être franchies. La pesanteur spécifique des eaux étant beaucoup moindre que celle de la terre solide, les oscillations de l'Océan sont toujours comprises entre des limites fort étroites, ce qui n'arriverait certainement pas si le liquide répandu sur le globe était beaucoup plus pesant.

L'observation des débris de corps organisés marins à 4,342 mètres dans le nouveau monde, et dans l'ancien continent de 3,410 à 3,500 mètres, tient uniquement à cette cause. Les soulèvements seuls les ont exhaussés avec les couches qui les renferment à d'aussi grandes élévations. Du moins, les marées, quelque violentes qu'on les suppose, car elles paraissent avoir été constamment limitées dans des bornes assez étroites, n'ont jamais présenté une pareille grandeur, et par cela même elles n'ont pas pu produire de pareils effets.

Aussi Dolomieu a prétendu sans fondement que des marées de sept à huit cents toises avaient emporté de temps en temps le fond des mers, et l'avaient jeté en montagnes et en collines dans les vallées ou sur les plaines primitives du continent. Ce sont là des hypothèses gratuites, dont on pouvait tout au plus se contenter dans l'origine de la science, mais que le progrès de nos connaissances rend tout à fait invraisemblables. Ceci n'empêche pas cependant que les eaux douces ou salées, stagnantes ou courantes, n'aient point d'action sur les parties du sol qui les supportent. Elles agissent au contraire, soit chimiquement, soit mécaniquement sur les diverses portions des continents où elles sont accumulées. La première de ces actions est même d'autant plus énergique qu'elle est favorisée par la chaleur de la croûte solide du globe.

Indépendamment de cette action, les grandes masses d'eau exercent une autre influence sur les continents, elles établissent une égalité de température dans les parties qui en sont rapprochées. Les couches liquides qui les composent s'échauffent en effet beaucoup moins que les matériaux solides. Il suffit de se rappeler que, tandis que la température de l'air à la surface de la terre dépasse parfois + 46 degrés centigrades, ou + 50 degrés, celle de l'eau de mer ne s'élève jamais au delà de + 30 degrés. Il en résulte que l'air sur-marin est généralement plus froid et plus dense que celui qui repose sur les continents.

Cette circonstance doit établir conséquemment des courants d'air à peu près constants des mers sur les terres, et maintenir dans un équilibre plus marqué la température de l'intérieur des terres. Ainsi, dans des lieux voisins situés aux mêmes latitudes et aux mêmes hauteurs, mais dont l'un est rapproché des mers et l'autre en est éloigné, la proximité des grandes masses d'eaux salées diminue considérablement les extrêmes du froid et de la chaleur. Les étés et les hivers sont plus égaux entre eux, et leur température est plus uniforme. Ces effets sont même sensibles dans les lieux peu distants, dont l'un est rapproché et l'autre situé à peu d'éloignement du bassin des mers. Aussi est-il certain que les climats littoraux ont une plus grande égalité dans la distribution de la chaleur qu'ils reçoivent que les climats continentaux.

Ces effets tendent à maintenir la température de la surface du globe dans un état remarquable de fixité ; ils dépendent de la faible conductibilité des couches liquides pour la chaleur. Cette cause contribue avec leur grande capacité calorifique à rendre extrêmement lents les changements de température qui s'opèrent dans la profondeur des mers, lorsque leurs eaux changent de latitude. Sans cette circonstance, les mers seraient sillonnées par des courants d'une telle rapidité que toute navigation deviendrait presque impossible. Ce qui aurait lieu, par exemple, si l'eau avait la faible capacité et la conductibilité du mercure. Il est difficile de ne pas voir dans ces faits une de ces harmonies admirables, dont la nature nous fournit un si grand nombre d'exemples.

3° Des terres sèches et découvertes, ou des continents.

Si la terre a eu dans son origine une température assez élevée pour avoir maintenu les matériaux dont elle est formée à l'état gazeux, comme paraissent être les éléments des comètes et des astres nouveaux qui se préparent et s'achèvent au milieu des espaces planétaires, il faut nécessairement qu'elle conserve au-dessous de sa surface durcie et solidifiée quelque chose de cet excès de chaleur (note 38).

Les faits sont ici d'accord avec ce que la théorie fait présumer *à priori*. Le globe terrestre possède dans son intérieur un reste de cette haute température dont il a joui aux premières époques de sa formation. A son affaiblissement a été due la consolidation des matériaux qui composent aujourd'hui les continents, comme à cette chaleur centrale il faut attribuer leur exhaussement et leur alignement en chaînes plus ou moins étendues.

La terre est donc un globe qui se refroidit; il paraît du moins qu'après avoir été maintenue à l'état de fluide incandescent, la consolidation de sa surface a produit le sol primitif. On peut dès lors concevoir qu'à une température plus élevée toutes les matières qui constituent la terre ont pu être fluides et lumineuses, et qu'elles ont pu même être antérieurement à l'état de gaz ou de vapeur.

En remontant ainsi des faits à leurs conséquences, les géologues modernes sont arrivés aux mêmes hypothèses que le génie des Leibnitz, des Descartes, des Newton, des Buffon, des Laplace, des Fourier, des Herschel avait émises *à priori* ou au moins en partant de considérations d'un autre ordre.

D'un autre côté, une diminution de chaleur pourrait amener la solidification de l'atmosphère et de tous les liquides qui se trouvent à la surface et dans l'intérieur du globe. Ces changements dans l'état des divers matériaux terrestres pourraient même avoir lieu plusieurs fois alternativement, sans la moindre infraction aux lois de la nature, et sans que notre planète cessât de leur obéir.

Si la chaleur de l'intérieur de la terre est un reste de celle qui, primitivement, a maintenu les matières les plus fixes et les plus denses dans un état de liquidité complète, elle doit être tout à fait indépendante de l'action solaire. Elle l'est tellement qu'elle ne se manifeste qu'au-dessous de la couche à travers laquelle les rayons du soleil peuvent exercer leur action. Loin de diminuer, comme cela devrait être, si le soleil était la seule source de chaleur pour le globe, elle augmente au contraire à mesure qu'on s'enfonce dans sa profondeur et qu'on s'éloigne des couches échauffées par les effets de ses rayons.

Le globe a donc une chaleur à lui propre ; cette source de chaleur pour la terre ne doit rien aux rayons vivifiants du soleil, elle n'en emprunte pas les feux. Seulement, à peu près insensible sur sa surface, elle n'affecte le thermomètre que d'un trentième de degré ; son influence paraît pourtant avoir été fort considérable dans les temps géologiques, à en juger par les végétaux et les animaux des régions tropicales ensevelis sous les glaces du pôle ou dans les régions tempérées.

Indépendamment de l'accroissement de température que les thermomètres éprouvent au-dessous de 28 ou 30 mètres, point où cesse l'action des rayons solaires, d'autres faits ne peuvent guère se concevoir et encore moins s'expliquer si l'on n'admet point cette chaleur propre du globe. Les eaux thermales et les sources qu'à l'aide des sondages on fait arriver au dehors témoignent assez de la température de l'intérieur de la terre et de la lenteur de son abaissement. Elles en sont des preuves évidentes, puisque leur chaleur est d'autant plus grande qu'elles arrivent de plus bas. Il en est de même encore des eaux thermales qui découlent des hautes montagnes. Les plus élevées de ces eaux et dont les sources sont placées le moins profondément sont aussi les plus pures ou les moins chargées de matières salines. Leur température est aussi la moins élevée. Celles, au contraire, qui s'écoulent à la base des montagnes, et qui paraissent provenir des plus grandes profondeurs, présentent une chaleur considérable. Elles contiennent aussi l'acide sulfhydrique en quantité notable, ainsi que des sels à base de soude, matières qui caractérisent essentiellement les eaux thermales des terrains primitifs (note 39).

La constance de la chaleur des eaux thermales, aussi bien que celle des sources dérivées des puits artésiens, démontre d'une part, que la cause qui la produit est générale et agit en même temps d'une manière bien uniforme. Elle prouve que son affaiblissement doit être bien faible, et qu'il doit s'opérer avec une extrême lenteur, puisque les variations de ses effets sont presque insensibles. Le calcul annonce que sa diminution est à peine de $\frac{1}{77600}$ degré par siècle ; ce décroissement est si minime qu'inappréciable pour nos instruments, il est par cela même tout à fait insensible sur les changements de la caloricité des eaux thermales.

Parmi les causes qui peuvent opérer des effets aussi

constants et aussi uniformes, il n'en est pas de plus générale que la chaleur propre du globe, dont l'abaissement est si faible et si insensible, ainsi que nous venons de le faire observer. Aussi en faisant la part des erreurs possibles dans les expériences, et en ayant égard à l'accumulation de la chaleur produite par la combustion des lampes et la respiration des mineurs, et enfin à l'influence que peuvent avoir les réactions chimiques sur la chaleur développée, on arrive toujours au même résultat.

1° En Europe et dans la plus grande partie de l'ancien continent, l'accroissement de la température est, au-dessous de la couche traversée par les rayons solaires, de 1° par 25 ou 30 mètres de profondeur ;

2° En Amérique, continent plus nouveau, cette augmentation paraît marcher plus rapidement, et n'être pas moindre de 1° par 12 ou 15 mètres.

La même mesure, appréciée à l'aide du sondage ou des puits artésiens, donne des nombres tellement rapprochés des premiers, qu'il est difficile de ne pas y voir une confirmation de leur exactitude. En effet, d'après les eaux qui en découlent, l'accroissement de la chaleur de l'intérieur du globe serait de 1° par 31 ou 32 mètres de profondeur.

L'épaisseur des couches terrestres traversées par les travaux des mines ou par les sondages artésiens est sans doute peu considérable relativement au dia-

mètre terrestre; elle est néanmoins assez forte pour
faire présumer d'après la chaleur observée aux profondeurs auxquelles on est parvenu, qu'elle serait
plus grande encore s'il était possible de s'enfoncer
plus avant dans l'intérieur de la terre. L'imparfaite
conductibilité des matériaux solides qui composent
l'écorce du globe donne à cette supposition un certain
degré de vraisemblance. Si donc vers la surface de la
terre cet accroissement suit une progression arithmé-
tique, il doit présenter une marche plus rapide dans
de plus grandes profondeurs, et probablement il arrive pour lors à tracer une progression géométrique
(note 40).

En se fondant sur l'ensemble de ces faits, on a
cherché à évaluer l'épaisseur que pouvaient avoir
maintenant les matériaux solides qui composent l'é-
corce solide du globe. D'après des calculs assez plau-
sibles, elle serait peu considérable; car elle ne s'éten-
drait pas à plus de 25 ou 30 lieues au-dessous
de sa surface. Cette mince couche nous sépare donc
dans l'ancien continent des fournaises ardentes qui
maintiennent les matériaux les plus fixes et les plus
denses dans un état de fusion complet, et cela à peu
de distance du sol que nous foulons à chaque instant.
Ces vingt-cinq ou trente lieues nous mettent ainsi à
l'abri de ces foyers brûlants, à peu près comme l'atmosphère qui nous entoure et dont la hauteur est en-

core moins considérable, nous préserve du froid glacial (— 66°) des espaces interplanétaires.

On peut opposer à cette théorie, que jusqu'à présent des thermomètres n'ont été portés dans les mines qu'à de très-petites profondeurs, car on n'a pas encore pénétré à plus de 500 mètres au-dessous du niveau de l'Océan. Cette profondeur est beaucoup trop petite pour faire juger d'un accroissement de température assez grand pour rendre les matériaux les plus fixes et les plus denses dans un état complétement liquide à quelques lieues au-dessous du sol. En étendant ces observations à 25 ou 30 lieues, on les apprécie à une profondeur de 200 ou de 240 fois plus grande que celle qui a été réellement évaluée.

Il en est de même des sondages; car, si dans quelques points on les a poussés au-dessous de 500 mètres, il ne paraît pas que l'on ait jamais atteint une pareille profondeur au-dessous du niveau de l'Océan. Ainsi la première de ces mesures fixe l'épaisseur la plus considérable qui nous est connue au-dessous des mers. Quelque minime qu'elle puisse paraître, elle est néanmoins suffisante pour nous faire comprendre les principaux faits géologiques, et conduire avec d'autres faits à l'existence extrêmement probable de la chaleur propre du globe.

Les éruptions volcaniques nous annoncent encore par la violence de leurs feux, comme les eaux thermales,

les sources des puits artésiens et certaines circonstances géologiques non moins influentes, que la
terre possède dans son intérieur une chaleur immense, reste de celle dont elle a joui à l'origine des
choses. Ces phénomènes nous apprennent que le
globe a une température qui lui est propre; en effet
les torrents de chaleur que les volcans répandent au
dehors ne proviennent pas plus de l'action solaire que
la lumière qui accompagne leurs éruptions.

Ainsi les foyers volcaniques sont comme des sortes
d'évents qui épanchent au dehors l'excès de chaleur
qui existe dans l'intérieur de la terre. Cet excès était
plus prononcé encore dans les temps géologiques qu'actuellement; aussi non-seulement d'abondantes matières ignées ont été rejetées à toutes les époques du
sein du globe; mais leur nombre a notablement diminué depuis l'époque historique.

Les volcans encore en activité sont en effet restreints aux portions de la terre les plus abaissées et
les moins éloignées du bassin des mers. Leurs phénomènes généraux ont entre eux de si grandes analogies qu'ils doivent être produits par une même cause
située à de grandes profondeurs.

Cette cause donne aux sources thermales une température constante; elle opère également la fonte des
glaces éternelles par leur partie inférieure.

L'hypothèse de la chaleur centrale s'accorde donc

avec l'ensemble des faits observés ; elle explique la circonstance remarquable de l'élévation de la température terrestre à de petites profondeurs, c'est-à-dire au-dessous de 28 ou de 30 mètres. Cette dernière ne coïncide en effet presque jamais avec la température moyenne de l'atmosphère. On la voit du moins constamment supérieure à cette dernière. Elle coïncide aussi avec les observations intéressantes de Wahlenberg répétées par Kupfer. D'après ces physiciens, plusieurs plantes à racines profondes ne fleuriraient dans les régions du Nord que parce que la température moyenne de l'intérieur de la terre y est plus élevée que celle de l'air.

L'irrégularité et la convexité des lignes isothermes, à mesure qu'on se rapproche des régions polaires, semble confirmer cette influence. Elle paraît dépendre de ce que, par suite de la moindre accumulation et de la grande quantité des fissures des couches solides dans cette partie du globe, la température propre de la terre y exerce encore quelque influence. Les lignes isothermes ne coïncident du moins dans leur direction avec les parallèles terrestres que sous la température moyenne de plus $+ 25°$.

D'autres faits viennent à l'appui de l'hypothèse de la chaleur propre de l'intérieur du globe, chaleur que sa surface a en grande partie perdue par les effets du rayonnement. Ainsi, l'eau des mers et des lacs paraît se distribuer d'après sa pesanteur spécifique et les lois particulières à la dilatation de ce liquide, dont le maximum de densité est, comme on le sait, à $+ 4°,5$. La température de ces eaux ne prouve donc rien généralement, ni pour ni contre la théorie de la chaleur centrale. Cependant, dans plusieurs localités des hautes latitudes, on reconnaît une augmentation de température avec la profondeur, qui ne s'accorde point avec la distribution de l'eau d'après les lois connues de sa pesanteur spécifique. Cette augmentation de température qui s'interpose dans les effets de la densité paraît due à la chaleur du fond de la mer. Quoiqu'elle produise un effet sensible sur des eaux qui approchent, autant que celles des hautes latitudes, de leur maximum de densité, elle ne paraît pas cependant perceptible dans les climats chauds, peut-être à raison de leur température élevée.

D'après les lois de la nature, et ces harmonies que l'on découvre à chaque pas dans les choses créées, la liquidité du fond des mers n'est pas uniquement produite par la température; elle tient aussi à la circonstance que l'eau pure se solidifie seule, en sorte qu'en passant à l'état de glace elle abandonne les sels qu'elle tenait auparavant en dissolution. Ces sels en se précipitant au fond des eaux, en augmentent la salure; par conséquent, ils éloignent le point de sa congélation. Cette particularité tend à maintenir l'eau à l'état liquide, et l'empêche de se prendre en masse et toute à la fois. Aussi la surface des eaux des mers passe seule à l'état solide, et les poissons vivent ainsi tranquilles dans leur profondeur, quoiqu'ils soient souvent couronnés de dômes de glace de plus de quarante mètres d'épaisseur. Les couches d'eau congelée qui surnagent et pèsent sur la portion liquide en retardent nécessairement la congélation. Les effets de la pression qui augmentent la densité des couches profondes par celle qu'exercent les portions qui les surmontent y contribuent également.

Ainsi, par une de ces heureuses et admirables combinaisons, preuve de l'intelligence supérieure qui a veillé à la durée des choses créées, les animaux peuvent parcourir les mers, jusque dans les plus hautes latitudes, sans avoir à craindre d'être saisis par la congélation instantanée de l'élément qui leur a été donné en partage.

Si on ajoute à ces faits cette circonstance extrêmement probable d'une chaleur qui contre-balance dans le soleil et certaines planètes les effets de la pesanteur, et si on se rappelle que la figure de la terre indique un ancien état des choses dans lequel les molécules de la matière jouissaient d'une libre circulation, il est difficile de ne point admettre que le globe possède une chaleur à lui propre. Ce feu central a dû être plus considérable dans les temps géologiques qu'actuellement ; car tous les phénomènes qui se sont succédé à la surface de notre planète annoncent qu'il a éprouvé un abaissement graduel et successif.

Les physiciens qui n'admettent pas l'existence du feu central sont cependant forcés, pour rendre raison des différents phénomènes physiques, d'avoir recours à une chaleur très-intense agissant d'une manière générale sur la croûte du globe. D'après eux, l'ensemble des roches des terrains stratifiés inférieurs composerait des dépôts semblables à ceux qui se forment de nos jours. Ces roches auraient même recélé jadis des débris des êtres organisés, dont les restes auraient été détruits par suite de la chaleur élevée qu'ils auraient éprouvée. Il y a plus encore, leurs caractères actuels seraient dus, selon eux, à l'action d'une grande chaleur qui aurait totalement changé leur structure initiale.

Ces suppositions sont trop contraires aux lois de la physique et à la composition des couches terrestres, que l'on prétendrait produites de cette manière, pour mériter la moindre discussion. En effet, une pareille explication des faits se réfute assez d'elle-même, pour ne pas exiger de plus longs détails. Nous ferons seulement observer que les terrains stratifiés inférieurs, répandus sur l'universalité du globe avec des caractères identiques, annoncent qu'ils ont dû éprouver avant leur remaniement une température extrêmement élevée ; cette chaleur, aussi générale que leurs dépôts, doit être la même que celle dont le centre de la terre ressent encore l'influence. L'extinction du feu central à la surface de la terre empêche les formations peu étendues qui s'y produisent encore d'éprouver des modifications comparables à celles qu'ont subies les matériaux des premiers âges. Si de pareilles modifications n'ont plus lieu, la cause qui les a opérées dans les anciennes phases du globe a cessé depuis longtemps d'exercer une action sensible, du moins sur la surface de notre planète, par son affaiblissement et sa diminution constante et progressive (note 41).

La terre, examinée dans son ensemble comme dans ses détails, nous apprend, par les phénomènes qui s'y sont succédé, que toutes les matières qui la composent ont été à l'état de gaz ou de vapeur. La température qui les maintenait à l'état aériforme s'est affaiblie par degrés ; les effets de cette diminution les ont ramenés en partie à l'état liquide, et enfin à l'état solide, état naturel vers lequel tendent tous les corps. En effet, on peut regarder l'état de vapeur ou de gaz comme une sorte d'état transitoire, que la matière abandonne lorsque la chaleur diminue et la pression augmente.

Aussi l'attraction moléculaire, la pression et les réactions chimiques ont amené les corps à l'état solide, lorsque la chaleur n'y a plus mis d'obstacle. La condensation, en triomphant de la force d'expansion due au calorique, a rapproché les molécules les unes des autres; elle les a co-créées de manière à rendre leurs masses fermes et compactes, dès que rien ne s'est plus opposé à l'action de la pesanteur. Les éléments qui y ont obéi ont pris une disposition, une forme et des apparences bien plus saisissables pour nos sens que celles qu'elles avaient auparavant. Cependant, quoique nous disposions des forces qui tendent à rapprocher les molécules des corps, il en est une foule que nous ne sommes point encore parvenus à solidifier.

Ces substances, qui ont résisté à tous les agents dont nous disposons, composent cependant les matériaux les plus durs et les plus denses du globe; mais elles sont toujours combinées avec d'autres éléments. En effet, parmi elles, on peut citer l'oxygène, l'hydrogène et l'azote qui, en combinaison, entrent tout à la fois dans la partie solide et liquide de la terre. Ils changent même chaque jour d'état, et pour ainsi dire sous nos yeux, à la température et à la pression ordinaires.

Si nous avons été jusqu'à présent impuissants pour ramener l'oxygène, l'hydrogène et l'azote à l'état liquide ou solide, la possibilité d'un pareil changement est cependant probable, depuis que nous avons rendu liquide le chlore, ce gaz presque aussi combu-

rant que l'air vital. Il a suffi pour y parvenir de le soumettre à une pression de quatre atmosphères, et à
l'influence d'une température de — 15°,56. Cette possibilité est devenue pour ainsi dire assurée depuis que
nous avons liquéfié le gaz acide carbonique, au moyen
d'un abaissement de température de — 25°, et que
nous l'avons solidifié en portant cet acide carbonique
liquide à — 55°,5 (note 42).

La résistance de ces gaz à passer à l'état liquide
ou solide par les moyens qui sont à notre pouvoir
est d'autant plus extraordinaire, que l'azote, par
exemple, devient fluide lorsqu'il est uni à deux
fois son volume de carbone. Le cyanogène exige
seulement la faible pression de 3°,6 d'atmosphère, et
une température de 7°,22 pour être liquéfié. D'un
autre côté, l'oxygène, en se combinant avec différents corps, devient solide à toutes sortes de températures.

Ainsi, les mêmes effets qui ont lieu dans les corps
célestes dont la formation s'opère sans cesse dans
l'immensité de l'espace, sont également produits sur
notre globe. La chaleur y a longtemps triomphé,
comme elle triomphe encore dans la plupart de ces
astres, aux premières périodes de leurs phases. Mais
peu à peu la pesanteur a contre-balancé les effets
du calorique; elle a fini même par exercer une action plus puissante, dont l'influence a été le passage

de certains corps gazeux à l'état liquide ou solide.

Ce qui est arrivé sur la terre parait se passer dans les globes nouveaux dont l'apparition frappe chaque jour nos regards. Ces globes augmenteront ainsi le nombre des corps planétaires du système solaire, comme de tout autre système stellaire.

On peut du moins présumer, depuis la découverte, faite par Herschel, d'Uranus et de ses six satellites, de Cérès et de Junon par Piazzi, de Pallas et de Vesta par Olbers, que le système des planètes qui entourent le soleil de leurs orbes concentriques et diversement inclinés, a été complété en grande partie. En effet, les planètes de ce système paraissent disposées autour du grand astre dans des rapports simples de leurs dimensions relatives (note 43).

Les faits que nous venons de rapporter, et auxquels il serait facile d'en ajouter d'autres, semblent annoncer que la terre, comme probablement les autres corps planétaires du système solaire, est passée par des phases diverses avant d'arriver à son état actuel. Il ne s'agit donc plus que de savoir si la terre est destinée à éprouver de nouvelles modifications, ou si, au contraire, elle est achevée et a reçu sa perfection définitive.

Examinons donc les corps divers que notre globe nous présente ; voyons si chacun d'eux est complétement fini dans ce sens qu'il n'y ait plus, par rapport à eux, de créations nouvelles. Nous n'avons presque pas besoin de définir cette expression, dont le sens est clair et précis; mais, afin d'éviter toute équivoque, nous dirons que l'on ne doit considérer comme telles que la production d'une matière ou d'un être qui n'a jamais existé, et qui est tiré du néant par une puissance supérieure.

Ainsi, en appliquant cette définition aux êtres vivants, il est évident que leur création n'était point terminée aux époques géologiques, puisqu'à chacune de ces époques ont correspondu de nombreuses générations sans aucune analogie avec celles qui les avaient précédées, ni avec celles qui allaient leur succéder. Ces êtres qui apparaissaient tout à coup étaient sans antécédents comme sans aïeux; dès lors ils doivent être considérés comme de véritables créations nouvelles, puisque rien ne les avait précédées, et que l'on peut même remonter jusqu'à l'époque où elles ont commencé.

Mais en est-il de même aujourd'hui? On le supposerait en voyant de nouveaux individus succéder à leurs parents, comme les premiers ont été suivis à leur tour par des êtres semblables à eux; la chaîne des êtres actuels n'offre donc pas d'interruption, et nous la voyons se prolonger d'une manière constante et continue. Pour si peu cependant que l'on y réfléchisse, il est facile d'arriver jusqu'aux premiers anneaux de cette chaîne, et de reconnaître que leur succession est la conséquence nécessaire de la puissance ou de la faculté donnée par la nature aux êtres vivants de se perpétuer indéfiniment. Dans cette continuation, il y a bien succession, mais non pas création dans le sens précis et littéral de la valeur de cette expression. Lors de l'apparition de l'espèce dont sont provenus tous ses descendants, il y a bien eu création; tandis que, depuis lors, il n'y a plus eu que continuité de la même espèce, et point formation ou production d'un autre type.

Toute la question se réduit donc à savoir si depuis les temps historiques, c'est-à-dire, pendant ceux auxquels nous appartenons, des espèces nouvelles ont apparu sur la surface de la terre. Les faits les plus précis et les plus positifs démontrent qu'aux races actuellement vivantes il ne s'en est jamais ajouté de nouvelles. En effet, les êtres animés se maintiennent ici-bas dans une stabilité et une fixité remarquables, dont l'homme par sa puissante influence peut seul troubler quelques instants l'harmonie. Ainsi, depuis ces temps, dont nous pouvons évaluer la durée, il n'y a pas eu sur la terre de nouvelles créations d'êtres vivants, et tout paraît complétement terminé par rapport à eux.

Sans doute, s'il existait de véritables ou de réelles générations spontanées, ou des êtres vivants opérés par le seul concours de la matière, il y aurait pour lors de véritables créations nouvelles, ces êtres n'ayant point d'antécédents. Mais un pareil pouvoir a-t-il été attribué à la nature brute? Peut-elle donner ce qu'elle ne possède pas, et animer, par suite d'une puissance dont rien ne constate la réalité, une portion des matériaux qui la composent? Sans vouloir entrer dans les discussions que soulève la question des générations prétendues spontanées, nous dirons seulement qu'elles ne peuvent pas soutenir un examen un peu attentif, du moins les observations microscopiques les plus délicates n'en démontrent pas la réelle existence (note 44).

Ces recherches prouvent que les générations spontanées sont tout au plus des transformations d'une forme à une autre, qui dérivent constamment d'un point organisé ou d'une mère commune. Lorsqu'elles ont lieu chez des êtres qui semblent se rapporter aux végétaux, elles proviennent constamment de globules ou de globulins. On remonte toujours jusqu'à ces premiers linéaments de l'organisation végétale; ils montrent que le moindre point animé dérive sans exception d'une mère ou d'une souche commune.

On les retrouve encore chez les êtres doués du mouvement volontaire, ou chez les animaux; ceux-ci proviennent de globulins infiniment simples, comme les êtres où se produisent de pareilles transformations.

En effet, ces changements de formes ne sont que des états transitoires par lesquels passe le plus bas des degrés de la vie végétale et animale.

Les apparitions subites de certains végétaux et animaux, qui ont lieu toutes les fois que des circonstances favorisent le développement de leurs germes, se remarquent uniquement chez les êtres les plus simples ou les plus inférieurs de la série ; ce sont aussi ceux dont les dimensions sont les plus exiguës. On ne voit jamais des transformations de ces points, à peine animés, en d'autres êtres dont la vie serait moins problématique. On ne peut pas non plus en suivre les progrès chez les végétaux assez compliqués pour présenter d'une manière distincte de la matière verte, assimilée par certains à la matière nerveuse des animaux. On ne le peut pas davantage chez les animaux même les plus simples, surtout chez ceux qui offrent déjà quelques traces ou quelque ébauche de système nerveux; comme sont, par exemple, les monadés hétérogènes ou composés. Si l'on a paru le supposer pour les monadés homogènes ou simples, le peu de complication de leur organisation, qui a rendu plus difficile l'appréciation des moyens à l'aide desquels ils perpétuent leurs espèces, en a été probablement la cause. Toujours est-il que ces animaux n'ont ni nerfs ni fibre musculaire distincte, ni aucun organe apparent de respiration, de circulation, de reproduction, ni même de locomotion.

Les végétaux qui présentent de pareilles incertitudes sont également des plus simples. Les plantes mucédinées formées par un amas considérable de globulins nous en fournissent du moins des exemples. Ces globulins n'ont besoin, pour se développer, que du concours de circonstances favorables ; mais il est presque toujours possible de remonter jusqu'à leur point de départ. On les voit, à l'aide du microscope, dériver d'un autre corps, c'est-à-dire, de la souche qui leur a donné naissance. Les productions spontanées, que l'on ferait mieux de désigner sous le nom de transformations spontanées, s'effacent par l'observation des êtres auxquels elles donnent lieu. En effet l'expérience directe les repousse aussi bien que l'analogie ; car il n'est aucun fait duquel on puisse induire que la matière brute jouisse de la faculté de pouvoir s'organiser d'elle-même. Cette propriété devrait être démontrée, pour admettre l'existence de véritables productions spontanées, et, tant qu'elle ne le sera pas, celles-ci ne pourront être considérées comme réelles et manifestes.

Ce qui prouve qu'elles n'ont d'existence que par les germes qui les produisent, c'est que lorsqu'on détruit ces germes on ne voit plus rien s'opérer, toute transformation cesse d'une manière complète. Il suffit pour cela de faire macérer les infusions végétales qui donnent lieu à de pareilles formations de globules dans une atmosphère chargée d'acide sulfurique concentré. On peut rendre également ces infusions impuissantes pour faire naître des corps organisés quelconques en les lavant avec une solution alcaline.

Il suffit de porter à une chaleur rouge l'air dans lequel on doit placer une matière organique animale ou végétale en macération dans l'eau pour lui ôter toute faculté productive. Ces divers agents ne pourraient enlever à la matière inorganique la faculté de s'organiser si elle possédait véritablement la propriété organisatrice. Cette matière n'en jouit donc pas ; car ces agents, loin de la lui enlever, l'activeraient au contraire si elle était réelle. Il est, du reste, facile de concevoir l'action destructrice qu'ils exercent sur les germes fécondateurs, unique cause de ces transformations.

La matière animée a donc seule le pouvoir de donner cette faculté incompréhensible nommée la vie, soit par voie de génération, soit par voie évolutive, soit par mode de transformation. Ce dernier mode en est peut-être le plus simple ; aussi paraît-il réservé aux êtres les moins compliqués et les moins avancés en organisation. Il faut rechercher les conditions fondamentales de la génération chez ces êtres, puisque cette fonction, y est réduite à ses derniers termes, et débarrassée de tout ce qui n'est pas indispensable.

En effet, toute partie vivante se sépare du type, soit

pour continuer à se développer seule, soit pour chercher dans une autre les moyens nécessaires à son développement ultérieur. La loi est donc toujours la même, soit que la fonction puisse être accomplie par un seul individu, soit qu'elle doive être partagée entre deux organes distincts. La vie ne se reproduit pas instantanément par un acte unique et isolé; elle se développe d'une manière lente et progressive, sans interruption, comme une continuation, une conséquence de la nutrition. La matière inerte s'organise et devient vivante dans l'organisme souche, avant d'acquérir une existence indépendante, et la vie se propage ainsi sans interruption appréciable.

Si cette manière de considérer la reproduction est exacte, elle repousse toute idée de génération spontanée; car, la vie ne pouvant résulter que de la séparation d'une partie vivante, la matière inanimée ne peut donner ce qu'elle ne possède pas elle - même. Dès lors il y a impossibilité qu'il y ait réellement production vivante spontanée résultant d'une combinaison quelconque de la matière inorganique (note 45).

Du reste, les matériaux organiques qui semblent prendre des formes nouvelles, et simuler en quelque sorte de véritables générations spontanées, sont uniquement celles qui offrent la composition la plus complète. Elles sont du moins les seules chez lesquelles l'analyse démontre les quatre éléments généraux des corps vivants, le carbone, l'hydrogène, l'oxygène et l'azote.

Ces matériaux n'affectent jamais la forme cristalline; vus au microscope, ils présentent des surfaces arrondies, et constituent par leur réunion des globules ou des fibres, enfin une sorte de tissu. Lorsqu'on les met en contact avec l'eau sous l'influence de l'air et d'une certaine température, ils entrent dans un état particulier que l'on a nommé putréfaction, faute de pouvoir mieux le signaler. Enfin ces matériaux organiques, qui ont aussi vécu, ont aussi le pouvoir de s'organiser d'une manière plus complète; ils donnent lieu à une foule de matières dont la vie paraît moins obscure et plus manifeste que les substances dont elles proviennent.

Il en résulte parfois des animalcules microscopiques qui peuvent digérer dans l'estomac d'un autre animal vivant et entrer dans la composition de ses fluides nourriciers. Ces matériaux, qui ont constitué et ont fait partie des organes des animaux et des végétaux, sont dans de certaines circonstances susceptibles de se transformer en de nouveaux êtres. Mais ces transformations s'arrêtent au premier terme de la série végétale et animale, et ne s'étendent pas au delà ; elles ont en outre cette particularité remarquable, de ne jamais se produire que chez des substances organisées de la manière la plus simple.

Ces productions obscures, et sur l'existence desquelles il existe tant d'incertitudes, ne sauraient faire admettre que la création des êtres vivants n'est point achevée. Il serait encore plus difficile de voir dans ces ébauches, ou dans ces premiers linéaments de la vie, des précurseurs des végétaux et des animaux les plus parfaits. En juger ainsi serait aller tellement loin qu'il suffit d'énoncer une pareille proposition pour faire saisir qu'elle ne peut pas être adoptée.

Ainsi, en bonne philosophie, comme d'après l'observation directe, tout parait achevé dans la création actuelle. On peut en trouver une preuve tout aussi évidente dans la comparaison entre l'organisation des anciennes générations et celle qui constitue les races actuelles.

Sans doute, les lois qui ont réglé l'organisme des êtres vivants ont été constamment les mêmes à toutes les phases de la terre. Elles ont toujours établi un rapport et une harmonie parfaite entre la structure des végétaux et des animaux et les conditions d'existence auxquelles ils étaient soumis. Aussi, d'après ces rapports manifestes nous pouvons juger des mœurs et des habitudes propres aux espèces de l'ancien monde, tout aussi bien que nous le faisons pour celles du monde auquel nous appartenons.

Seulement, à en juger d'après l'ensemble des caractères de certaines de ces anciennes espèces, leurs conditions d'existence devaient exiger parfois des organismes très-complexes, et à tel point que le même animal offrait des dispositions propres à plusieurs tribus, ou à plusieurs familles, ou à plusieurs classes.

Ainsi le genre *rhyncosaurus* d'Owen offrait des particularités extrêmement remarquables dans la forme de son crâne, la structure de ses vertèbres, de ses côtes et de quelques-uns de ses os longs. Il présentait d'une manière simultanée les caractères des crocodiles, des lézards et des tortues. Ces combinaisons de familles aussi diverses par leurs mœurs que par leur organisme, essentiellement manifestes dans les formes et les rapports des os du crâne, indiquent des conditions d'existence toutes particulières au reptile qui réunissait à la fois le système propre aujourd'hui aux sauriens et aux chéloniens.

Cette grande complication de structure n'annonce-t-elle pas que le reptile chez lequel on l'observe n'était pas arrivé à un degré complet d'organisation comme nos espèces actuelles qui n'offrent jamais des caractères propres à plusieurs tribus. Du moins, lorsque les reptiles actuellement vivants sont arrivés à leur état parfait ou normal, on les voit ou sauriens, ou chéloniens, ou batraciens, ou ophidiens ; mais ils ne réunissent jamais les dispositions particulières à plusieurs de ces tribus.

D'autres reptiles de l'ancien monde offraient une organisation encore plus complexe, puisqu'ils étaient à la fois poissons, oiseaux et mammifères, tout en conservant le type caractéristique du premier ordre. En étudiant l'ensemble de l'organisme de ces animaux, on les dirait comme des sortes de tâtonnements ou des essais à l'aide desquels la nature tendait à des formes plus arrêtées et plus perfectionnées.

Comme ces reptiles réunissaient des caractères propres à différentes classes, les combinaisons de leur structure leur donnaient l'aspect le plus bizarre et le plus étrange. Ces combinaisons, aussi diverses que singulières, les faisaient ressembler aux animaux fantastiques de l'ancienne mythologie. Ainsi l'ichthyosaure avec la mâchoire d'un dauphin avait les dents d'un crocodile, la tête et le sternum d'un lézard, les extrémités d'un cétacé, mais au nombre de quatre ; ces animaux marins en ont seulement deux. Leur tronc et leur queue avaient les mêmes proportions et les mêmes parties qu'un quadrupède ordinaire.

Cet étrange reptile, organisé pour respirer l'air, avait une suraddition de nageoires verticales postérieures ; elles équivalaient à la queue horizontale si essentielle aux cétacés pour faire arriver leur tête à la surface de l'eau afin de respirer. Une queue verticale était admirablement appropriée à la forme roide des ichthyosaures, dont le cou était des plus courts. Cette queue leur permettait de suivre avec une suffisante rapidité les mouvements latéraux de leur tête, mouvements nécessaires pour qu'ils pussent saisir leur proie.

Une organisation non moins complexe caractérisait bien d'autres reptiles ; parmi ceux-ci, nous nous bornerons à citer les plésiosaures et les ptérodactyles.

Les premiers avec un cou d'une longueur excessive avaient le corps d'un serpent, et des organes du mouvement analogues aux membres antérieurs des cétacés. Leur cou, extrêmement prolongé, supportait une tête analogue à celle d'un crocodile ; comme cette dernière, elle était armée d'un grand nombre de dents aiguës et acérées. Quant à leur tronc, ses proportions étaient fort rapprochées de celles qui caractérisent cette partie chez un quadrupède ordinaire.

Des anomalies non moins étranges signalaient un autre reptile de l'ancien monde, dont les formes étaient tellement paradoxales, qu'il a été considéré par un grand nombre de naturalistes comme ayant appartenu aux oiseaux. Cependant, quoiqu'il ait pu se soutenir dans les airs, et avec bien plus de facilité que les dragons actuels, il se rapportait pourtant aux reptiles. La particularité qu'il présentait d'avoir ses ailes fixées entre ses doigts lui a fait donner le nom de ptérodactyle.

Ce reptile volait donc comme les chauves-souris ; mais la membrane à l'aide de laquelle il se soutenait dans les airs était supportée par un seul doigt, les autres indépendants ne servaient pas à cet usage. Ces habitudes rendaient ces animaux tout à fait différents des sauriens actuels ; car les dragons font tout au plus usage, comme de parachute, des membranes étendues placées sur leurs flancs.

Ce n'était pas là, du reste, les seules particularités des ptérodactyles. La forme de leur tête et la longueur de leur cou étaient semblables à celles de ces parties chez les oiseaux. Leurs ailes s'approchaient de celles des chauves-souris, tandis que leur queue et leur corps rappelaient très-bien ceux des mammifères. Ces caractères, joints à un crâne étroit, comme celui des reptiles, et à un bec garni de soixante dents aiguës, offraient une combinaison d'anomalies en apparence tout à fait extraordinaires.

Cependant, à l'aide de leur museau allongé et de leurs dents aiguës, les ptérodactyles pouvaient saisir une proie vivante que leurs yeux leur permettaient d'apercevoir de loin et probablement même pendant la nuit. Leurs ailes, desquelles partaient des doigts terminés par de longs crochets semblables à l'ongle recourbé du pouce des chauves-souris, leur permettaient de voltiger à leur gré. Au moyen de ces crochets, qui formaient une griffe puissante, ces reptiles pouvaient

ramper ou grimper ou même se suspendre aux arbres. Enfin ils paraissent avoir été doués de la faculté
de nager, faculté que l'on n'observe chez aucun reptile vivant qui peut en même temps se soutenir dans
l'air.

En effet, aucune de leurs espèces, après avoir parcouru les vastes plaines de l'air, ne pourrait s'enfoncer
dans la profondeur des eaux ou ramper à la surface de
notre planète. Il fallait, pour que ces animaux pussent
vivre ainsi alternativement dans l'air et dans l'eau,
qu'ils fussent composés de parties essentiellement dis-
parates. Ces étranges reptiles semblent avoir été si
peu construits pour durer, qu'ils n'ont pas longtemps
persisté sur la scène de l'ancien monde. Leur vie semble avoir été aussi courte qu'elle était éphémère, se
faisant entre eux une guerre continuelle.

Lors donc qu'on compare ces types des premiers
âges où la vie s'est manifestée à la surface du globe,
avec les types des races actuelles, non-seulement on
ne trouve entre eux aucune analogie; mais on ne voit
pas de pareilles et d'aussi grandes complications se
présenter chez aucun être actuellement vivant.

Il n'y a donc point de parité entre l'organisation
paradoxale des anciens reptiles et celle qui caractérise
les animaux de cette classe de notre époque. On ne
saurait en trouver non plus entre la disposition, toute

anormale qu'elle est, d'un des mammifères de la Nouvelle-Hollande, qui est muni d'un bec analogue à celui d'un oiseau. Il peut paraître singulier d'observer à l'extrémité de la bouche d'un ornithorhynque un bec analogue à celui d'un canard. Mais l'étonnement cesse lorsqu'on voit cet animal, dont toutes les habitudes sont aquatiques, offrir, comme les autres mammifères, deux dents placées partout au fond de la bouche.

D'après ces faits, les espèces des temps géologiques, dont les conditions d'existence devaient être extrêmement complexes, à en juger par leur organisation, n'étaient pas des espèces complètes et parfaites comme les races actuelles. Elles étaient, en quelque sorte, comme des pierres d'attente de créations plus avancées et plus perfectionnées. Aussi la vie a-t-elle marché constamment du simple au composé, et les êtres se sont succédé sur la terre en raison directe de la complication de l'organisation.

Quoique le progrès vers une organisation plus compliquée soit la loi la plus générale des anciennes créations, il ne paraît pas qu'elle s'étende jusqu'aux générations actuelles. Tout progrès paraît avoir cessé pour elles depuis le moment où l'homme, le plus parfait entre les êtres vivants, a apparu ici-bas comme pour couronner et comprendre les œuvres merveilleuses de la création.

Ainsi, les corps organisés, comme la terre qui les supporte et qu'ils embellisent, sont maintenant complétement achevés. Rien n'annonce qu'ils soient des pierres d'attente ou comme des sortes de passage pour des progrès à venir; car il faudrait admettre en même temps que l'homme lui-même est susceptible d'un perfectionnement physique ultérieur, ce qu'aucun fait n'indique ni ne laisse présumer.

En supposant que notre planète soit achevée, par rapport aux êtres qui l'animent et l'embellissent, on peut se demander s'il en est de même des dépôts inorganiques qui la composent et la constituent?

Pour résoudre cette question, il faut nécessairement étudier la composition du globe terrestre. Avant d'entrer dans les détails qui peuvent nous la faire connaître, il est essentiel de s'arrêter quelques instants sur une observation préliminaire.

La terre, avons-nous dit, comme probablement tous les astres du système solaire et des autres systèmes, a été, dans le principe, formée d'une matière gazeuse. Par l'effet de la condensation, cette matière, d'abord à l'état de vapeur, a passé peu à peu à l'état liquide et enfin à l'état solide. Une partie a cependant conservé la forme gazeuse et a constitué l'atmosphère.

La terre, considérée d'une manière absolue, a donc été formée dès son origine par la même matière qui la compose aujourd'hui. Seulement cette matière a changé successivement d'état ; dès lors on peut admettre qu'elle n'a pas été achevée jusqu'au moment où les principaux matériaux dont elle est l'assemblage ont pris l'état et la consistance nécessaire à sa stabilité. Ainsi, tant que les matériaux terrestres n'ont pas reçu leurs formes et leurs dispositions définitives, et que par leur étendue ou leur abondance ils devaient avoir de l'importance dans la composition du globe, il n'y a eu rien de fixe ni de stable ici-bas, et par conséquent rien de terminé.

Si l'on voulait étendre cette conséquence jusqu'à l'absolu, il n'y aurait encore rien d'achevé sur la terre, puisque, par le seul effet des volcans, une grande quantité de matériaux terrestres doit changer d'état et de forme, et souvent même doit être modifiée dans sa nature. Sans pousser cependant cette conséquence aussi loin et l'admettre d'une manière aussi rigoureuse, il suffit que nous observions les matériaux inorganiques dont le globe est composé dans un état à peu près complet de fixité, pour présumer que tout est achevé pour notre planète.

Etudions donc les faits qui peuvent nous faire juger si la terre a réellement acquis cette stabilité vers laquelle elle a tendu dès son origine, et à laquelle elle n'est parvenue qu'après bien des modifications.

Deux circonstances paraissent essentielles à cette

fin; du moins dans tous les temps elles ont exercé la plus grande influence sur l'état des corps naturels. Ces circonstances sont d'une part la température, et en second lieu la pression. En effet, ces deux causes amènent les corps à des états divers d'autant plus variés qu'ils sont loin d'être simples ou à l'état élémentaire. L'eau en est un exemple frappant : quoiqu'elle se vaporise à zéro de température, et qu'elle passe à ce terme à l'état solide, elle se maintient néanmoins liquide au-dessous de ce degré à la pression ordinaire et dans certaines circonstances, surtout si elle est en repos. Mais elle passe en entier à l'état aériforme lorsqu'on porte sa température à + 100°, et qu'on la maintient à ce degré.

Cette chaleur suffirait donc pour vaporiser toute l'eau qui existe à la surface du globe. Elle augmenterait nécessairement de beaucoup celle qui se trouve disséminée d'une manière constante dans l'atmosphère. La même quantité de chaleur serait suffisante pour rendre liquide ou même vaporiser une foule des corps que l'on rencontre aujourd'hui à l'état solide. De même un abaissement dans la température du globe, qui la ramènerait à zéro, donnerait aux rochers de glace une permanence tout aussi grande que celle des roches les plus solides et les plus fixes.

L'état des corps naturels dépend donc de la température; il est facile de concevoir que, par l'effet d'une chaleur très-considérable, à peu près tous prendraient la forme de vapeurs, tout comme l'état solide, si l'abaissement de la température descendait au-dessous d'un certain terme.

On ne doit pas cependant rapporter au refroidissement actuel de la terre les divers abaissements de la température climatérique, lors même qu'ils seraient aussi réels qu'on a voulu le supposer.

Il est mathématiquement prouvé que si l'intérieur de la terre passait à un refroidissement total, la chaleur climatérique ne serait abaissée que d'un trentième de degré, ce qui est tout à fait indifférent pour celle de la surface du globe. Le calcul prouve encore qu'à une lieue de profondeur la température la plus élevée serait presque sans influence sur la superficie de notre planète, et qu'elle ne ferait monter le thermomètre que d'environ un trentième de degré.

Du reste, la terre, comme tous les corps qui se refroidissent, a nécessairement diminué de volume, et par conséquent son mouvement de rotation s'est accéléré. Or, les observations astronomiques les plus anciennes, celles des Chaldéens, qui remontent à deux mille ans, ne laissent pas supposer que la révolution diurne de la terre se soit jamais accomplie en un temps plus long qu'actuellement.

Il semble dès lors naturel de conclure que la terre n'a pas dû éprouver un refroidissement appréciable depuis les temps historiques. Cette conclusion est cependant erronée, et tient uniquement au long espace de temps nécessaire à ce que l'affaiblissement de cette chaleur soit sensible et puisse être apprécié par nos instruments. En effet il faudrait plus de trente mille années pour changer quelque chose à la durée du jour, et pour que la température extérieure fût abaissée d'un trentième de degré. Fourier, voulant donner une idée sensible de l'extrême lenteur que la terre met à se refroidir, la comparait à un boulet porté au rouge qui aurait un pied de diamètre.

D'après cet habile physicien, si ce boulet et la terre étaient placés dans les mêmes circonstances de refroidissement, douze cent quatre-vingt mille ans seraient nécessaires pour qu'elle perdît une quantité de calorique égale à celle que le boulet perdrait en une seconde. Du reste, d'après ce que nous venons de faire observer, quelque rapide que fût l'affaiblissement de la chaleur centrale, il serait sans effet sur la surface du globe, en raison de l'épaisseur des couches solides qui la composent.

Si maintenant le feu central est devenu insensible sur les climats superficiels, il n'en a pas été toujours ainsi. La chaleur propre du globe, en s'ajoutant à celle du soleil, a produit nécessairement aux premières époques une température plus égale sur tous les points de la terre : elle paraît même avoir été plus uniforme que celle qui y domine maintenant. Ces deux circonstances ont dû créer et entraîner d'autres conditions d'existence pour les êtres vivants. Aussi, en étudiant les diverses couches qui composent le sol, on reconnaît les traces des divers états ou des phases diverses du globe signalées et caractérisées par les générations éteintes dont on y découvre les débris qui se sont succédé tour à tour ici-bas.

Pour les expliquer, il n'est nullement nécessaire de recourir à des faits exceptionnels, et d'attribuer, ainsi qu'on l'a fait, les déluges et les changements du climat à l'influence et au choc d'une comète, ou à un déplacement dans l'axe de rotation de la terre. Il n'est pas impossible, sans doute, que, dans leur marche irrégulière, l'une ou plusieurs des cinq cents comètes observées ne viennent à rencontrer la terre ; mais on peut affirmer que cela n'a pas eu lieu depuis la première consolidation du sol. D'un autre côté, il y a 281 millions à parier contre l'unité que cela n'aura pas lieu pendant l'existence terrestre de l'humanité.

Sans doute les comètes se meuvent dans toutes les directions, et parcourent des ellipses extrêmement allongées qui traversent le système solaire et coupent les orbites des planètes ; il n'y a donc pas impossibilité physique qu'elles rencontrent quelques-uns de ces astres, et qu'elles les choquent ; mais cette circonstance est très-peu probable. L'évidence de cette dernière proposition est complète, si l'on compare au petit volume de la terre et des comètes l'immensité de l'espace dans lequel ces astres se meuvent.

Il est du moins certain que la terre n'a jamais été heurtée par de pareils astres. En effet les observations de latitude qui se font avec une extrême exactitude sont loin d'annoncer que l'axe de la terre ait jamais changé, et que l'équateur ait éprouvé des déplacements considérables.

Aussi, en se fondant sur ces faits inexacts, on a voulu attribuer aux grandes comètes les inondations et les brouillards secs de 1783 et de 1831; mais il en est de cette supposition comme de celle à l'aide de laquelle Whiston a prétendu expliquer le grand cataclysme, ou si l'on veut le déluge de Noé.

On sait que ce physicien attribuait à la terre une structure toute autre que celle qu'elle présente réellement, et qu'il faisait noyer notre globe avec la comète de 1680. Cet astre, en passant auprès de notre planète, le 21 novembre 1680, n'y occasionna pourtant aucune sorte de dérangement. Sa distance était moindre à cette dernière époque que lors du déluge. Ce simple aperçu suffit pour faire comprendre que la manière dont Whiston a voulu expliquer le déluge n'est basée sur aucun fait réel et positif.

L'hypothèse de ce géologue a longtemps joui d'une assez grande célébrité. Il en a été de même de celle de Halley, qui, embrassant cette question d'une manière encore plus générale, a supposé que la présence des productions marines loin des mers et sur les hautes montagnes, tenait à l'effet produit par le choc d'une comète.

Outre que ce choc est peu probable, et qu'il ne paraît pas avoir jamais eu lieu, on chercherait vainement dans les effets de cette rencontre une explication des phénomènes observés. La stratification des dépôts marins, l'étendue et la régularité de leurs couches, leurs positions, l'état de conservation parfaite des coquilles les plus délicates et les plus fragiles, tout exclut l'idée d'un transport violent et subit. Tout démontre, au contraire, que ces dépôts se sont faits tranquillement et sur place, et que, si leur hauteur est souvent supérieure au niveau des mers, de violents soulèvements les ont portés du fond de leurs bassins à des élévations plus ou moins considérables.

Le choc d'une comète n'a pas plus produit de pareils effets qu'il n'a changé la latitude des divers points du globe, et transporté les feux de l'équateur sous les glaces du pôle. La science est assez avancée pour rejeter sans embarras comme sans difficulté de pareilles et d'aussi fausses explications.

On s'est enfin demandé si les brouillards secs de 1781 et de 1831 étaient réellement des matières détachées des queues de quelques comètes.

Le premier dura un mois, et commença à peu près le même jour dans des lieux fort éloignés les uns des autres. Il s'étendit depuis le nord de l'Afrique jusqu'en Suède, couvrant aussi une grande partie de l'Amérique septentrionale, mais sans s'étendre sur la mer. Ce brouillard paraissait s'élever au-dessus des plus hautes montagnes ; les vents les plus violents, pas plus que les pluies les plus abondantes, ne purent le dissiper. S'il avait été produit par la queue d'une comète, on aurait dû apercevoir la tête de cet astre ; car ce brouillard n'était pas assez épais pour empêcher de voir chaque nuit les étoiles.

Cette explication est encore moins applicable au brouillard de 1831, qui offrit une si grande ressemblance avec celui de 1783. En effet, celui-ci n'ayant pas occupé toute la surface de l'Europe, l'invisibilité du noyau de la comète serait encore plus surprenante. D'ailleurs tous les points du globe compris entre les parallèles auraient dû être successivement recouverts par l'effet du mouvement de rotation, et cependant le brouillard finissait à cinquante lieues des côtes.

L'origine de ce phénomène tient peut-être aux révolutions intérieures dont notre globe est encore agité, quoiqu'elles tendent singulièrement à diminuer par la consolidation de l'écorce terrestre. En effet, en 1783, l'année même d'un de ces brouillards, la Calabre fut bouleversée par d'effroyables tremblements de terre; le mont Hécla, en Islande, fit une des plus grandes éruptions dont on ait conservé la mémoire, et de nouveaux volcans s'élevèrent à la même époque du sein des mers.

Il se pourrait donc que des matières gazeuses d'une nature inconnue fussent pour lors sorties des entrailles du globe, déchiré par ces violentes commotions, et eussent produit le brouillard qui se manifesta à cette époque. Cette supposition est d'autant plus admissible, qu'en pleine mer on n'en voyait aucune trace.

Il existe du reste, sur la côte occidentale de l'Afrique, un phénomène analogue. C'est un brouillard sec et périodique amené par un vent appelé dans le pays *harmatan*. Ce vent fait craquer les meubles, courbe les reliures des livres, dessèche les plantes, et exerce sur le corps humain une influence non moins fâcheuse. Ce brouillard ne s'étend pas non plus en pleine mer.

Quoiqu'on en ignore la cause, il est certain qu'elle ne dépend pas d'une comète; car il a lieu souvent, lorsqu'il n'en existe aucune sur l'horizon. Ce brouillard, évidemment terrestre, peut servir à expliquer et à faire concevoir ce qu'il en est de ceux dont nous venons de donner une idée.

Si les comètes introduisaient dans l'atmosphère de

nouveaux éléments gazeux, la terre ne serait pas dès lors terminée ; mais il est certain que la science n'a pas eu encore aucun événement de ce genre à enregistrer. Cette supposition toute gratuite ne saurait donc infirmer les faits que nous avons développés pour prouver son peu de fondement.

Des circonstances, diverses soit dans la température, soit dans les agents atmosphériques, soit enfin dans les milieux ambiants, entraînent nécessairement des modifications dans l'organisation des êtres qui y sont soumis et qui se trouvent peu en harmonie avec ces changements ; il faut, pour que ces êtres puissent durer, que ces variations dans les conditions extérieures soient extrêmement limitées. Ainsi le plus simple raisonnement nous dit assez que si les agents extérieurs, dont l'influence est si grande sur les corps vivants, éprouvaient des modifications trop considérables, ceux-ci seraient inévitablement détruits. Ce n'est pas la loi du monde actuel, où tout passe pourtant et où tout s'évanouit.

Aussi toutes les causes qui ont quelque influence sur les végétaux et sur les animaux sont-elles arrivées à un état de fixité remarquable, et, d'après la régularité des phénomènes terrestres, la stabilité est la loi la plus absolue du monde auquel nous appartenons.

Comment pourrait-il en être autrement, puisque la chaleur solaire règle tous les mouvements qui ont lieu à la surface de la terre et s'y maintient dans un état d'équilibre réellement admirable. Cette chaleur détermine tous les phénomènes physiques qui ont quelque influence sur notre planète, tout aussi bien que sur les êtres qui l'animent et l'embellissent.

En effet elle régularise la marche et la quantité de l'évaporation, et par là fixe le retour de l'eau et sa distribution sur la surface du globe. C'est elle encore qui met ces deux actions en harmonie, et qui en compense les effets par son action puissante sur les corps solides et liquides dont la terre est composée ; elle entretient l'électricité atmosphérique, dont la stabilité est tout aussi grande que celle des autres phénomènes terrestres.

Elle est aussi la grande cause de toutes les combinaisons et de toutes les décompositions qui ont lieu à la surface des couches terrestres, et qui développent des quantités de chaleur, de lumière et d'électricité auparavant latentes. Mais, comme l'action solaire qui produit tous ces effets et en règle l'étendue, se maintient dans des limites à peu près fixes, il en est de même des phénomènes qui sont sous sa dépendance.

L'inégalité de la répartition des rayons solaires, considérés soit comme chaleur, soit comme lumière, est donc la mesure de la distribution de la vie ici-bas. Aussi voyons-nous les êtres vivants d'autant plus nombreux et doués des formes les plus majestueuses, en même temps que leurs dimensions deviennent plus considérables dans les lieux où la puissance calorifique est la plus grande et la plus active. En effet, la vie décroît d'une manière sensible des régions équatoriales aux régions polaires, à peu près comme des plaines au sommet des montagnes élevées où, passé une certaine hauteur, le silence et la mort succèdent à la vie et à l'activité.

Partout où nous portons nos pas, nous trouvons des preuves frappantes de l'influence de la chaleur solaire; partout nous la voyons fixer et régulariser l'ensemble des phénomènes terrestres. Partout enfin ces phénomènes nous apprennent que cette cause puissante a exercé son action sur la surface de la terre, depuis que l'homme y a apparu, avec le même degré d'intensité et une stabilité remarquable. Ainsi la durée et la perpétuité des générations actuelles sont à jamais assurées, si des causes perturbatrices en dehors des causes maintenant agissantes ne viennent pas troubler l'harmonie établie. Ces générations n'ont plus à craindre les vicissitudes nombreuses qui tour à tour ont anéanti tant de végétaux et d'animaux différents, dont l'histoire est écrite en traits ineffaçables dans les vieilles couches du globe.

A la vérité, l'affaiblissement de la température n'a pas été la seule cause qui ait fait disparaître ces anciennes races de la surface du globe; bien d'autres y ont encore concouru. On peut citer parmi celles-ci les dérangements et les fractures du sol , ainsi que les soulèvements qui en exhaussaient la masse et par conséquent troublaient les êtres qui y étaient disséminés. Peut-être l'organisation de certaines de ces espèces, qui paraît si incomplète , n'était pas de nature à leur permettre de durer et de supporter les grands changements de la température et des milieux ambiants.

Ces causes réunies ont non-seulement modifié les êtres vivants de l'ancien monde, mais elles en ont éteint les races, de sorte qu'aux différentes phases de notre planète , des êtres nouveaux ont succédé à ceux qui les avaient précédés. Ceux-ci ont présenté une organisation particulière , du moins dans quelques-uns de ses détails. Cette circonstance n'a pas fait toutefois que les lois de leur structure aient été différentes de celles auxquelles avaient été soumises les races qui les avaient précédées sur la scène de l'ancien monde, comme avec celles qui ont régi les espèces des temps actuels.

De pareilles et d'aussi grandes modifications n'ont plus été possibles depuis l'apparition de l'homme , toutes les causes perturbatrices étant arrivées à un état d'équilibre et de stabilité dont elles ne se sont plus départies. Cette stabilité, comparée à l'état de trouble passé , nous prouve que si, relativement aux temps géologiques, les espèces vivantes n'étaient pas encore achevées et n'avaient pas reçu leur complément, il n'en est pas ainsi de celles de la création à laquelle nous appartenons nous-mêmes. Ces dernières sont totalement finies; les faits dans lesquels nous entrerons plus tard le démontreront, nous l'espérons du moins, de la manière la plus évidente.

Il importe cependant de s'assurer si les températures terrestres n'ont pas varié depuis les temps historiques, ainsi que nous venons de le supposer. Nous ne pouvons pas apprécier la valeur des anciens climats par les nombres exprimés par les thermomètres. L'invention de ces instruments est trop moderne pour cela; elle ne date en effet que de 1597, époque à laquelle Galilée en fit les premiers essais. Mais les thermomètres ne sont devenus comparables entre eux que depuis 1672, où Newton reconnut les deux points fixes sur lesquels sont fondés les moyens d'apprécier leur marche (note 46).

Pour savoir si les climats modernes sont ou non différents des anciens, il faut avoir recours à d'autres moyens. Nous interrogerons donc les plantes habituellement cultivées dans une zone bien déterminée, ainsi que les époques de leur floraison et de la maturité de leurs fruits. On peut également le reconnaître au moyen des temps, de l'arrivée et du départ des oiseaux voyageurs, ou de l'époque de l'éducation des vers à soie , et enfin en interrogeant quelques circonstances météorologiques liées à certains faits naturels.

En examinant sous ces divers points de vue les températures moyennes de la Palestine et de l'Egypte, il paraîtrait, d'après la comparaison des productions végétales et animales des premiers âges historiques avec celles de notre époque, qu'elles n'ont éprouvé aucune sorte de variations. Ainsi, les animaux et les végétaux ensevelis dans les anciennes catacombes ne présentent aucune différence avec les espèces auxquelles ils se rapportent. Par exemple, l'ibis qui pêchait dans le Nil du temps des Pharaons ne diffère pas de celui qui y pêche de nos jours.

De même, dans les temps antérieurs à Moïse, le palmier dattier donnait en Palestine des fruits qui y mûrissaient bien, et la vigne y prospérait également. Or, la limite thermométrique de la datte est d'environ $+ 21°$, et celle où la vigne peut être cultivée avec avantage ne dépasse guère $+ 25°$. C'est donc entre $+ 21°$ et $+ 25°$ qu'il faut fixer la température de la Palestine.

Ainsi, à Catane en Sicile, par une température moyenne de $+ 18$ à 19 degrés centigrades, les dattes ne sont pas mangeables. Au contraire, à Alger, dont la température moyenne est de $+ 21°$, ces fruits y mûrissent bien et sont d'un bon goût. La température de Jérusalem était donc de $+ 21°$ au moins, ou d'un nombre plus fort, puisque les dattes y donnaient des fruits excellents et parfaitement mûrs.

D'après M. de Buch, la limite méridionale de la vigne est à l'île de Fer, dans les Canaries, dont la température moyenne est entre $+ 21°$ ou $+ 22°$. Ces limites, M. de Buch les a établies, non pas sur les latitudes où la vigne végète, mais sur celles où elle cesse de fructifier de manière à pouvoir donner du vin. On trouve en Egypte, sous une température moyenne de $+ 22°$, et surtout dans les environs du Caire, quelques ceps dans les jardins, mais pas de vigne proprement dite. A Abushner en Perse, dont la température moyenne ne surpasse pas $+ 23°$, on ne peut cultiver la vigne que dans des fossés, ou à l'abri de l'action directe des rayons du soleil.

Dans des circonstances particulières, et probablement par suite du voisinage du bassin des mers, cette plante est cultivée avec avantage dans certaines localités très-chaudes. Tels sont les vignobles qui prospèrent à la Guadeloupe et à la Martinique et sur les côtes du Pérou, où la température moyenne se maintient à environ $+ 25°$.

La vigne, cultivée en grand dans la Palestine, annonce que la température moyenne de cette contrée ne devait pas être au-dessus de 25°, tandis que la culture du palmier nous apprend qu'elle ne pouvait pas être au-dessous de $+ 21°$, c'est-à-dire qu'elle se maintenait entre ce terme et $+ 25°$. Or, comme la température moyenne du Caire est de $+ 22°$, et que Jérusalem se trouve plus au nord d'environ 2 degrés, deux degrés de latitude correspondant sous ces climats à une variation d'un demi à trois quarts de degré du thermomètre centigrade, la température de cette ville devait être peu supérieure à $+ 21°$. La moyenne des limites entre les points extrêmes où la datte mûrit, et ceux où la vigne prospère encore en grande culture, nous donnerait $+ 23°$, nombre exagéré, et que nous pouvons réduire d'après certaines circonstances locales d'environ un degré et demi. Ainsi la température moyenne des premiers âges historiques aurait été en Palestine ce qu'elle est maintenant, c'est-à-dire égale à $+ 21°,5$.

D'après ces simples phénomènes de végétation, la température n'a pas été sensiblement altérée depuis Moïse, ou depuis plus de 3,000 ans. Il n'y aurait donc eu depuis lors aucun changement aux propriétés lumineuses et calorifiques du soleil. Nous avons déjà prouvé, en traitant de la couche liquide, que d'autres faits non moins positifs conduisaient à la même conséquence et en démontraient l'exactitude. Certaines données agronomiques semblent en démontrer également la justesse. Ainsi la culture du blé, généralement établie dans toute la Palestine, suffit pour indiquer que la température de cette contrée ne devait pas surpasser + 24° à + 25°. D'un autre côté, les arbres à baume de Jéricho marqueraient pour limite inférieure à la chaleur de cette contrée + 21°, ou + 22°. Enfin les Juifs célébraient du temps de Moïse la fête des tabernacles ou des vendanges, vers le mois d'octobre ; aujourd'hui la fin de septembre ou le commencement d'octobre est l'époque où l'on recueille les raisins dans les environs de Jérusalem, et où l'on fait le vin. D'après ces faits, le climat de la Palestine serait le même depuis les temps les plus reculés ; d'autres observations non moins précises nous apprennent que les climats de l'Europe n'ont pas éprouvé non plus de variations.

Il est également certain que plusieurs parties de la France ont conservé la même température et n'étaient pas plus froides jadis qu'actuellement. Strabon nous a donné la ligne des Cévennes comme la limite septentrionale, où le froid arrête les oliviers ; cette limite est encore la même. D'autres parties de l'Europe n'étaient pas plus chaudes autrefois que de nos jours.

Les Grecs apportèrent le dattier (*cordia myxa*) de Perse dans leur patrie. Suivant Théophraste, cet arbre n'y donna point de bons fruits, et cependant la datte, sans atteindre à sa maturité complète à l'île de Chypre, y est pourtant mangeable. La chaleur dont ce fruit a besoin pour arriver à une parfaite maturité lui manquait donc dans les premiers temps.

S'il faut en croire Théophraste et Pline, les plaines de Rome étaient couvertes de hêtres. La température la plus forte que ces arbres peuvent supporter, et qui leur permet de végéter avec vigueur, ne dépasse pas + 10° centigrades. Or, comme la température moyenne de cette ville est près de + 15°,5, il est probable qu'il y a eu erreur dans la traduction du mot latin, qui se rapportait à un tout autre arbre qu'au hêtre commun (*fagus sylvatica* des botanistes). Du moins, au dire de Pline, le laurier et le myrte y croissaient avec vigueur, et cependant ces arbres ne prospèrent pas ensemble dans les mêmes lieux. Ces deux derniers végétaux supposent aux contrées où ils croissent une température moyenne de + 13° ou + 14°, bien supérieure à celle qui convient au hêtre.

Pline nous apprend encore que le laurier et le myrte prospéraient dans toute l'Italie moyenne, même à quelque élévation sur le flanc des montagnes. Or ces végétaux n'y dépassent pas maintenant la hauteur de 400 mètres, d'où l'on pouvait conclure que l'ancienne Rome ne devait pas être sensiblement plus froide que Rome moderne. Il paraît également qu'elle n'était pas plus chaude, d'après ce que dit Pline des lieux où croissaient les lauriers. Ils y mouraient en effet quelquefois ; dès lors la température moyenne ne devait pas surpasser de beaucoup $+ 13°$; car la végétation habituelle du laurier et du myrte annonce 14 degrés au moins, et la mort de ces végétaux nous donne un nombre peu au-dessus de $+ 13°$.

Ces deux quantités se concilient parfaitement avec la supposition d'une température moyenne constante, laquelle ne paraît pas avoir dépassé $+ 15°,5$. L'époque des vendanges dans la campagne de Rome , telle qu'elle est déterminée par Varron, conduit également à la même conséquence, et fait supposer à cette partie de l'Italie la chaleur que nous lui avons attribuée.

Ce que nous venons de dire du climat de la campagne de Rome peut également s'appliquer à la Toscane. La constance de la température de cette dernière contrée a été démontrée par les recherches auxquelles M. Libri s'est livré. Ce géomètre a compulsé les registres du P. Raineri chargé dans le xvi⁰ siècle, par l'académie del Cimento, de faire des observations thermométriques en Toscane, et il en a déduit les mêmes conséquences. La comparaison des *maxima* et des *minima,* rapprochés des observations des écoles pies de Florence, prouve que le déboisement des montagnes opéré depuis une soixantaine d'années n'a amené en cette contrée, contre une opinion presque générale, aucune diminution sensible de température.

En effet, au xvi⁰ siècle, la chaine des Apennins était

couverte de forêts ; cependant, dans l'espace de 15 années (1665 à 1680), le P. Raineri vit son thermomètre à —5°, une autre à —5°,6, une troisième à —9°,4, et enfin une quatrième année à —12°,9. Ces froids excessifs n'ont pas même été atteints, dans l'hiver extraordinaire de 1829 à 1830. Ainsi le déboisement des montagnes de la Toscane n'a eu nullement l'effet qu'on lui supposait, c'est-à-dire d'en abaisser la température. Le climat de cette contrée ne paraît pas en avoir été affecté ; on peut en dire autant d'une foule d'autres causes dont on a gratuitement exagéré l'influence.

M. Edmond Biot est arrivé au même résultat en étudiant pour une même zone de la Chine, dans les temps anciens et modernes, les plantes habituellement cultivées, l'époque de l'éducation des vers à soie, celle de l'arrivée et du départ des oiseaux voyageurs, et diverses circonstances météorologiques. La parfaite identité de ces phénomènes aux mêmes époques indique que la température de la zone qu'il a étudiée autour du 35ᵉ parallèle n'a pas sensiblement varié depuis la plus haute antiquité.

Ce savant a extrait ses données, pour les temps modernes, des relations des missionnaires et des voyageurs européens, et pour les temps anciens, des livres sacrés, le Chi-King et le Chou-King, d'un ancien calendrier des Hia, et d'un chapitre du vieux livre

Tscheou-Chou. Ainsi, d'après ces données et les limites fixées par les anciens livres chinois (et par exemple le Chi-King traduit par le P. la Charme, missionnaire) à la culture du mûrier, du riz, de l'oranger et des autres végétaux, il n'y a eu rien de changé dans l'époque de leurs récoltes.

Ces recherches ont fait connaître des analogies dans les phénomènes de la végétation, qui sont autant d'indices en faveur de la constance sensible de la température depuis les temps anciens dans la zone étudiée et actuelle.

Divers passages du Chi-King montrent que l'éducation des vers à soie était habituelle dans cette même zone dès le xe ou le xiie siècle de notre ère. Or, comme pour une même partie de la Chine ces éducations commencent dans le même mois aujourd'hui et dans les temps anciens, il s'ensuit que la température ne doit point avoir varié. L'époque où commençait l'éducation des vers à soie est fixée aux premiers jours d'avril par un calendrier rural, connu sous le nom de calendrier des Ilia ; ce document très-ancien se rapporte à la vallée du fleuve Jaune, cultivée par arrosement. Or, précisément à la même époque, commence actuellement l'éducation des vers à soie, dans la partie centrale de cette contrée qui donne la plus grande quantité de ce produit.

L'identité de l'époque de l'éducation des vers à soie

est une preuve très-forte en faveur de la constance du climat dans cette zone. La probabilité de ce fait physique peut encore être confirmée pour les divers mois de l'année par l'identité des époques assignées aux principaux travaux de l'agriculture dans les temps anciens et modernes, et par la similitude des phénomènes indiqués comme spéciaux à chaque saison, par des documents rédigés à plus de deux mille ans d'intervalle (note 47).

Il en est de même de la zone entière de l'Asie, comprise entre les 32e et 36e parallèles. Toute cette zone offre une constance sensible dans sa température, depuis les temps les plus anciens où elle a été habitée. Cette constance a été rigoureusement constatée pour la Palestine, et d'une manière probable pour la Chine centrale.

Il est donc établi, par tous ces faits, que les climats terrestres sont et restent à peu près invariables; en effet, l'oscillation extrême des températures moyennes annuelles ne varie pas d'une année à l'autre de plus 1° à 2° du thermomètre centigrade.

On ne pourrait pas supposer le contraire, de ce que des animaux dont les analogues ne vivent plus aujourd'hui que dans les régions tropicales ont été découverts sous les glaces de la Sibérie, avec leurs chairs, leurs poils et leurs téguments, circonstances qui semblent indiquer un refroidissement instantané.

Remarquons d'abord que ces faits, antérieurs aux époques historiques, se sont passés dans la période géologique; par conséquent, ils ne peuvent rien nous apprendre sur les changements qui pourraient avoir eu lieu depuis la première de ces périodes.

Mais, en admettant le contraire, elle ne saurait indiquer un refroidissement dans cette partie de l'Asie. La conservation de ces animaux s'explique par le froid qui règne dans la terre à 5 ou 6 pieds de profondeur, au milieu de la chaleur des étés actuels. La température de l'air étant de $+ 25°$ à $+ 30°$, M. de Humboldt a trouvé, entre les $54°$ et $58°$ de latitude, quatre puits peu profonds sans reste de glaces sur leurs bords, dont la température était de $— 2°,6$ à $— 1°,4$. Le sol reste gelé à 12 et à 15 pieds de profondeur, au delà du parallèle de $62°$ dans les steppes, et même de celui de $60°$ dans des lieux assez peu élevés. Ainsi, dans toutes ces contrées, la glace souterraine est un phénomène général.

Le sol de la Sibérie n'est, dans aucune saison, dégagé de glace; il ne se montre souvent flexible qu'à la profondeur de 127 ou de 128 mètres. Cette immense épaisseur de terre gelée prouve qu'il doit être depuis longtemps dans les mêmes conditions. Aussi les cadavres ensevelis à une certaine profondeur s'y conservent sans se décomposer.

Malgré ces conditions, les lions de l'ancienne

Gréce, le tigre royal de la Dzoungarie, la panthère irbis ou à longs poils, parcourent ces latitudes élevées. Ces animaux nous expliquent pourquoi les pachydermes à poils longs et épais, dont les espèces diffèrent totalement des races actuelles, ont pu habiter des régions encore plus boréales.

Or, si pendant un été sibérien une des dernières modifications du globe a fait périr les éléphants et les rhinocéros d'espèce perdue, qu'on peut supposer avoir été errants à cette époque vers les bords du Vilhoui et l'embouchure de la Léna, leurs cadavres y ont trouvé à la profondeur de quelques pieds d'épaisses couches de terre congelée, capables de les garantir de la putréfaction.

De légères secousses, des crevassements du sol, bien moindres que ceux qui ont lieu de nos jours sur le plateau de Quito et dans l'Archipel, ont pu facilement les enfouir. Dès lors, la supposition d'un refroidissement subit n'est pas nécessaire pour concevoir comment l'éléphant et le rhinocéros ont été trouvés avec leurs chairs et leurs téguments sous les glaces du pôle. Si les tigres, qui s'avancent à plus de cent lieues au nord au delà du 40e degré de latitude, arrivaient dans la Sibérie jusqu'aux parallèles de 62° à 65°, ils pourraient, par l'effet d'éboulements ou d'affaissements du sol ou d'autres circonstances analogues, offrir dans l'état actuel des climats asiatiques, des phénomènes de conservation semblables à ceux qu'ont présentés le mammouth de M. Adams et le rhinocéros du Vilhoui.

Quoi qu'il en soit, l'état d'intégrité des restes de ces derniers n'est point une preuve que la température de la surface du globe ait éprouvé quelques variations depuis les temps historiques. Tout au plus annonce-t-il que cette température n'a pas été constamment la même aux diverses époques géologiques, et que son abaissement a été un phénomène, non pas instantané, mais successif.

Pour expliquer la présence des cadavres presque entiers des rhinocéros sur les bords du Vilhoui ou celle des éléphants de la Léna dans les régions glaciales, il est inutile d'avoir recours au choc de la terre par une comète. Lors même que cette supposition pourrait être admise, elle ne pourrait expliquer ces faits. Si la Sibérie s'était trouvée aux époques géologiques dans le voisinage de l'équateur : un renflement liquide de plus de cinq lieues d'épaisseur produit par le mouvement rotatoire de la terre l'aurait pour lors recouverte. Après cette circonstance, on se demanderait où se seraient rencontrés les éléphants et les rhinocéros que tous les faits prouvent y avoir réellement vécu.

Quelque ingénieuse que soit l'hypothèse de M. Elie de Beaumont, pour expliquer la présence de ces animaux au milieu des glaces polaires, elle est moins fondée que celle de M. de Humboldt. Du reste, la première se rattache au système à l'aide duquel M. de Beaumont a fait concevoir la formation des montagnes.

Ainsi, d'après lui, la chaîne du Tun-Chan aurait été soulevée en hiver dans un pays dont les vallées nourrissaient des rhinocéros et des éléphants. Les montagnes qui composaient cette chaîne étaient pour lors couvertes de neiges. Les vapeurs chaudes sorties de la terre au moment de cette effroyable convulsion du sol ont dû fondre en partie ces neiges. L'absorption de la chaleur qui en a été le résultat a amené peu à peu la température de l'air au-dessous de zéro. Cette température aurait produit également les courants d'air établis par la fonte des neiges.

Ces courants, entraînant avec eux les cadavres qui se trouvaient sur leur passage, les ont transportés en huit jours, ou en moins de temps encore, avant que la putréfaction pût s'en emparer, dans les parages de la Sibérie. La gelée les a ensuite saisis et les a conservés dans l'état d'intégrité où nous les rencontrons. Mais nous le répétons, pour faire concevoir ces phénomènes, il n'est point nécessaire, ainsi que l'a fait observer M. de Humboldt, d'avoir recours à des hypothèses gratuites, puisqu'ils s'expliquent de la manière la plus simple et la plus naturelle. En effet, la présence de ces cadavres, qui conservent encore leurs téguments, leurs chairs, leurs poils, tient à ce que, lorsqu'ils ont été transportés dans la partie la plus septentrionale de l'Asie, des éboulements les ont enfoncés dans un sol glacé. De pareils événements, s'ils avaient encore lieu, nous présenteraient, au bout de plusieurs siècles, les animaux de notre époque aussi intacts que ceux dont les glaces de la Sibérie nous ont conservé les restes.

Ainsi, par rapport à ces opérations des temps géologiques, on ne peut pas prétendre avec fondement, que les lois de la nature ont été interrompues, et que de pareils phénomènes ont dû être opérés par des causes en dehors de celles qui agissent sous nos yeux. Les lois de l'ancien monde n'ont jamais été différentes de celles du monde actuel, et à aucune époque la nature ne s'est écartée du plan d'unité qu'elle s'est formé dans la confection des choses créées.

L'influence de la diversité des effets de la pression n'est pas moins sensible sur l'état des corps que celle de la température. Une augmentation de pression peut faire passer certains gaz à l'état liquide, liquidité qu'ils perdent à la vérité bientôt, par une faible augmentation dans la température, ou par la suspension de la force qui les aurait comprimés.

Si de pareils gaz, devenus liquides par une augmentation de pression, comme on peut supposer celle qui existe dans l'intérieur de la terre, reprenaient rapidement leur forme gazeuse, soit par l'action de la chaleur, soit par une diminution dans la pression, il en résulterait nécessairement de violentes explosions. Si, par exemple, une chaleur considérable venait à agir sur l'acide carbonique liquide renfermé à l'état libre dans des roches situées à de petites profondeurs, ou sur celui qui s'y trouve en combinaison à l'état solide, les couches de la surface seraient fracturées et disloquées, leur résistance étant moindre que la force expansive des gaz échauffés dans l'intérieur de la terre.

Les grandes fentes et les inégalités que l'on rencontre de toutes parts à la surface du globe paraissent dues à ces causes; elles nous indiquent les effets de la pression et de la température sur l'état des corps. Ces dislocations ne peuvent avoir lieu sans que le sol ne flotte en quelque sorte sur des matières fluides; elles ne sauraient non plus se concevoir que par l'existence de matériaux échauffés et susceptibles d'une grande expansion situés au-dessous des parties exhaussées.

Ces phénomènes sont analogues à ceux qui se passent dans un bassin gelé, où aucun déplacement ne saurait avoir lieu, si la totalité de l'eau qu'il renferme est changée en glace; tandis qu'il en est tout le contraire lorsque la surface seule est consolidée.

Ainsi le rayonnement de la chaleur et la tendance de la croûte solide extérieure à se conformer à la surface fluide inférieure ont également contribué, dès le principe de la consolidation du globe, à produire à sa surface les inégalités qui la sillonnent de toutes parts. Ces effets n'ont plus lieu maintenant d'une manière sensible, par la constance presque rigoureuse de la température de l'écorce de notre planète. Sans doute, l'enveloppe solide qui constitue les couches terrestres diminue constamment quoiqu'elle ne cesse pas d'embrasser la masse interne, dont la chaleur décroît continuellement. Cette diminution, qui suit l'affaiblissement de cette dernière cause, marche avec une extrême lenteur; aussi n'en apercevons-nous pas les résultats, tant ils sont minimes quant à la forme et à la constitution physique du globe.

Ce qui prouve combien ces causes sont restreintes dans les actions qu'elles produisent, c'est la permanence du jour sidéral. En effet, lorsqu'un corps solide tourne sur son axe, la somme des produits de chaque molécule par sa vitesse et sa distance à l'axe, est constante. Si la terre ou plutôt sa surface se refroidissait continuellement, son volume diminuerait d'une manière sensible, et elle tournerait plus vite. La durée du jour sidéral éprouverait une diminution d'autant plus considérable que la vitesse de translation serait plus grande. Or, comme depuis les temps les plus reculés on n'a pu constater aucun changement dans cette durée, il s'ensuit que les causes qui pourraient y opérer des variations ont cessé tout à fait.

Il est donc rationnel d'en conclure que la température et la pression sont arrivées à un état fixe à la surface du globe, stabilité vers laquelle elles ont probablement tendu dès l'origine des choses. Ainsi il n'est aucun fait positif, duquel on puisse induire que la chaleur solaire a varié avec le temps. Si elle éprouve la moindre différence, elle doit être bien légère; car on n'a point encore constaté le refroidissement dans aucun climat.

Seulement, d'après des données qu'Herschel ne nous a pas fait connaitre, il a avancé que l'effet thermométrique direct des rayons solaires est de 48°,8 au cap de Bonne-Espérance, tandis qu'en Europe il ne dépasserait pas 29°,5. Il faut bien observer que, dans les expériences qui ont conduit Herschel à admettre un pareil résultat, il plaçait ses thermomètres à l'abri de tout rayonnement terrestre; car l'on sait que les instruments qui en éprouvent les effets s'élèvent dans les contrées tempérées jusqu'à + 53°. Cette circonstance annonce combien les nombres adoptés par ce grand astronome sont au-dessous de l'effet total ressenti par les instruments météorologiques.

Du reste, quelque grandes que paraissent les quantités de chaleur que le soleil nous envoie, elles sont cependant loin d'être la totalité de celles qui parviendraient à la terre si elle était privée de son atmosphère. En effet, quand cette dernière a toutes les apparences d'une sérénité parfaite, elle absorbe encore près de la moitié de la totalité de la chaleur que le soleil répand sur la terre ; l'autre moitié de cette chaleur vient tomber sur la surface du sol ; elle s'y trouve directement répartie, suivant qu'elle a traversé l'air atmosphérique avec des obliquités plus ou moins grandes.

Etudions maintenant la partie solide de la terre, élevée au-dessus des eaux, qui constitue les îles et les continents, afin de nous assurer si, comme l'atmosphère et les mers, elle est terminée.

La couche solide que les mers ne recouvrent plus occupe environ le quart de la surface du globe. Son épaisseur, calculée d'après les phénomènes que présente l'accroissement de la température intérieure, paraît surpasser de beaucoup la profondeur de la couche liquide. En effet, les calculs de Laplace ont prouvé, en prenant pour base la théorie des marées, que les plus grandes profondeurs des mers ne dépassent guère 4,000 ou au plus 5,000 mètres. Or cette profondeur est à peine la 25e ou la 30e partie de l'épaisseur de la couche solide, qui s'étend de 25 à 30 lieues au-dessous de la surface du globe.

Si l'on évalue les inégalités dont cette portion solide est hérissée, et si on les rapproche par la pensée, on se figure des anfractuosités immenses, du moins par rapport à nous et aux forces dont nous disposons.

21

Mais il est facile de reconnaître, en envisageant le volume de la terre, que les plus grandes hauteurs connues, et les profondeurs extrêmes du bassin des mers, sont peu de chose relativement aux dimensions de notre planète. Elles sont moindres qu'un millimètre par rapport à un mètre, ou tout au plus ce que les aspérités d'une peau d'orange sont comparativement à ce fruit (note 48).

Ces inégalités ou les grandes chaînes de montagnes, dont la direction la plus générale coïncide assez bien avec celle des continents où elles ont surgi, sont elles-mêmes une preuve de la température élevée de l'intérieur du globe. Elles paraissent tenir à l'influence qu'une planète liquéfiée dans sa partie centrale doit nécessairement exercer sur sa surface endurcie. Il est évident que si le globe avait été constamment solide dans sa totalité, il ne présenterait pas les nombreuses éminences de sa surface extérieure. D'un autre côté, si ces éminences avaient été produites par quelque phénomène astronomique, on observerait un rapport entre la direction des chaînes de montagnes et la position des pôles et de l'équateur. Or, comme de pareilles coïncidences ne se montrent nulle part, on ne saurait attribuer la formation des montagnes à une pareille cause ni au choc d'un corps en mouvement qui aurait heurté la terre. On ne saurait attribuer de pareils effets aux comètes ni à aucun autre corps céleste, lors même que l'on supposerait à ces astres une masse et une solidité qu'ils sont loin d'avoir. En effet, si un pareil corps venait à heurter notre planète, il y produirait des inégalités disposées plus ou moins symétriquement autour d'un point, mais non des rides dirigées parallèlement les unes à l'égard des autres, et cela sur une grande étendue.

Telle est cependant la disposition générale des montagnes; on ne voit pas du moins entre elles de relations évidentes par leur répartition en groupes rectilignes. Elles en ont néanmoins avec les dimensions du globe terrestre, par la propriété que paraît avoir chaque système, d'embrasser plus ou moins exactement une demi-circonférence de sa surface. Du reste, en considérant chaque système de montagnes, quelle que soit son étendue, comme le résultat d'un seul mouvement de dislocation de la croûte terrestre, il est aisé de se représenter géométriquement le déplacement des parties nécessaires pour que cette croûte se ride suivant une portion considérable de l'un de ses grands cercles. On concevrait moins facilement les changements qui devraient avoir lieu si elle venait à se rider seulement dans un espace plus circonscrit (note 49).

Les faits sont du reste d'accord avec cette supposition; par son refroidissement, la croûte extérieure de la terre s'est ridée, fracturée et déplacée dans des directions déterminées et constantes pour une seule et même révolution. Ces soulèvements ont suivi une direction parallèle à un même grand cercle de la terre. Aussi les chaînes de montagnes exhaussées à une même époque ont un semblable système d'alignement. Le principe de la constance des directions des masses minérales est non-seulement beau en théorie générale; mais ses applications sont aussi utiles que curieuses.

C'est en partant de ces faits que les couches de houilles exploitées en Belgique ont été suivies jusqu'au milieu des terrains plats de la Flandre française. La prolongation des couches mises à découvert à Mons a conduit à celles des mines d'Aniche et de Valenciennes, et en ont ainsi fait découvrir de nouvelles et de non moins riches. Les dislocations de l'écorce du globe, quelque irrégulières qu'elles paraissent, sont donc soumises à des lois générales relativement à leur alignement et à leur disposition. Ainsi tous les filons d'un même district, dont la nature est identique, sont dus à des fentes parallèles, ouvertes simultanément et remplies pendant la même période. La contemporanéité des fractures parallèles, et la diversité d'âge des fentes de directions différentes reconnue pour les filons métalliques, est générale à toutes les dislocations de l'écorce minérale du globe. Ainsi la direction des montagnes doit coïncider avec l'époque de leur soulèvement ou de leur exhaussement. En effet, l'observation directe démontre que toutes celles dont les directions ne coïncident pas les unes avec les autres ont été exhaussées à des époques diverses. Les rapports que l'on reconnaît entre la position des montagnes et tel grand cercle de la terre, et la coïncidence de la position de leurs chaînes avec les époques de leur soulèvement, annoncent que la cause de toutes ces inégalités est dans la terre elle-même. Ces phénomènes paraissent dus à l'expansion des fluides élastiques dont la force a été d'autant plus considérable que, par le refroidissement de la surface du globe, sa croûte s'est peu à peu solidifiée. L'inégalité du retrait de cette croûte, comparée à la portion plus interne de notre planète, l'a fait rider dans un grand nombre de sens et dans des directions assez diverses. Néanmoins les inégalités qui en ont été les résultats n'en ont pas moins coïncidé avec tel cercle particulier de la terre, et se rapportent à des époques bien déterminées.

Les chaînes de montagnes n'ont donc pas surgi d'une manière instantanée du sein du globe ; elles ont, au contraire, été exhaussées d'une manière successive, et après des intervalles de tranquillité plus ou moins prolongés. Les plus hautes et plus étendues ont été soulevées les dernières, parce qu'à mesure que la croûte de notre planète devenait plus épaisse, et plus résistante par la solidification croissante, les effets de la puissance impulsive devenaient plus prononcés, à raison de la résistance qu'éprouvait leur action. Du moins les faits nous apprennent que les chaînes des Pyrénées, des Alpes, de l'Himalaya, et surtout celles des Andes sont les plus jeunes comme les plus élevées de toutes les montagnes de la terre.

La formation des éminences du globe a donc eu lieu par des effets lents et continus. Leur nombre, leur similitude et la périodicité de leurs soulèvements indiquent une même cause, agissant à des intervalles inégaux et à des périodes diverses, mais constamment de la même manière. Un résultat aussi général, soumis à des lois aussi fixes, semble exclure la plupart des causes cosmologiques. Aussi en vain a-t-on voulu les expliquer à l'aide d'un déplacement dans l'axe de la terre ou le choc d'une comète. Ces causes auraient produit des effets instantanés; cependant ces phénomènes ont été produits et se sont continués pendant des temps fort longs (note 50).

Du reste, les chaînes de montagnes les plus hautes et les plus étendues ont une bien petite importance par rapport à notre planète, dont elles n'occupent qu'une faible partie. D'après M. de Humboldt, elles composeraient à peine la 100ᵉ partie de la superficie du globe; encore peu d'entre elles ont atteint une hauteur considérable. Aussi la plus grande élévation qu'auraient les terres sèches et découvertes, si elles étaient nivelées, serait peu au-dessus de 100 à 150 mètres. Toutes les inégalités qui couronnent la surface des continents, réduites à une mesure ou à un niveau commun, ne dépasseraient pas 300 mètres au-dessus de l'Océan. Si donc par la pensée on disposait des montagnes pour combler les vallées et les mers afin de niveler la surface du globe, celle-ci s'élèverait tout au plus à 30 et peut-être seulement à 20 mètres au-dessus du niveau actuel de l'Océan.

Les inégalités de la surface du globe sont de plusieurs ordres, du moins d'après la cause à laquelle on doit attribuer l'origine des matériaux qui les composent. Ainsi le plus grand nombre de ces matériaux remonte à la formation du premier sol produit par un pur effet thermométrique, c'est-à-dire par un simple abaissement dans la température ; ils peuvent être comparés aux rugosités des laves refroidies. D'autres, que l'on peut considérer comme des matières de remblai, ont été déposés sur le sol primitif par une cause ignée, analogue à celle qui produit les éruptions de l'Etna, du Vésuve et de tous les volcans brûlants. Dans certaines circonstances, au contraire, ces matières ont eu une origine aqueuse, et sont le résultat des dépôts entraînés ou précipités par les eaux ; ces dépôts ont été parfois assez abondants pour former des bancs, des collines ou même des chaînes de montagnes.

Enfin, certaines inégalités ou aspérités de la croûte

du globe paraissent dues aux commotions intérieures qui bouleversent et déplacent encore aujourd'hui quelques portions de sa croûte superficielle.

Ainsi suscitées par le refroidissement ou l'abaissement de la température de la terre, deux grandes forces, l'une intérieure et l'autre externe, ont créé le sol solide, et l'ont couvert d'éminences plus ou moins considérables. La première, ou l'action ignée, a principalement dominé aux premiers âges de notre planète; mais, lorsqu'elle a eu produit les grands phénomènes du globe, la seconde, ou l'influence de l'eau, a exercé son empire sur les matériaux terrestres.

Ces deux causes agissent encore sous nos yeux, seulement avec une intensité et une généralité beaucoup moindres que dans les temps géologiques. La première surtout est plus bornée; elle produit même des effets différents, peut-être à raison de ce qu'elle agit sur des points isolés. Telles sont les éruptions volcaniques actuelles. La seconde ou l'action de l'eau n'opère plus des dépôts d'une certaine étendue, en comparaison de ceux qu'elle a formés lors des périodes géologiques. Néanmoins, les résultats de ces deux actions peuvent faire concevoir les amas immenses de matériaux de sédiment qui ont été précipités aux premiers âges de notre planète.

Lorsque, par l'abaissement de la température terrestre, la croûte superficielle du globe a passé à l'état solide, son durcissement n'a pas été instantané; elle a subi au contraire des phases diverses, et a éprouvé bien des modifications avant de parvenir à son état actuel. En effet, cette portion extérieure a passé par deux grandes périodes, qui n'ont eu rien de commun, ni par leur influence, ni par les effets qui en ont été la suite.

La première, la plus ancienne, est celle où les terrains cristallins massifs composant l'ossature du globe, et qu'une chaleur excessive maintenait à l'état liquide, se sont solidifiés en partie par sa diminution et son affaiblissement. Cette solidification paraît avoir eu lieu antérieurement à l'existence des êtres vivants; car l'on n'en découvre aucune trace dans les terrains cristallins. Il en existe à peine quelques vestiges dans les formations opérées par un abaissement de température, et que les eaux ont plus tard remaniées.

A cette période, la plus importante dans l'histoire de la partie solide, en a succédé une autre plus récente, où des matériaux de sédiment ont été précipités dans le sein des eaux. Celle-ci ne possédait plus une chaleur aussi considérable que la première période; aussi a-t-elle offert des conditions favorables aux êtres vivants. Elle les a donc vus apparaître, d'abord peu variés et peu compliqués sous le rapport de leur organisation, et se perfectionnant de plus en plus, à mesure qu'aux premières générations il en succédait de nouvelles.

Cette période de sédiment, essentiellement influencée par les eaux, a été divisée en plusieurs époques aussi discernables par la nature des précipités qui s'y sont opérés, que par les genres et les espèces des êtres vivants qu'elles recèlent. Ces dépôts aqueux ont été d'autant plus abondants, et d'autant plus continus, qu'ils ont eu lieu aux premiers temps géologiques. Ils ont donc diminué d'une manière progressive, en étendue, en épaisseur, et sous le rapport même de la variété de leur composition ; mais, comme les deux natures ont marché en sens inverse, tout le contraire a eu lieu chez les êtres vivants. Ceux-ci se sont succédé sur le globe en raison directe de la complication de leur organisation, en sorte que les plus simples ont paru avant les plus compliqués. Ces derniers n'ont brillé sur la scène de l'ancien monde que lors des derniers temps géologiques, ou les plus rapprochés de l'époque historique.

Il paraît même que ces dépôts de sédiment se montrent d'autant moins disposés en véritables couches ou en stratification manifeste, qu'ils ont eu lieu dans des temps rapprochés des âges historiques. Ainsi les formations quaternaires les plus jeunes des terrains géologiques sont essentiellement composées par des masses désagrégées, le plus généralement pulvérulentes, comme les sables d'eau douce et les dépôts diluviens de cette grande époque.

Il n'en est pas cependant tout à fait ainsi de la

puissance ou de l'épaisseur des formations stratifiées. Elle se montre en effet d'autant plus considérable, que les terrains de sédiment se rapportent aux âges les plus anciens, quoique leur stratification soit peu manifeste lors des dépôts géologiques les plus récents; elle se présente encore moins parmi ceux qui appartiennent aux temps historiques.

Les deux causes, celles du feu et de l'eau, dont l'influence a été si grande sur le globe, agissent encore sur la constitution et la configuration du sol, mais avec une moindre intensité. Elles ont donc exercé, soit séparément, soit simultanément, leur effet depuis les temps les plus reculés. L'action ignée a dû précéder celle de l'eau; car, pour que des eaux liquides aient pu se rassembler et déposer des sédiments, et pour que des végétaux et des animaux aient pu exister, il a fallu qu'un premier sol fût déposé et complétement solidifié. Ce sol, ou les terrains primitifs antérieurs aux êtres vivants, a été le résultat de l'endurcissement de la masse planétaire à l'extérieur; l'aplatissement que cette masse a pris vers les pôles est comme un témoignage de la mollesse complète ou de la liquidité primitive des matériaux de la terre.

Cette mollesse, suite de la liquidité primitive du globe, n'a pas pu être produite par l'eau, qui compose à peine la cinquante-millième partie du volume de notre planète, et qui, par son mélange avec sa partie solide, n'en changerait pas la consistance. Il paraît donc certain que, d'après sa forme et sa figure, la terre devait être d'abord entièrement à l'état de vapeur, puis à l'état liquide , et enfin molle à sa surface ; elle a perdu peu à peu ce dernier état par le refroidissement. L'intérieur le conserve cependant encore à raison de la chaleur centrale.

Ce que la terre a éprouvé semble avoir été ressenti par les autres planètes du système solaire. Ces planètes se meuvent comme elle autour du soleil d'occident en orient. Par des causes semblables à celles qui ont agi sur le globe terrestre, ces astres planétaires paraissent avoir été dans un état de mollesse ignée, et ne devoir leur forme qu'à un refroidissement plus ou moins prompt. Aussi le calcul prouve que l'aplatissement de Jupiter est d'un quatorzième dans le sens de son axe de rotation , et celui de Saturne d'environ un onzième. Ces quantités se trouvent justement en rapport avec le mouvement de ces corps beaucoup plus rapide que celui de la terre (note 51).

La terre, ainsi que probablement les autres planètes, a une existence et une chaleur à elle propres ; seulement, ces corps célestes ont éprouvé successivement des changements d'état et des phases diverses, qui les ont amenés à leur état actuel (note 52).

Il est donc indispensable de distinguer dans l'histoire du globe les faits qui appartiennent à la pellicule que nous désignons sous le nom de sol, de ceux qui ont rapport à la masse même de notre planète. Les phénomènes de ce genre peuvent très-bien s'expliquer par les causes qui agissent constamment sous nos yeux et par les forces qui nous sont connues. Lorsque de pareilles analogies ne paraissent pas bien fondées , il faut mieux s'abstenir d'émettre des opinions sans fondement, qui donnent une apparente satisfaction à l'esprit, et le dispensent trop facilement de toute recherche ultérieure.

La composition, la structure, l'origine et le mode de formation du sol ou de la croûte superficielle du globe, n'ont presque rien de commun avec la masse intérieure que cette croûte recouvre et circonscrit. Le sol est donc une partie sur-ajoutée, accessoire, une espèce de tégument des parties intérieures, que tout fait présumer être à l'état liquide. Ce sol pourrait ne pas exister, être double ou triple en épaisseur, ou composé d'une tout autre manière ; néanmoins le rôle que la terre est appelée à jouer dans le système du monde pourrait ne pas en être modifié et encore moins changé.

Toutes les matières qui constituent notre globe pourraient passer et repasser alternativement de l'état fluide à l'état solide, que notre planète n'en occuperait pas moins la même position dans l'espace, qu'elle le parcourrait avec la même vitesse et d'après les mêmes lois.

L'état actuel de la terre doit être considéré comme une des phases de son histoire ; l'existence du sol ou de la croûte extérieure solide sur laquelle s'appuient les eaux et l'atmosphère, ainsi que les êtres qui habitent soit les continents, soit les mers, soit les lacs, sont des circonstances éphémères dans la vie astronomique de cet astre. Ces milliers de végétaux et d'animaux qui fourmillent ici-bas seraient une circonstance tout aussi passagère que ces nombreuses générations qui ont tour à tour apparu, et dont les couches de la terre nous ont conservé la singulière généalogie, si le globe n'était pas arrivé à un état ferme et stable. Les anciennes générations, si différentes les unes des autres, nous disent assez que les matériaux qui en recèlent les restes ont dû mettre un temps fort long à se superposer dans l'ordre où nous les observons aujourd'hui (note 53).

La solidité de la croûte extérieure ou du sol a d'abord consisté dans une simple pellicule placée entre les parties du globe refroidies et l'atmosphère qui demeurait à l'état aériforme. Cette enveloppe solide s'est contractée peu à peu par le refroidissement de la terre ; elle s'est ensuite fendue et fracturée dans les sens les plus divers, mais cependant d'après des lois assez constantes. Alors, d'une part, les matières fluides de l'intérieur de la terre se sont fait jour à travers les fentes, et se sont épanchées au dehors, c'est-à-dire à sa surface, ou dans des points qui en étaient plus ou moins rapprochés.

D'un autre côté, une partie des vapeurs aqueuses répandues en abondance dans l'atmosphère est tombée sur la terre à l'état de pluie, par l'effet de ce même refroidissement; peut-être y a-t-elle formé les mers, les lacs et les fleuves ou toutes les eaux disséminées à la croûte du globe. De cette époque date la formation réelle du sol solide et superficiel, état tout à fait comparable à ce que nous voyons actuellement, quoique sa solidité et son épaisseur aient été sans cesse en augmentant par l'abaissement progressif de la température.

Il est presque inutile d'ajouter que, lors même que la solidification de l'écorce du globe marcherait beaucoup plus vite, cette solidification, qui deviendrait de plus en plus considérable, serait sans influence sur la vie des végétaux et des animaux. Probablement elle n'exercerait pas non plus d'action sur l'ensemble des phénomènes qui se passent à la surface de la terre. Ainsi toutes les causes agissantes, en augmentant même leur puissance, ne sauraient troubler l'ordre et l'harmonie qui règnent dans l'universalité des choses créées.

Les dépôts de sédiment, et l'on peut ajouter ceux

qui doivent leur origine à une cause ignée, tels que les volcans, ont diminué d'une manière progressive, dans leur étendue et leur épaisseur, depuis les temps géologiques les plus anciens aux plus nouveaux. Cette diminution est devenue plus sensible encore pendant l'époque historique, où il ne s'en forme presque pas (note 54).

Tout au plus se dépose-t-il dans le sein des eaux douces quelques matériaux calcaires, qui ne rappellent les anciens précipités lacustres que par leur mode de formation. De même il s'opère dans certains bassins fermés, tels que celui de Messine, des dépôts marins qui y prennent la consistance des bancs pierreux tertiaires, dont ils nous retracent la manière et le mode de précipitation. De même encore, les coquilles qui meurent dans le sein des mers actuelles s'y pétrifient comme celles des anciens âges ; saisies ensuite par les sables que les vagues entraînent sur les rivages, elles y composent des grès coquilliers analogues à ceux des terrains tertiaires (note 55).

Ces effets, bornés et infiniment restreints, ressemblent peu à ceux des premiers âges, où des couches fossilifères ont été déposées. Toutefois, avec les matériaux que les fleuves arrachent aux continents et entraînent dans le bassin des mers, ces grès coquilliers et les limons qui viennent les recouvrir préparent des bancs alternatifs de dépôts marins et des eaux douces ; ces alternances nous apprennent comment ont été produites celles des terrains géologiques.

Tels sont les seuls dépôts solides qui se précipitent maintenant à la surface du globe, et qui dépendent de l'action de l'eau.

Considérés sans doute d'une manière absolue ces dépôts annoncent que les précipités solides ne sont pas complétement achevés. Il en est ainsi des matériaux que l'action des eaux courantes détachent du sommet des montagnes et entraînent dans les vallées et jusque dans le sein des mers. Envisagés sous le rapport de leur véritable importance, on voit ces dépôts se former constamment aux dépens des terrains déjà produits. Dès lors il est naturel d'en conclure que tout est terminé pour la partie solide de la terre due à des formations aqueuses, circonstance qui s'accorde avec ce que nous avons déjà fait observer par rapport aux couches liquides et aériformes.

On ne peut pas supposer le contraire de ce fait particulier aux zoophytes de sécréter en abondance de la matière calcaire, et de former ainsi des récifs et des îles au-dessus du sein des eaux. Cette sécrétion est un fait de leur organisation, et du même ordre que celui que présentent les mollusques. Ces derniers soutirent en effet des eaux des mers les matières calcaires qui doivent former leurs coquilles, à peu près comme les vertébrés tirent de leurs aliments la matière qui doit composer leur charpente osseuse, et pour certains d'entre eux la coque solide de leurs œufs.

On ne doit pas supposer que tout n'est pas achevé sur le globe, sous le rapport de l'accumulation de la matière solide, par cette circonstance que le plus grand nombre des végétaux sécrètent des quantités plus ou moins considérables de carbone. Outre que cette production est un acte qui tient à leur organisation et au mode de leur alimentation, il n'y a pas création de matière solide par le fait de cette assimilation, conséquence nécessaire de la vie. Il n'y a pas plus ici création que dans le transport des matériaux arrachés aux continents d'un point à un autre de ces mêmes continents. On ne pourrait voir un pareil acte que si la matière solide était produite par une formation de toute pièce ou par un changement d'état originaire.

Ainsi, malgré les productions ou les transformations qui s'opèrent chaque jour dans les corps bruts solides, tout paraît achevé par rapport à ces corps ainsi que pour les matières liquides et aériformes.

Examinons enfin si, par suite de l'action ignée qui a triomphé aux premiers âges du globe, et dont les éruptions volcaniques sont maintenant les seuls effets, il ne se produit pas sur la surface du globe des matériaux solides d'une assez grande étendue. Voyons si les volcans ne seraient pas une preuve que la terre n'est point terminée, dans ce sens qu'elle ne serait pas encore arrivée à un état fixe et stable.

L'idée la plus générale et la plus large que l'on puisse se former des volcans est de les considérer comme des effets produits par l'action d'une planète liquéfiée dans son intérieur sur sa surface extérieure durcie. Une pareille action doit produire des phénomènes d'autant plus nombreux et d'autant plus apparents, qu'elle s'exercera sur des points de cette croûte superficielle moins résistants. Elle doit tendre à diminuer, si cette croûte externe tend elle-même à se solidifier. C'est ce qui est arrivé à la surface de la terre, où le nombre des volcans éteints surpasse de beaucoup celui des volcans brûlants. Ces derniers se montrent uniquement dans les points les plus abaissés des continents, c'est-à-dire les plus rapprochés du bassin des mers.

En effet, on ne connaît point de volcan lançant des matières solides distant de plus de douze lieues des mers actuelles. Une seule exception nous est fournie à cet égard. Le volcan de Jorullo, situé au Mexique, se trouve à 36 lieues de distance de l'Océan.

On peut remarquer que le mont Jorullo fait partie des Andes, où existent les foyers volcaniques les plus nombreux et les plus élevés de la terre. Cette chaîne, la plus récente de celles qui sont parvenues à une grande hauteur, appartient aussi au continent qui paraît un des derniers sortis du sein des 'eaux. Par cela même, il offre une moindre épaisseur de couches solides que les formations de l'ancien continent. Si l'on pouvait se former quelques doutes à cet égard, l'accélération et le plus grand accroissement de la température intérieure les détruiraient d'une manière complète.

Ce dernier phénomène rend parfaitement raison de la puissance de l'action volcanique dans le nouveau monde, en comparaison de ce qu'elle est ailleurs. Il explique également comment ses effets s'y font ressentir à de plus grandes distances du bassin des mers. En effet, depuis l'époque où la croûte du globe a été solidifiée, elle a tendu à accroître constamment d'épaisseur; d'un autre côté, comme les causes qui tendent à la fracturer n'ont pas augmenté en puissance, celles-ci n'exercent plus les mêmes actions que lors des temps géologiques. De pareilles influences doivent même cesser tout à fait lorsque la résistance qui s'oppose à leurs effets devient supérieure à la force impulsive due à l'action ignée.

C'est aussi ce qui est arrivé à la plupart des volcans dont les feux sont non-seulement amortis, mais ont complétement cessé. Leurs foyers se sont éteints parce que la résistance des couches solides est plus grande que la puissance qui les avait jadis fracturés et exhaussés dans les temps géologiques. Dès lors, les foyers qui les entretenaient et qui partaient de l'intérieur de la terre ne peuvent plus s'épancher au dehors ni continuer leurs anciennes éruptions.

Ainsi les foyers volcaniques, comme tous les phénomènes perturbateurs, et par exemple les tremblements de terre, tendent à disparaitre totalement de la surface de la terre, à peu près comme se sont évanouies les causes des grands cataclysmes des derniers temps géologiques (note 56).

La quantité des matériaux solides arrachés par les volcans aux profondeurs de la terre est loin d'être fort considérable ; on présumerait cependant le contraire d'après le nombre des foyers volcaniques encore en activité et particulièrement dans le nouveau monde.

En effet, M. Cordier a cubé à Téneriffe en 1803, aussi approximativement que cela lui était possible, les matières rejetées par les éruptions de 1705 et de 1798. Il a fait la même opération à l'égard des produits de deux éruptions encore plus parfaitement isolées qui existent dans les volcans éteints de l'intérieur de la France, savoir : (en 1806) ceux du volcan de Murol en Auvergne, et (en 1809) ceux du volcan de Cherchemus auprès d'Issardés au Mézin. Le volume des matières de chaque éruption lui a paru fort inférieur à celui d'un kilomètre cube.

D'après ces données et celles du même genre qu'il a recueillies sur d'autres points, il a considéré le volume d'un kilomètre cube, comme le terme extrême du produit des éruptions considérées en général. Or une telle masse est peu de chose relativement à celle du globe. Répartie à sa surface, elle formerait une couche qui n'aurait pas $\frac{1}{500}$ de millimètre d'épaisseur. En termes exacts, si l'on suppose à l'écorce de la terre une épaisseur moyenne de vingt lieues de 5,000 mètres il suffirait dans cette enveloppe d'une contraction capable de raccourcir le rayon moyen de la masse centrale de $\frac{1}{494}$ de millimètre pour produire la matière d'une éruption.

Si en partant de ces données on veut supposer que la contraction seule produit le phénomène, et que par toute la terre il se fait actuellement cinq éruptions par an, terme moyen, on trouve que la différence entre la contraction de l'écorce consolidée et celle de la masse interne ne raccourcit le rayon de cette masse que d'un millimètre par siècle; s'il n'y a que deux éruptions par an, le même raccourcissement s'opère en deux siècles et demi. Ainsi, dans tous les cas, il suffit d'une action excessivement petite pour produire les phénomènes de ce genre.

Cette action, si elle est réelle, est nécessairement en rapport avec la contraction totale que le globe éprouve par le refroidissement séculaire. Elle fournit une base pour calculer la faible influence de cette contraction sur l'accélération de la vitesse de rotation, et pour modifier d'une manière appréciable les phénomènes qui en dépendent. Aussi les volcans ont une intensité extrêmement bornée, et malgré l'activité de leurs foyers souterrains ils n'envoient sur la surface du globe que de petites accumulations de matière solide.

Cet état d'équilibre auquel les volcans sont arrivés est d'autant plus remarquable, que leurs foyers sont entretenus par la température de l'intérieur de la terre ; dès lors il semblerait que les effets qui en dépendent ne devraient pas être arrivés à une fixité et à une stabilité aussi constante. Il en est cependant ainsi d'un autre phénomène non moins curieux et non moins singulier, la constance de la quantité d'eau que versent au dehors les sources minérales et thermales, et celle des sels qu'elles entraînent avec elles.

La plus grande partie des substances en dissolution dans les eaux minérales et thermales étant analogues à celles qui s'exhalent, soit des cratères pendant et après les éruptions, soit des courants des laves, lorsqu'ils cristallisent, soit des solfatares, il est extrêmement probable qu'elles dérivent d'un réservoir commun. Ce réservoir doit être bien considérable, puisque, malgré l'écoulement continuel des eaux qui en sortent, il en fournit, depuis les temps les plus reculés qu'il nous est possible d'évaluer, la même proportion. Cette constance n'est pas la moindre des particularités de ces eaux intérieures. Ce qui est non moins remarquable, il en est de même des proportions des substances minérales qu'elles entraînent avec elles. Aussi les eaux thermales de la France qui guérissaient les soldats romains, soulagent encore nos soldats atteints des mêmes blessures, affligés des mêmes maux.

La cause qui entretient les sources thermales est donc arrivée à une grande fixité par rapport à la quantité d'eau qu'elles écoulent au dehors ; il en est de même de leur température et des proportions des substances qui s'y trouvent en dissolution. Tous ces effets sont à peu près invariables, preuve de la généralité et de la stabilité de l'action qui les produit. D'après l'unité et l'université des lois de la nature, la même cause opère les éruptions volcaniques, les plus brillants et les plus terribles des phénomènes du globe, aussi bien que l'écoulement des eaux qui s'épanchent du sein de la terre avec une température souvent tellement élevée qu'elle dépasse cent degrés. Cette cause ou la chaleur centrale a opéré les grandes modifications de notre planète avant qu'elle fût parvenue à un état remarquable de stabilité. Sa surface y est maintenant arrivée par l'abaissement progressif et graduel de cette chaleur intérieure, dont les effets sont devenus à peu près insensibles sur les couches les plus superficielles du globe. Elle les avait pourtant maintenues à l'état liquide, comme celles qui en composent la partie centrale.

De même, l'état de bouleversement de l'écorce primordiale, a été tel que, considéré en grand, il a produit un amas de décombres pressés les uns contre les autres, et dont les couches sont presque toujours inclinées ou verticales. Depuis que cet état subsiste, l'obliquité d'une quantité innombrable de solutions de continuité, dont quelques-unes ont une étendue immense, fait obstacle à ce qu'il s'établisse sur tous les points un rapprochement des masses élémentaires uniforme et proportionné aux contractions centrales. Le rapprochement a été remplacé par divers changements de niveau qui ont pu affecter de grandes surfaces continentales. Quoique cet effet subsiste encore actuellement, il est à peu près insensible, ainsi qu'on a pu en juger, d'après ce que nous avons dit du relèvement séculaire du bassin de la Baltique.

Il en est de même des causes de dislocation de la surface du globe ou des tremblements de terre. Leur action a diminué par l'affaiblissement permanent de la chaleur intérieure. Aussi n'opère-t-elle presque plus de contractions sensibles dans les régions souterraines voisines de la surface. Elle continue seulement ses effets dans la profondeur ; elle y augmente l'écartement des masses qui ont éprouvé les premiers effets du retrait, ou elle occasionne parfois de nouvelles solutions dans ces masses. Ces causes perturbatrices sont donc arrivées, comme celles dont nous venons d'étudier l'action, à un état de stabilité tel, que tout paraît achevé sur la terre, fait essentiel à la sûreté comme à la durée des êtres qui l'animent et l'embellissent.

Tout semble donc terminé sur le globe; il en est ainsi des êtres qui l'habitent, comme de l'atmosphère dans laquelle ils sont plongés, les mers qu'ils fréquentent, ou les continents sur lesquels ils sont établis. La stabilité des phénomènes qui s'y manifestent et s'y succèdent avec un ordre merveilleux nous apprennent que leur immutabilité est le caractère le plus prononcé et le plus remarquable de l'époque actuelle. On la reconnaît aussi bien dans l'harmonie des faits météorologiques que dans l'ordre des faits physiques qui se rapportent aux couches liquides et solides de la surface du globe.

L'équilibre règne partout sur la terre, aussi bien dans l'atmosphère que dans les mers et sur les continents. Il existe dans l'uniformité de la composition de la vaste couche aériforme qui l'entoure ; il n'est pas moins sensible dans la distribution de la chaleur, de la lumière et de l'électricité qui animent et vivifient en quelque sorte les molécules de l'Océan aérien. Tous ces effets, quelque grande que paraisse leur diversité, par des causes sans cesse agissantes se maintiennent dans des moyennes qu'on ne leur voit jamais dépasser. Il en est de même de la quantité d'eau qui y est disséminée, et dont le retour sur la terre est proportionné à la marche et à l'activité plus ou moins grande de l'évaporation (note 57).

Cette stabilité est encore assurée par l'équilibre des couches liquides du globe, et dans leur niveau à peu près constant, principalement dans celui des mers, qui entourent et circonscrivent les continents. Cet équilibre est probablement tout aussi prononcé dans les eaux qui parcourent l'intérieur du globe ou qui sont amassées dans des bassins plus ou moins étendus (note 58). Il est surtout frappant dans la portion solide de l'eau, distribuée en rochers immenses vers les régions polaires, où elle constitue des montagnes de glace plus ou moins étendues et plus ou moins élevées au-dessus des mers. Il en est de même de celle qui, disséminée sur les grandes hauteurs, s'y accumule à l'état de neiges perpétuelles, ou y compose des mers de glace ou de vastes glaciers.

On peut également considérer comme une preuve de la stabilité de notre planète, le peu d'étendue et de puissance des dépôts solides qui se précipitent maintenant à la surface de la terre. Il en est de même de l'espace qu'occupent les matériaux transportés et déplacés par les causes actuelles. Ces déplacements, comparés à ceux des temps géologiques, n'ont aucune importance, eu égard à la grandeur, à la forme et aux dimensions de notre planète.

Les causes qui ont jadis disloqué la croûte du globe, et y ont produit un si grand nombre d'inégalités, ainsi que les fractures et les failles qui la divisent et la traversent dans tant de sens différents, sont aussi arrivées à un état de fixité remarquable. Leurs effets sont si bornés que les volcans tendent tous à s'éteindre, et que la plupart ne présentent plus aucune trace d'éruption. Par la diminution de ces causes perturbatrices, les tremblements de terre ou les soulèvements irréguliers du sol solide tendent à s'effacer ou du moins à diminuer dans leur intensité. L'ensemble des phénomènes naturels nous annonce, par la régularité de leurs effets, l'immutabilité de forme et de position qu'a pris désormais l'orbite de la terre. Il en est résulté la parfaite constance des latitudes terrestres et des faits physiques qui en sont la suite et la conséquence.

Cet équilibre n'est pas moins sensible chez les végétaux et les animaux qui couvrent et embellissent la surface de la terre. Leur renouvellement nécessaire à la durée et à la perpétuité de leurs races se maintient dans un état particulier de stabilité par l'action des espèces les unes sur les autres. Sans doute l'influence de l'homme tend à troubler cet ordre et cette harmonie, en favorisant le développement de tous les êtres qui peuvent lui être utiles et usant de toute son intelligence pour détruire ceux qui peuvent lui être nuisibles; mais cette action est elle-même extrêmement bornée, quoiqu'elle remonte déjà bien haut.

Tels sont les seuls et uniques effets de sa puissance. Elle a été vaine et pour ainsi dire sans influence pour intervertir l'ordre général de la distribution des êtres organisés. Cependant l'homme a porté ses pas dans toutes les parties du globe, et il n'existe presque plus pour lui d'asile inexploré (note 59). Son pouvoir a été encore moins sensible sur l'ordre de fécondité particulier à chacune des races vivantes, fécondité fondée sur leur nécessité dans le but général et le terme de la création. Les espèces sont donc restées ce que la nature les avait faites; rien n'a été innové pour elles, si ce n'est leur nombre et leurs caractères les plus fugaces, qui ont d'autant plus varié que l'homme les a plus complétement soumises à son empire.

Ce qui est non moins remarquable, toutes ces causes de stabilité ne paraissent avoir commencé leur action, et n'avoir fait sentir leurs effets que depuis l'apparition de l'homme. Cette loi est devenue dès lors la plus absolue du monde actuel, et l'ensemble des phénomènes terrestres a été régi par une seule cause, l'action et l'influence solaire. Cependant ses effets n'ont fait sentir complétement toute leur puissance que lorsque la chaleur centrale a cessé d'exercer une action sensible sur les climats. Cette époque a coïncidé avec la venue de l'espèce humaine ; depuis lors, les températures terrestres sont fixes et stables , et le sort des espèces vivantes ne dépend plus fatalement de l'inconstance et de la variation des climats.

Du moins, depuis ce grand événement, aucune des espèces végétales et animales qui peuplent la terre n'ont cessé d'exister, à l'exception de celles que l'homme peut avoir détruites. Tout depuis son apparition est ici-bas dans une harmonie et un équilibre qui contraste avec les perturbations continuelles des temps géologiques, où tour à tour se sont succédé des générations nouvelles aussi différentes de celles qui les avaient précédées que de celles qui les ont suivies.

L'action de l'homme sur la terre qui lui a été donnée en partage n'a pas été moins sensible que sa venue sur la stabilité des causes qui la régissent et en déterminent l'harmonie. En effet, son activité, aiguillonnée par ses besoins, a défriché les plaines, desséché les marais, encaissé les rivières, et mis ainsi des obstacles puissants aux inondations dont les lieux qu'il avait cultivés pouvaient être menacés. Il a également abattu les forêts trop étendues, resserré dans d'étroites limites les landes où croissaient avec vigueur les bruyères, afin de consacrer le sol à la culture et à ses continuelles exigences. Portant également son attention sur les animaux qui l'entourent, il a détruit ceux qui pouvaient lui nuire, et multiplié ceux dont il pouvait tirer parti.

L'homme par sa puissante influence a également modifié la distribution primitive des végétaux et des animaux. Il a transporté avec lui leurs diverses espèces dans tous les climats, ainsi qu'à toutes les hauteurs. Il a porté par là un certain trouble à leurs passages et à leurs migrations.

La constitution et l'organisation ont opposé cependant des obstacles puissants aux mélanges des espèces, fruits de notre influence. Sans cette résistance, les races agiles, ou les végétaux dont les graines sont légères, seraient peut-être déjà répandus uniformément sur tous les points de la terre, et d'autant plus, que leur mobilité est grande et leur agitation plus continuelle.

Malgré ces causes constantes de perturbation, la plupart des régions conservent à peu près les espèces qu'elles avaient reçues dans le principe des choses. Comme peu d'entre elles semblent avoir été dérangées d'une manière notable, les causes qui tendent à les confondre ne doivent pas avoir commencé depuis une époque très-reculée, puisque leurs effets sont encore si peu sensibles.

Les migrations et les passages qui confondent les espèces d'une région à celle d'une autre ont eu de si faibles résultats qu'il n'y a pas d'espèce commune entre l'ancien continent et le nouveau monde. Tout au plus, la pointe nord de l'Amérique septentrionale correspondant à l'Asie et séparée seulement par le détroit de Behring, a quelques-unes de ses productions analogues à celles de la partie de l'ancien continent, qui en sont les plus rapprochées.

Cette diversité dans la distribution des êtres vivants, que l'on remarque également lorsqu'on examine des régions moins étendues et plus circonscrites, annonce que les êtres organisés ont été disséminés sur la surface de la terre par centres particuliers de création.

Si nous interrogeons les anciens observateurs sur les voyages des espèces émigrantes, ou sur les passages des espèces erratiques, ils nous apprendront uniquement que les uns et les autres ont été moins étendus autrefois qu'à l'époque actuelle. Mais leur extension n'a pas effacé les centres de création, en sorte que, malgré toutes les causes qui ont tendu à troubler la distribution primitive des êtres vivants, cette distribution, comme les autres phénomènes de la nature, s'est maintenue dans une stabilité remarquable.

L'homme a également exercé son influence sur le sol le plus extérieur de la surface du globe. Il l'a approprié à ses besoins, et en lui donnant des formes nouvelles, il en a augmenté la fertilité par l'activité de ses travaux, et les procédés de son industrie.

L'homme a ainsi triomphé d'une terre rebelle, et en est devenu le maître et le dominateur.

Son intelligence concourt donc, avec l'ensemble des phénomènes de la nature, à rendre la terre qui lui a été donnée pour asile de plus en plus favorable à son existence. C'est dans les lieux qu'il habite depuis longtemps qu'on reconnaît tous les effets de son influence. Il suffit pour s'en faire une idée de porter à la fois ses regards sur les forêts vierges du nouveau monde et de la Nouvelle-Hollande, ainsi que sur les plaines fertiles de l'Europe tempérée. Au lieu des dangers qui menacent pour ainsi dire à chaque instant sa frêle existence au milieu de ce luxe de végétation, que des nuées innombrables d'animaux ne sauraient arrêter, les campagnes qu'il a fécondées par les progrès toujours croissants de la civilisation ne présentent plus pour lui que paix, bonheur et sécurité.

Il n'a plus à redouter la voracité des animaux carnassiers, ni ce nombre immense d'insectes qui ne lui laissent pas un moment de repos dans ces forêts où il n'a jamais porté ses pas, et dont la hache meurtrière n'a point éclairci les rangs. Il n'a pas non plus à craindre les funestes effets de ces gaz empoisonnés, d'autant plus redoutables pour sa vie, qu'il ne saurait en empêcher ni en éviter l'action délétère. Admirable concours de l'intelligence humaine avec les phénomènes de la nature ; toutefois sa salutaire influence nous annonce dans quelles étroites limites sont restreintes les causes perturbatrices qui pourraient menacer ses jours.

Les faits que nous venons de rappeler semblent démontrer que si tout est achevé sur la terre il n'en est pas de même de l'univers. Des corps célestes nouveaux s'y préparent et s'y organisent sans cesse ; probablement ils continueront à se produire tant qu'il y aura dans les espaces de la matière nébuleuse à condenser. Supposer le contraire après toutes les preuves que nous en avons données, serait mettre des bornes à la puissance infinie de celui qui a créé l'admirable assemblage de l'univers. Son pouvoir créateur y dispose constamment des astres nouveaux, dont le but final est probablement le même que celui pour lequel notre planète, comme toutes celles des autres systèmes solaires, a été créée.

Ainsi l'ensemble du système auquel nous appartenons résulte de la condensation de la matière nébuleuse analogue à celle qui existe sur différents points des vastes régions de l'espace. Il paraît même que les planètes et leurs satellites ont dû être séparés dans l'origine des temps de la masse principale qui constitue aujourd'hui le soleil, et cela par l'effet de la condensation de la matière qui les compose. Elles seraient ainsi passées par les mêmes états que prend maintenant la matière nébuleuse, lorsqu'elle forme successivement les aurores boréales, les étoiles filantes, les aérolithes, et enfin les comètes.

Sans les rapports que ces astres ont avec les planètes dont ils finissent par prendre la forme et probablement le cours régulier, il serait tout aussi probable de supposer que le soleil, les planètes et leurs satellites ont été créés originairement dans les positions relatives que nous leur voyons occuper aujourd'hui.

Le plan de la création serait tout aussi sublime, si le système solaire résultait de la condensation d'une matière gazeuse, que s'il avait été créé d'abord tel qu'il se présente maintenant à nous.

La première de ces hypothèses a cependant l'avantage de donner de l'ensemble du système du monde une idée beaucoup plus noble et plus en harmonie avec les phénomènes célestes qui se passent encore sous nos yeux. Sous ce rapport, comme d'après sa coïncidence avec les faits observés, et enfin d'après l'unité de plan qui existe dans toutes les œuvres de la création, cette supposition mérite, ce semble, d'être préférée.

Quelle que soit l'hypothèse que l'on adopte, il est du moins certain que la terre doit sa forme et sa figure actuelle à sa liquidité primitive, liquidité produite par l'excès de sa température. D'après sa composition et les lois connues du calorique, sa surface a dû se consolider par le rayonnement de la chaleur centrale. Elle a ainsi continué à se refroidir d'une manière constante, tandis que l'intérieur du globe a conservé une haute température ; il la gardera probablement longtemps d'après la faible conductibilité des couches qui ont été solidifiées par le refroidissement graduel de la surface.

Finalement, l'écorce la plus superficielle du globe s'est trouvée dans de telles conditions, que sa température au-dessus de celle de l'espace ambiant n'a plus dépendu que de l'influence du soleil et, par conséquent, elle a été plus élevée dans les régions équatoriales que dans les contrées polaires.

Pour bien comprendre l'origine et la formation de la terre livrée à nos recherches et à nos investigations, la science s'élance dans l'immensité des cieux, afin d'y trouver quelques traits de son histoire primitive ; car notre planète, véritable atome de l'univers, est un des myriades des corps qui se meuvent au milieu de l'espace infini. A l'aide des lumières que la science puise dans la marche des astres stellaires et planétaires, elle éclaire des phénomènes physiques du globe, qui sans ce flambeau puissant seraient peut-être tout à fait incompréhensibles. En effet, après avoir considéré la terre en elle-même, il est naturel de chercher à compléter son histoire par l'étude de ses rapports avec les autres corps de l'univers.

En suivant cette marche, nous avons rendu extrêmement probable, que la terre, comme les autres planètes qui se meuvent autour du soleil, a eu la même
origine et a été produite par les mêmes causes. Ces astres ont donc eu une existence propre ; les uns aussi
bien que les autres ont passé par des états successifs
analogues à ceux que paraissent suivre les corps célestes nouveaux qui se forment continuellement au
milieu des espaces célestes.

A ce simple fait peut se réduire la solution de la
question, que nous nous sommes proposé d'éclaircir,
et dont l'examen vient de nous occuper.

Nos recherches nous ont ainsi conduit à étudier les
lois qui régissent le monde ; elles nous ont peut-être
donné les moyens de nous faire une idée juste de la
nature des corps qui le composent. Du moins elles
nous ont permis d'apprécier les changements qu'ils
subissent, et les lois qui les déterminent et en règlent
l'étendue. Les travaux auxquels nous venons de nous
livrer, et qui nous ont fourni de si grands et de si
nobles sujets d'étude ont peut-être démontré aux esprits
les plus prévenus, et ils nous apprennent en effet,
que les mouvements des astres stellaires ou planétaires ne peuvent être l'effet ou l'œuvre du hasard.
Comment l'ordre et l'harmonie que l'on y voit régner de toutes parts auraient-ils pu naître d'une
cause purement fortuite ? Cette action, tout aventu-

reuse, ne saurait produire des effets si réguliers et si stables, que le calcul les représente avec une exactitude plus grande encore que l'expérience et l'observation. Ici, les faits sont plus puissants que les paroles; et les lumières les plus simples suffisent pour comprendre que le monde ne peut être l'ouvrage d'une cause occulte ou fortuite. Le spectacle de l'univers est l'hymne le plus magnifique et la preuve la plus éclatante de la sagesse et de la puissance de Dieu.

En sondant les secrets de la création à l'aide des sciences qui y découvrent chaque jour des beautés nouvelles, nous avons ennobli nos recherches en nous proposant pour motif, non le désir de satisfaire une vaine curiosité, mais de contribuer de nos faibles efforts à la démonstration de la magnificence des œuvres du Créateur de toutes choses.

En développant l'intelligence, les sciences nous attachent de plus en plus à l'auteur de notre être, à l'auteur des merveilles qu'il se plaît à nous révéler graduellement, par suite du progrès toujours croissant des connaissances dont il est la source et la fin. C'est là leur plus beau titre de gloire et le plus bel héritage que nous puissions léguer à ceux qui s'efforceront aussi d'accélérer le progrès des lumières, et d'étendre le cercle des jouissances intellectuelles.

NOTES.

—

Note 1, page 84.

Un des principaux chefs d'accusation des Juifs contre Jésus-Christ, celui que l'on trouve le plus souvent répété dans l'Evangile, c'est la violation du sabbat. (Voy. Saint Matthieu, c. XII, v. 1, 14. — Saint Marc, c. II, v. 23; — c. III, v. 1, 16. — Saint Luc, c. VI, v. 1, 12; — c. XIII, v. 10, 17; — c. XIV, v. 1, 7. — Saint Jean, c. V, v. 1, 19; — c. VII, v. 21, 25; — c. IX, passim.) — Pour répondre à cette accusation et dissiper l'aveuglement de ses ennemis, Jésus-Christ demanda aux Juifs s'ils ne faisaient pas eux-mêmes des œuvres serviles le jour du sabbat.

Quis erit ex vobis homo, qui habeat ovem unam, et si ceciderit hæc sabbatis in foveam, nonne tenebit et levabit eam? Il ajoute : *Quantò magis melior est homo ove? itaque licet sabbatis benefacere.* (Saint Matthieu, c. XII. — Saint Marc, c. II. — Saint Luc, c. VI. — Saint Jean, c. VII, v. 22 et 23.)

La seconde réponse du Sauveur est que..... *Dominus..... est Filius hominis etiam sabbati.* (Saint Matthieu, saint Marc et saint Luc.) Enfin il leur déclare (saint Jean, c. V, v. 17) « que son Père et lui ne cessent d'agir sans aucun égard pour le jour du sabbat. »

Le P. de Carrières a paraphrasé ce passage de la manière suivante : « Mon Père, depuis le commencement du monde jusqu'aujourd'hui, ne cesse point d'agir; le repos dans lequel il est entré après la création, et qu'il a voulu faire honorer par celui du sabbat, n'empêche ni les opérations de sa puissance dans la conservation de ses ouvrages, ni les opérations de sa grâce dans la sanctification des âmes, et j'agis aussi incessamment, étant avec lui un même principe de ses opérations divines. »

Le P. de Ligny a également interprété ce passage de la même manière dans une note de la *Vie de Jésus-Christ* (tom. I, pag. 160, éd. de Crapelet, in-4°, 1804).

La doctrine du Sauveur a été aussi celle qu'a adoptée le prince des apôtres. Dans sa seconde Epître (chap. III, vers. 13), saint Pierre espère que, selon ses promesses, le Seigneur créera de nouveaux cieux et une nouvelle terre, dans lesquels la justice habitera. Par cieux, saint Pierre a entendu parler des corps célestes ; car dans cette Epître le mot *cœlos*, en opposition avec le mot *terram*, en explique assez nettement le sens.

Cette idée de la puissance infinie qui crée sans cesse et dont les œuvres sont loin d'être terminées, et qui ne le seront peut-être jamais, a été aussi émise par quelques prophètes de l'ancienne loi. Ainsi Isaïe (chap. XVI, vers. 17), voulant nous donner une idée du pouvoir du Créateur, nous le dépeint comme créant constamment dans l'immensité des cieux de nouveaux corps célestes. Ces faits résultent également des observations les plus récentes ; ils ne sont nullement en opposition avec les croyances religieuses. Ils les résument en quelque sorte et leur prêtent leur autorité et leur appui.

On trouve également dans le psaume CI différents passages qui conduisent à la même opinion. On y lit : *Initio tu, Domine, terram fundasti et opera manuum tuarum sunt cœli.* On y trouve encore ce passage non moins remarquable : *Ipsi peribunt, tu autem permanes, et omnes sicut vestimentum veterascent.* Enfin, plus loin et toujours dans le même psaume : *Et sicut opertorium mutabis eos et mutabuntur.*

Nous pourrions ajouter à ces textes d'autres passages de l'Ecriture ; ils prouveraient tous que la formation d'astres nouveaux au milieu des espaces célestes n'est point en opposition avec la croyance des Pères de l'Eglise. Ceux déjà cités nous paraissent suffire.

Note 2, page 86.

Nous avons dit dans l'introduction qu'à l'aide des découvertes récentes on pouvait éclaircir la question que nous avons traitée dans cet ouvrage. Pour prouver leur importance, il nous suffira de rappeler que maintenant nous pouvons nous former quelque idée de la distance qui nous sépare des étoiles fixes. Leur immense éloignement empêchait de se servir des moyens qui nous font connaître la distance du soleil à la terre, et celle de toutes les planètes.

Il fallait donc avoir recours à d'autres méthodes pour résoudre un problème d'astronomie jusqu'ici insoluble. Cette méthode est celle des parallaxes ; on a ainsi mesuré la différence entre la position d'un astre vu de la surface de la terre, et celle qu'il aurait, vu de son centre, ou autrement l'angle sous lequel la terre serait vue par un observateur placé sur l'astre que l'on fixe. On a reconnu de cette manière que la parallaxe du soleil était de 8" 75. Mais cet angle s'évanouit quand on veut appliquer ce mode d'expérimentation aux étoiles ; et même si, au lieu de prendre des distances de notre globe, comme on le fait pour le soleil, on prend pour base l'orbite de la terre, on n'obtient encore rien, tant la distance est immense. Les rayons deviennent parallèles, et il n'y a point d'angle appréciable.

M. Bessel de Kœnigsberg ne s'est point servi des méthodes ordinaires pour parvenir à la découverte des parallaxes. Il a fait usage de l'héliomètre, instrument à l'aide duquel on mesure le diamètre du soleil et des planètes. Il a cherché, à l'aide de cet instrument, à évaluer la distance entre les deux étoiles qui composent les groupes des étoiles doubles ; on sait que jusqu'à Herschel on avait regardé ces astres comme simples.

M. Bessel a choisi le groupe de la constellation du Cygne désigné dans les cartes sous le n° 61, supposant une de ces deux étoiles fixe et immobile. A l'aide d'observations multipliées il est parvenu à déterminer la distance de ce groupe à 600 mille fois le rayon de l'orbite de la terre, c'est-à-dire 600 mille fois 39 millions de lieues. La lumière mettrait huit ou dix années pour la franchir, quoiqu'elle parcoure, comme on le sait, 80 mille lieues par seconde.

Cette étoile double avait été déjà l'objet de nombreuses observations faites en 1812 par MM. Arago et Matthieu, qui en ont publié le résultat dans l'*Annuaire du bureau des longitudes de* 1834. Ces astronomes en ont conclu que la 61ᵉ du Cygne était au moins à une distance de la terre égale à 412 mille fois 39 millions de lieues.

Cette étoile, considérée à tort jusqu'à cette époque comme une étoile fixe, parcourt tous les ans au moins 40 millions de millions de lieues, puisqu'elle se déplace en ligne droite de 5 secondes.

L'imagination s'effraye de pareilles vitesses : quant à nous, nous ne faisons tous les ans qu'environ 200 millions de lieues autour du soleil. Il n'y a donc point d'étoiles fixes ; car toutes se meuvent et ont des vitesses plus ou moins grandes.

Enfin, d'après les observations de M. Bessel, la masse des deux étoiles du groupe du Cygne ne serait qu'un peu moindre de celle du soleil. (Voy. les *Comptes rendus de l'académie des sciences de Paris*, séance du 5 novembre 1838.)

Note 3, page 99.

M. Arago a publié dans l'*Annuaire du bureau des longitudes de* 1842 une notice remarquable sur les travaux d'Herschel, et particulièrement sur ceux qui se rapportent aux nébuleuses, dont il a élevé le nombre jusqu'à deux mille cinq cents. Nous avons déjà fait observer que ce nombre était prodigieux à côté de celui qui était connu avant ce grand astronome, et dans une branche de la science à peine ébauchée ; aussi n'y insisterons-nous pas plus longtemps.

Les nébuleuses nous ont fortement occupé dans cet ouvrage ; nous croyons cependant faire plaisir à nos lecteurs de leur présenter un résumé des opinions des savants et particulièrement de M. Arago sur ce point délicat d'astronomie. Nous insisterons particulièrement dans cet exposé sur les observations d'Herschel qui ont des rapports avec le sujet de notre travail.

M. Arago observe qu'on entend par *nébuleuses* les *taches diffuses* que les astronomes ont découvertes dans toutes les parties du ciel. Ces taches ou lueurs paraissent dépendre de deux causes entièrement différentes.

Les unes disparaissent au moyen de simples besicles ; ces verres, en rendant la vue distincte, suffisent dans certaines circonstances à discerner les principales étoiles d'un groupe qui à l'œil nu présente l'aspect d'une masse confuse de lumière. Tel est le cas des Pléiades, par exemple.

On ne parvient à résoudre d'autres taches lumineuses en groupe d'étoiles qu'à l'aide des meilleurs télescopes et de forts pouvoirs amplificatifs. Ce qui a résisté à des grossissements de 50, de 100, de 150, de 200 fois, cède quand on peut pousser les grossissements jusqu'à 1000 et au delà. Ainsi Herschel est parvenu à transformer en agglomérations d'étoiles la plupart des nébuleuses que Meissier, pourvu de lunettes moins puissantes, croyait irréductibles et qu'il appelait des nébuleuses sans étoiles.

Cependant on observe dans le ciel des nébulosités (des blancheurs) qui ne sont pas de nature stellaire, et l'on y découvre de nombreux amas de matière diffuse et lumineuse. A l'aide de cette distinction admise par Herschel, et que Lacaille avait faite en 1785, il n'est plus possible de confondre la comète vagabonde, même dès sa première apparition, de la nébuleuse immobile, malgré la ressemblance apparente de leur constitution physique, malgré la grande similitude de leurs formes.

Cette matière céleste non condensée, cette matière céleste voisine de l'état élémentaire, est la source où la nature paraît puiser les éléments des corps nouveaux ou des astéroïdes qui se forment dans l'immensité de l'espace.

Herschel a fait sur les nébuleuses des observations importantes, que M. Arago nous a fait connaître dans sa notice sur ce grand astronome. Ce dernier les a distinguées en circulaires et en perforées ou en anneaux.

Les premières n'ont qu'une apparence de forme circulaire ; car leur forme réelle paraît être globulaire ou sphérique. Il est impossible de compter en détail et avec exactitude le nombre total d'étoiles dont certaines nébuleuses globulaires se composent; mais on a pu arriver à des limites.

En appréciant l'espacement angulaire des étoiles situées près des bords, c'est-à-dire dans la région où elles ne se projettent pas les unes sur les autres, et le comparant avec le diamètre total du groupe, on s'est assuré qu'une nébuleuse dont le diamètre est d'environ 10 minutes, et l'étendue superficielle apparente à peine égale au dixième de celle du disque lunaire, ne renferme pas moins de vingt mille étoiles.

Les secondes ou les perforées offrent à leur centre un trou noir. Dans celle inscrite sous le n° 57 dans l'ancien catalogue de la Connaissance des temps, les deux axes sont dans le rapport de 85 à 100. Le trou obscur occupe la moitié environ du diamètre de la nébuleuse.

Du reste, ainsi que le fait observer M. Arago, il est loin d'être prouvé *à priori* que les systèmes globulaires d'étoiles doivent se conserver indéfiniment dans l'état où nous les voyons aujourd'hui? Le système général de l'univers est donc loin d'être terminé ; en effet, certains corps célestes s'y préparent, s'y organisent, tandis que d'autres tendent à parvenir à un état de condensation plus avancé et plus complet.

Cette supposition a acquis une grande probabilité depuis qu'Herschel a démontré que les nébuleuses formaient généralement des couches. Une d'entre elles, fort large, est dirigée presque perpendiculairement à la voie lactée. Au milieu d'une de ces couches, ce grand astronome n'a pas aperçu moins de 31 nébuleuses parfaitement distinctes, dans le court intervalle de 36 minutes.

Les espaces qui précèdent ou qui suivent les nébuleuses simples, et, à plus forte raison, les nébuleuses doubles renferment généralement peu d'étoiles. De même les plus pauvres en étoiles sont voisins des nébuleuses les plus riches. Ainsi, dans le corps du Scorpion, il existe un intervalle de *quatre degrés* de large dans lequel on n'aperçoit pas d'étoiles, mais où l'on découvre la nébuleuse qu'Herschel considère comme un amas d'étoiles les plus riches et les plus condensées, que le firmament puisse offrir aux méditations des astronomes.

Si l'on rapproche ces faits de l'observation qui nous montre les étoiles très-condensées vers le centre des nébuleuses sphériques, et qui prouve que ces astres obéissent sensiblement à une certaine puissance de condensation, on est porté à admettre avec Herschel, que les nébuleuses se sont quelquefois formées par le travail incessant d'un grand nombre de siècles. Cette formation a eu lieu aux dépens des étoiles dispersées qui primitivement occupaient les régions environnantes. Ainsi, l'existence d'espaces vides, d'espaces ravagés, pour nous servir avec

M. Arago, de l'expression pittoresque du grand astronome anglais, n'a plus rien qui doive confondre notre imagination.

Cette hypothèse, comme il est aisé de le juger, confirme d'une manière puissante notre manière de voir sur les astres nouveaux qui apparaissent successivement au milieu de l'immensité du ciel.

Si des nébuleuses réductibles en étoiles à l'aide de puissants télescopes nous portons notre attention sur les amas de matière diffuse lumineuse par elle-même, répandue çà et là dans le firmament, on reconnaît que ces amas occupent dans le ciel des espaces très-étendus.

Herschel a publié en 1811 un catalogue de 52 nébuleuses diffuses non réductibles ou du moins non résolues en étoiles, parmi lesquelles on en remarque qui ont jusqu'à 4° 9' dans une de leurs dimensions. L'étendue superficielle apparente d'une seule d'entre elles dépasse celle de 9 cercles d'un degré de diamètre. L'étendue superficielle de l'ensemble s'élève à 152 de ces cercles, ce qui est environ la 270ᵉ partie du nombre de cercles pareils qui forment la surface totale du firmament.

Les formes des très-grandes nébuleuses diffuses n'ont aucune régularité ; comme elles présentent les figures les plus fantastiques, elles ne paraissent pas susceptibles de définition.

Les nébuleuses diffuses à formes arrondies n'ont pas, comparées aux premières, de grandes dimensions. Quelquefois il existe entre deux de ces nébuleuses rondes, très-distinctes, bien circonscrites, un très-mince filet de nébulosité, qui rattache leurs circonférences. C'est là une sorte d'indice ou de témoin visible de leur origine commune, et, par conséquent, du passage des unes aux autres.

La lumière des vraies nébuleuses diffère peu de celle des nébuleuses stellaires, avec lesquelles les premières ont été longtemps confondues. Cependant les nébuleuses, composées d'une matière diffuse continue, phosphorescente, ont un aspect tout spécial, indéfinissable, qui a frappé les anciens observateurs pourvus de bonnes lunettes.

En réalité, observe Halley, « Les taches des nébuleuses d'Orion et d'Andromède ne sont autre chose que la lumière venant d'un espace immense situé dans les régions de l'éther, rempli d'un milieu diffus et lumineux par lui-même. »

M. Arago fait une remarque sur un autre passage d'Halley, dont l'importance est trop grande par rapport à notre travail sur Moïse, pour être passée sous silence.

Halley professait, comme on le sait, l'incrédulité presque publiquement ; cependant ami et admirateur de Newton, il n'a pas pu s'empêcher de faire la remarque suivante : «Les nébuleuses répondent parfaitement, lui disait-il, à la difficulté que diverses personnes avaient élevée contre la description de la création donnée par Moïse, en soutenant qu'il était impossible que la lumière eût été engendrée avant le soleil. Les nébuleuses montrent manifestement le contraire : plusieurs n'offrent en effet aucune trace d'étoile à leur centre, et n'en sont pas moins lumineuses. »

A tous les faits qui démontrent qu'il existe pour la terre une lumière indépendante de celle du soleil, nous aurions pu ajouter la lumière des nébuleuses, et celle qui dérive de la phosphorescence des nuages. Lorsqu'une théorie est vraie, tous les faits viennent pour ainsi dire d'eux-mêmes lui prêter leur appui et leur autorité. C'est ce qui arrive particulièrement à toutes celles émises par l'écrivain sacré. Nous ne saurions trop remercier M. Arago d'avoir rappelé cette remarque de Halley. Elle répond d'une manière victorieuse aux attaques dont Moïse a été l'objet pour avoir admis la vibration des ondes lumineuses avant que le soleil se fût paré de ses brillantes atmosphères.

La lumière de ces grandes taches laiteuses est généralement très-faible et uniforme. On remarque seulement çà et là quelques espaces un peu plus brillants que le reste.

On se demande à quoi est due cette augmentation de densité. Dépend-elle d'une plus grande concentration et d'une plus grande profondeur de la matière nébuleuse? Voici de quelle manière M. Arago répond à cette question.

Les places où dans les plus grandes nébulosités on remarque une lumière comparativement vive ont d'ordinaire peu d'étendue. Si donc on veut attribuer le phénomène à une plus grande profondeur de la matière nébuleuse, il faudra concevoir qu'à chacun des points en question correspond une sorte de colonne de cette matière ; colonne rectiligne très-resserrée et exactement dirigée vers la terre. Cette spécialité de direction pourrait sembler possible dans tel ou tel point particulier. Il n'en saurait être ainsi ni pour l'ensemble des places rayonnantes circonscrites qu'offre tout le firmament, ni même pour les deux, les trois ou les quatre de ces places qui se remarquent dans une seule nébuleuse. Il faut donc admettre qu'il s'est produit une condensation, une augmentation de densité dans certains points des espaces nébuleux, dont nous avons apprécié la vaste étendue superficielle.

Cette condensation est-elle l'effet d'une force attractive analogue à celle qui maîtrise, qui régit tous les mouvements de notre système solaire? Voilà comment M. Arago répond à cette question liée d'une manière si intime à notre travail.

Il suffira, dit-il, de jeter dans l'avenir un coup d'œil sur les nébuleuses de l'époque et sur leurs portraits pour décider si le temps altère sensiblement les dimensions et les formes de ces groupes mystérieux.

L'antiquité n'ayant rien laissé à cet égard, on est réduit à attaquer le problème par des voies indirectes.

Les phénomènes que doit amener l'existence de divers centres d'attraction répandus sur toute l'étendue d'une seule et vaste nébuleuse se développeront dans cet ordre:

Çà et là, la disparition de la lueur phosphorescente; la naissance des solutions de continuité, de déchirure dans le rideau lumineux primitif, résultat nécessaire du mouvement de la matière vers les centres attractifs.

L'agrandissement des déchirures, c'est-à-dire la transformation d'une nébuleuse unique en plusieurs nébuleuses distinctes, peu distantes les unes des autres, et liées quelquefois par des filets de nébulosité très-déliés.

L'arrondissement du contour extérieur des nébuleuses séparées; une augmentation plus ou moins rapide de leur intensité de la circonférence au centre.

La formation à ce centre d'un noyau très-apparent, soit par les dimensions, soit par l'éclat.

Le passage de chaque noyau à l'état stellaire, avec la persistance d'une nébulosité environnante.

Enfin la précipitation de cette dernière nébuleuse, et pour résultat définitif autant d'étoiles qu'il y avait dans la nébuleuse originaire de centres d'attraction distincts.

Quant au temps nécessaire, pour qu'une seule et même nébuleuse passe par toute cette série de transformation, on l'ignore absolument. Seulement ce temps ne peut être uniforme pour toutes, par suite de la différence de leur étendue, de leur densité et de la constitution physique de la matière phosphorescente.

L'inégale rapidité des transformations conduit **M.** Arago à une conséquence importante. En partant de cette base, il montre que les nébuleuses, fussent-elles du même âge, doivent, dans leur ensemble, offrir les diverses formes que nous venons d'indiquer d'après ses observations. Vers telle région, les siècles auront à peine amené une accumulation visible de la matière phosphorescente autour de quelques centres d'attraction; vers telle autre région, grâce à un mouvement de concentration plus précipité, on découvrira déjà des groupes de nébuleuses à noyau; des étoiles nébuleuses s'offriront enfin çà et là, comme le dernier échelon conduisant aux étoiles proprement dites.

Tous ces états de la matière nébuleuse indiqués par la théorie, l'observation les a révélés d'avance. L'accord est ici aussi satisfaisant qu'on **puisse le désirer. Seulement, au lieu de suivre les transformations pas** à pas dans une nébuleuse unique, on a constaté la marche et les progrès par des observations d'ensemble.

Il est donc probable qu'une condensation de la matière phosphorescente conduit comme dernier terme à des apparences sidérales. Cette condensation nous fait en quelque sorte assister à la formation des véritables étoiles. Elle prouve aussi que, parmi les corps célestes qui peuplent le firmament, plusieurs d'entre eux ne sont point arrivés à leur dernier terme. Les objections contre la naissance actuelle des étoiles, tirées de la rareté de la matière diffuse, ne peuvent tenir contre les calculs d'Herschel, dont M. Arago a fait sentir toute la portée.

M. Arago démontre encore que s'il n'y a pas de moyen expérimental praticable de réunir convenablement en un seul point les lueurs émanées de toute l'étendue superficielle d'une grande nébuleuse, l'opération inverse est au contraire facile.

Si l'on écarte graduellement l'oculaire d'une lunette de la place qu'il occupe, quand la vision est distincte, on voit l'image de chaque étoile s'agrandir successivement et perdre de son intensité. En étalant ainsi une de ces images, jusqu'à lui faire remplir presque tout le champ de la vision, on l'amène à ne pas être plus brillante que les nébuleuses lactées.

Ceci une fois obtenu, des calculs dans lesquels figurent divers éléments et diverses corrections conduisent aux résultats cherchés. M. Arago arrive ainsi aux rapprochements numériques qui existent entre les intensités des lumières totales dispersées sur la grande étendue des nébuleuses laiteuses et les lumières concentrées des étoiles. Les résultats de ces expériences, de ces calculs, fortifient de toute leur autorité les idées de Tycho, de Kœpler et d'Herschel, sur la transformation des nébuleuses en étoiles, transformation qui s'opère encore, pour ainsi dire, sous nos yeux au milieu de l'immensité des cieux.

M. Arago examine ensuite une autre question, trop liée à l'objet de notre travail pour ne pas l'étudier avec lui. Il se demande si la voie lactée subsistera toujours sous la forme que nous lui voyons, et si elle n'a pas commencé à offrir des symptômes de dislocation et de dissolution ?

Herschel a établi par de nombreuses observations que la blancheur de la voie lactée provient, en majeure partie, d'agglomérations d'étoiles trop petites, trop faibles pour être distinguées séparément. La matière diffuse mêlée en certaines proportions aux étoiles joue ici un rôle comme dans plusieurs nébuleuses résolubles; mais c'est un rôle évidemment secondaire.

Presque partout où des étoiles rapprochées entre elles se sont offertes à nos regards en dehors des limites apparentes de la voie lactée, on a reconnu qu'elles tendent à se grouper autour de plusieurs centres. Elles semblent obéir comme les divers corps du système solaire à une force attractive. Cette force a déjà produit de certains groupes arrondis, des effets, des concentrations très-considérables.

On se demande dès lors pourquoi les étoiles de la grande nébuleuse dont nous faisons partie auraient échappé plus que les autres à ce genre d'action? Si jadis elles étaient uniformément distribuées, cet état a dû cesser, et cessera chaque jour davantage. Les faits confirment ces conséquences du raisonnement. Les étoiles, loin de paraître uniformément distribuées sur toute l'étendue de la voie lactée, ont offert à Herschel, armé de son télescope, 157 groupes distincts, circonscrits, qui ont pris place dans le catalogue des nébuleuses, sans compter 18 groupes analogues situés sur les limites, sur les bords de cette même zone.

Celui qui, pendant une nuit obscure et bien sereine, suit de l'œil la portion de voie lactée comprise entre le Sagittaire et Persée, y remarque 18 régions parfaitement caractérisées par l'éclat spécial de leur lumière.

Aucune portion de la voie lactée, résoluble au téloscope, n'a offert à Herschel des indices plus manifestes et sur une plus grande échelle, du mouvement de concentration des étoiles, que l'espace qui sépare β et γ du Cygne. En jugeant cet espace, suivant la méthode déjà décrite, sur une largeur d'environ 5 degrés, Herschel a reconnu qu'on pouvait y compter 331 mille étoiles. Cet immense groupe offre une sorte de division; 166 mille étoiles paraissent marcher d'un côté et 165 mille de l'autre.

Ainsi tous les faits justifient l'opinion de l'illustre astronome. Dans la suite des siècles, le pouvoir de concentration amènera invinciblement le fractionnement, la rupture, la dislocation de la voie lactée. L'univers n'est donc pas terminé.

Note 4, page 107.

Il paraît exister au delà des limites de l'atmosphère terrestre une matière subtile et très-déliée, nommée éther, ou matière éthérée, ou enfin matière nébuleuse. Quoique infiniment raréfiée, on a évalué les effets de la pression de cette substance à 00029 cent-millièmes de millimètres de mercure. Cette pression doit mettre une limite aux atmosphères planétaires, et leur élasticité à leurs limites est probablement en équilibre avec la force élastique de l'éther en ce point.

L'éther est un milieu qui résiste à la marche des corps célestes; quoique sa densité soit peu considérable, elle n'est pas moins réelle.

Elle a même occasionné un retard de trois heures aux retours successifs de la comète à courte périodé de 1786, ainsi que nous l'avons déjà fait observer. Aussi, certaines particularités que présenta cet astre permirent à M. Valz de déterminer les variations de sa densité, tout à fait inconnue avant lui.

Le diamètre apparent de la nébulosité était de 20 minutes ; deux mois plus tard, il se trouva réduit à une minute, quoique la distance à la terre eût diminué d'un sixième et dût l'augmenter dans le même rapport. Mais en même temps la distance au soleil avait été réduite du tiers ; aussi M. Valz attribua à ce rapprochement la diminution des diamètres de la nébulosité de la comète. Il admit donc que le fluide élastique qui se trouvait répandu dans l'espace, se condensait d'autant plus qu'il se rapprochait du soleil, de même que l'air atmosphérique auprès de la terre ; car probablement les lois de la condensation sont les mêmes pour ces deux fluides élastiques.

L'astronome du Midi chercha à obtenir cette détermination par l'analyse ; admettant que les nébulosités sont condensées de la même manière que des ballons dans notre atmosphère, il trouva qu'il y avait à cet égard une concordance admirable avec les observations des nébuleuses. Depuis lors, M. Valz s'assura que de pareilles recherches avaient été faites en 1618 et 1652, peu de temps après l'époque où l'on avait appliqué les lunettes aux observations astronomiques. D'après ces documents, les nébuleuses suivaient exactement les mêmes lois que celles qui avaient été reconnues par cet astronome. Ainsi la résistance de l'éther a été constatée depuis plus de deux siècles au moins.

L'ingénieuse hypothèse de M. Valz donne du reste, avec une exactitude remarquable, la loi des variations du volume des nébulosités, tant pour la comète à courte période que pour celle de 1618. Si cette hypothèse n'était pas fondée, elle n'aurait certainement pas pu faire deviner aussi juste ni aussi vrai.

L'existence de la matière éthérée une fois admise, on est naturellement conduit à discuter l'hypothèse de Laplace, qui en est une conséquence naturelle, puisque l'éther étant reconnu comme un corps analogue à ceux que nous connaissons, ayant une densité, une élasticité propre, doit aussi avoir une certaine température ; car nous ne concevons pas de corps dépourvu de toute espèce de calorique. Mais, si l'éther a une chaleur propre, elle doit diminuer par l'effet du rayonnement, et cette diminution de température implique nécessairement une condensation progressive et continue de l'éther.

En se reportant par la pensée aux premiers âges de la création, on voit cet éther se condenser d'abord vers un centre unique, former une liers. Il est cependant facile de comprendre que, l'œil retenant assez longtemps l'impression qu'il reçoit d'une étoile filante, on peut par cela même diriger l'instrument aux points où elle a paru et au point où elle s'est éteinte.

L'expérience est exacte dans la limite de peu de degrés. Elle est très-commode, et ne dure que quelques moments. Elle est également praticable au clair de la lune et dans un ciel presque couvert de nuages, circonstances qui, avec la méthode ordinaire des alignements, empêchaient presque tout moyen d'investigation.

Note 8, page 125.

On trouve dans le journal de Tilloch (*Philosoph. magaz.*, tom. LVII, 1821), que M. John Farey a été témoin à Gesport, dans la nuit du 9 au 10 août 1820, d'un nombre inaccoutumé d'étoiles filantes. Il y eut de même, le 10 août 1826, une apparition peu ordinaire de ces astres. Ce fait se trouve consigné dans le journal de météorologie publié par l'académie de Gesport. Depuis lors, et en 1841, tous les physiciens quels que soient les pays qu'ils habitent, ont remarqué combien le nombre des étoiles filantes était considérable pendant la nuit du 9 au 10 août, et les nuits suivantes. Il en a été de même cette année (1842). Il paraît donc démontré que ces astéroïdes ont des retours périodiques à peu près constants, et que, parmi les principales époques de ces retours, on doit signaler la première quinzaine du mois d'août, surtout aux approches du 10 de ce mois. Les retours qui ont lieu au mois de novembre, se présentent le plus fréquemment du 12 au 13.

Note 9, page 129.

La périodicité du retour des étoiles filantes aux deux époques des mois d'août et de novembre ont fait supposer à M. Erman que cette circonstance dépendait de l'existence des deux essaims ou courants d'astéroïdes que l'on rencontre sur l'écliptique vers le 10 août et le 13 novembre; ou, en d'autres termes, par $316^{\circ},5$ à $318^{\circ},5$, et par 50° à 51° de longitude héliocentrique. Ces deux courants s'interposent annuellement entre la terre et le soleil; le premier en des jours compris entre le 5 ou le 11 février, et le second du 10 au 13 mai.

Des conjonctions de ces deux genres ont exercé à plusieurs reprises des influences optiques tellement fortes, que l'éclat du soleil a paru comme effacé; car les étoiles ont brillé en plein jour.

Chacune d'elles opère aussi annuellement auxdites époques une extinction notable de rayons calorifiques du soleil, et par là fait baisser la température dans tous les points de la surface du globe. Les journaux météorologiques pour les mois de février et de mai nous offrent des preuves irrécusables de ces faits. Il suffit, pour les constater, d'une série d'observations embrassant un nombre d'autant moins considérable d'années, que le thermomètre est disposé dans un endroit où la variation de la température due au changement de déclinaison du soleil est plus grande vers l'époque de la conjonction dont on examine l'influence.

Ceci est un corollaire de ce que les astéroïdes du 10 août, loin de former dans le sens de leur orbite un groupe circonscrit, y sont au contraire répartis d'une manière uniforme; leurs emplacements respectifs constituent un anneau fermé le long de ladite courbe. Il est probable que cette dernière conséquence des conjonctions observées s'étend aussi à la distribution des astéroïdes du 13 novembre.

Cependant le fait si important avancé par M. Erman de l'interposition des amas nébuleux entre le soleil et la terre, en février et en mai, est appuyé sur des preuves trop légères pour être admis dans la science. Il faudrait, pour le considérer comme certain, qu'il fût démontré par des résultats météorologiques incontestables qu'il y a toujours eu une extinction des rayons calorifiques émanés du soleil lors de cette conjonction.

Les faits qui, d'après M. Erman, ont eu lieu le 28 février 1206, 25 avril 1545 et 12 mai 1706 ne coïncident pas en réalité avec les moments des passages par les nœuds. Si aujourd'hui ces époques paraissent se présenter en février et en mai, il résulte néanmoins des observations de M. Chasles, que le plan de l'orbite se déplace de manière qu'elles avancent d'un mois à peu près dans l'intervalle d'environ 125 ans.

Note 10, page 131.

M. Valz, directeur de l'Observateur de Marseille, a fait remarquer un résultat fort singulier du mouvement apparent des étoiles filantes. Il permet d'indiquer à l'avance que le 13 novembre ce mouvement a lieu dans le sens direct. Ainsi, au lieu de paraître provenir de la constellation du Lion, les étoiles filantes semblent à cette époque être dirigées vers elle et y aller concourir.

De même, au 10 août, elles ont un mouvement direct, ou semblent aller concourir vers les Gémeaux, au lieu de paraître émaner de cette constellation, ainsi que cela a eu lieu en 1838.

Cette opposition dans les directions apparentes ne s'est pas seulement manifestée pendant l'année 1838, mais dans une infinité d'autres. On peut citer comme un exemple les étoiles filantes qui ont été aperçues en 1841. La plupart de ces astres étaient dirigés de l'orient vers l'occident, conformément à la règle de M. Valz, puisque c'était une année impaire. Les mois d'août et de novembre ont présenté pendant plusieurs années consécutives des mouvements apparents opposés. Les directions pendant les années paires étaient dans un sens, tandis que celles qui avaient lieu dans les années impaires étaient dans un sens opposé. Sans doute les observations ne sont pas encore assez nombreuses pour considérer ces faits comme constants ; mais elles reposent sur des probabilités suffisantes pour engager les astronomes à les vérifier et à rechercher s'il a lieu régulièrement, ou s'il éprouve des intermittences plus ou moins longues. Dans les deux cas, on ne pourrait en rendre raison que par des variations d'excentricité dans l'orbite, dont il n'existe pas d'autre exemple analogue, et qu'on ne saurait d'ailleurs justifier. On doit cependant en conclure que le mouvement réel est direct, tantôt un peu plus lent, tantôt un peu plus rapide (Comptes rendus de l'académie des sciences de Paris, 1838, t. VII, p. 977).

Note 11, page 144.

On ne voit jamais les aérolithes tomber sur la terre, lorsqu'elles ont pénétré dans son atmosphère, en décrivant une ligne verticale. Elles suivent au contraire une direction plus ou moins oblique, qui se rapproche bien plus de la ligne courbe que d'une ligne droite. Cette circonstance et d'autres que nous pourrions ajouter, prouvent que la formation de ces astres n'a pas lieu dans l'atmosphère.

Note 12, page 144.

Si les aérolithes se formaient dans l'espace vers la limite de l'atmosphère par la réunion soudaine des matières terreuses et métalliques qui s'échapperaient de la terre à l'état de vapeur, il serait fort difficile de comprendre la gazéification de ces corps fixes par les moyens ordinaires. Le volume énorme des gaz qui devraient se solidifier pour former ces pierres, le vide que cette solidification devrait produire dans l'atmosphère, le trouble général qui devrait en résulter à la surface de la terre, trouble que l'on n'a jamais observé rendent cette supposition tout à fait inadmissible. M. Gay-Lussac avait montré son impossibilité en prouvant que l'air présente la même composition à toutes les hauteurs de l'atmosphère.

Nous avions cependant soutenu l'opinion que nous combattons dans un mémoire publié dans les Annales de chimie (an 1813); parmi les faits curieux que nous avions recueillis, nous avions déjà fait pressentir la périodicité de ce phénomène.

Note 13, page 152.

On peut concevoir entre la terre et la lune une certaine surface qui borne les parties de l'espace où chacun de ces astres a une plus grande force d'attraction. Cette limite doit être plus rapprochée de la lune que de la terre, parce que la masse de ce satellite est moindre que celle de notre planète. Une fois que la pierre lancée par le volcan lunaire est arrivée au delà de cette limite, ce qui peut avoir lieu dans une infinité de directions, elle devient un satellite de la terre.

Par sa petitesse, ce satellite éprouve nécessairement d'énormes perturbations, à raison de la masse considérable de la terre, de la lune, du soleil, par lesquels il est attiré. Si par ces perturbations il s'engage une fois dans l'atmosphère, la résistance qu'il y éprouvera anéantira bientôt sa vitesse propre. Il finira donc par tomber à la surface du globe comme dans le cas précédent.

Cette hypothèse pourrait être admise s'il était démontré qu'il existe dans la lune des volcans actuellement brûlants. Notre satellite ne paraissant pas avoir d'atmosphère, il faudrait en outre prouver que des combustions aussi violentes que celles qui produisent les éruptions volcaniques peuvent avoir lieu sans la présence de l'air ou d'un fluide aériforme quelconque. Enfin, on ne concevrait pas trop, dans cette hypothèse, la périodicité que paraissent avoir les apparitions des aérolithes.

Note 14, page 153.

La masse de cet aérolithe offrait des grains de fer métallique disséminés d'une manière homogène, ce qui lui donnait un caractère particulier. Ce caractère le distinguait de toutes les roches de notre globe; car jusqu'à présent le fer métallique ne paraît pas avoir été rencontré dans aucun produit de la nature inorganique. La facilité avec laquelle ce métal s'oxyde et passe à l'état de rouille est peut-être la cause de cette circonstance.

Cet aérolithe différait encore des roches terrestres en ce qu'il contenait en abondance un métal particulier, le nickel, dont nous connaissons au plus une douzaine de gisements en Europe. Ce métal ne s'y trouve pas à l'état métallique; au lieu d'être disséminé dans les roches, il constitue des filons. Le fer métallique de l'aérolithe de Château-Renard y était pour environ 10 pour cent, tandis que le nickel en quantité plus considérable s'y trouvait jusqu'à 18 pour cent.

Note 15, *page* 154.

Quelle que soit l'origine des aérolithes, il est certain que ces corps se meuvent dans l'espace ou dans l'atmosphère lorsqu'ils la traversent avec une extrême rapidité. Leur vitesse est quelquefois égale à celle de la terre dans son orbite. Ces astres suivent presque toujours une direction inclinée à l'horizon. Après avoir brillé d'un éclat très-vif pendant quelques instants, ils se brisent, font explosion avec un grand bruit, souvent à une hauteur considérable, jusqu'à plus de dix lieues au-dessus de la surface de la terre. On s'est assuré de ce fait en évaluant leur parallaxe d'après les observations faites simultanément, par exemple, à l'instant de leur explosion dans les lieux où on les avait aperçus.

On peut encore s'en former une idée en appréciant l'intervalle de temps qui s'écoule entre la production du son, suite de leur explosion et l'éclair qui résulte de leur inflammation dans l'espace ou dans l'atmosphère. M. Valz a employé cette méthode dans la détermination de la hauteur de l'aérolithe de Juvinas avec le plus grand succès (*Annuaire du bureau des longitudes pour* 1831). Les météorites qui pénètrent dans cette couche aériforme ne paraissent affecter aucune direction déterminée par rapport à la terre ; les uns vont d'orient en occident, d'autres d'occident en orient, du nord au sud, ou du sud au nord, quoique leur direction dominante ait lieu du nord-est au sud-ouest. Du reste, les observations les plus exactes prouvent que les astéroïdes émanent de tous les points et suivent toutes les directions.

Les périodes assignées par M. Cappoci aux retours des aérolithes se sont vérifiées de nouveau en 1840. Seulement, on en avait indiqué un pour le 29 juillet, et il a paru le 26, trois jours plus tôt que l'époque moyenne. Le retour du 10 août a eu lieu le 7. Enfin la chute d'un aérolithe arrivée le 17 juillet dernier en Lombardie, jour signalé pour l'apparition de ce phénomène dans des tableaux soumis il y a long-temps à l'académie de Naples, a prouvé la réalité de la périodicité de leurs retours. De pareils météores ont été aperçus dans le ciel, pendant un grand nombre d'années, à une époque antérieure à celle dont nous venons de parler ; une semblable coïncidence ne saurait être attribuée au hasard.

Si la totalité des aérolithes ne paraît pas toujours soumise à une périodicité manifeste, du moins le plus grand nombre a ses retours à des époques précises et déterminées.

Note 16, page 155.

On entend par comètes les astres composés ou non de traînées lumineuses plus ou moins étendues, auxquelles on a donné le nom de
queues par analogie. De là le mot comète qui veut dire chevelu. Aussi
les anciens nommaient-ils comètes tous les astres qui se déplacent en
traversant successivement diverses constellations. Mais, aux yeux des
modernes, ces astres doués d'un mouvement propre, parcourent des
courbes excessivement allongées. Les comètes disparaissent même souvent dans certaines parties de leur course, à raison de l'éloignement où
ils sont de la terre. La forme extrêmement allongée de leurs orbites
établit entre eux et les planètes une ligne de démarcation tranchée.

Note 17, page 156.

La comète de Encke, ou à courte période, disparut deux jours avant
son passage au périhélie, d'après l'observation directe de M. Valz.
L'extrême petitesse de cet astre, par suite de la prodigieuse condensation qu'il a éprouvée en s'approchant du soleil, a empêché de l'apercce-
voir depuis lors au milieu de l'immensité de l'espace. Il n'a plus été visible, comme tant d'autres astres du même genre, que nous ne retrouvons plus au milieu du ciel.

Note 18, page 179.

Ceux qui désireront avoir des détails plus étendus sur des astres longtemps l'effroi du vulgaire ne liront pas sans le plus vif intérêt le mémoire de M. Arago sur les comètes. Nous avons emprunté à cet écrit
les faits les plus importants de notre travail (*Annuaire du bureau des
longitudes pour* 1832).

Note 19, page 196.

La terre n'offre point une figure sphérique, la plus simple des figures
rentrantes, puisqu'elle ne dépend que d'un seul élément, la grandeur
de son rayon. Lorsqu'on eut reconnu, d'après la mesure des méridiens,
que la forme de la terre n'était pas celle d'un cercle, on crut que
l'ellipse étant après la sphère la plus simple des courbes rentrantes, la
terre devait être un solide formé par la révolution d'une ellipse autour
de son petit axe; mais les diverses mesures des degrés terrestres ont
prouvé que la figure de notre planète n'est pas exactement un ellipsoïde.
Elles ont démontré que la terre est aplatie dans le sens de ses

pôles, c'est-à-dire que l'axe des pôles est moindre que celui de l'équateur. Cette forme du globe terrestre et la mesure de son aplatissement sont non-seulement indiquées par les grands voyages géodésiques à l'équateur, dans les régions boréales, dans l'Inde et dans diverses autres contrées, mais elles sont en quelque sorte empreintes dans certaines inégalités du cours de la lune. Ces inégalités n'auraient point lieu si la terre était parfaitement sphérique, en sorte qu'on peut déterminer le degré de l'aplatissement terrestre par l'observation des seuls mouvements lunaires.

La terre est donc un corps arrondi, un ellipsoïde régulier qui présente un renflement à son équateur et un aplatissement à ses pôles. Cette configuration est au reste commune aux planètes de notre système solaire. Elles sont des ellipsoïdes renflés à leur équateur, aplatis à leurs pôles. Celles d'entre elles qui, comme Jupiter et Saturne, sont beaucoup moins denses et tournent sur elles-mêmes avec deux fois plus de rapidité que la terre, sont par cette double circonstance bien plus aplaties aux pôles que notre globe.

Cette configuration de la terre, et l'on peut ajouter de toute planète, est une conséquence de sa fluidité primitive et de la vélocité de son mouvement. Ainsi le globe et toutes les planètes du système solaire ont été fluides, grand et singulier phénomène, dont ne se doutent pas la plupart des hommes qui en foulent la croûte solide. Il a fallu à la science de longs travaux pour constater cette fluidité. Ce fait antique a déterminé dans les corps planétaires des conditions de structure qui l'ont dévoilé à travers un incalculable passé.

Sa généralité dans notre système solaire porte à croire qu'ici-bas comme dans l'univers, sur notre terre comme sur les autres astres flottant dans l'espace, les grandes lois de la nature sont les mêmes. Eclairés par le même soleil, emportés par la même attraction, terre, planètes et tout le reste du cortége sont liés intimement par des rapports de ressemblance et pour ainsi dire de fraternité.

Quant à la liquidité primitive du globe à laquelle celui-ci a dû sa forme, elle n'a pu dépendre que de deux causes, de l'eau ou de la chaleur. Entre ces deux actions il n'y a pas à hésiter, la chose est facile à comprendre.

L'eau ne forme que la cinquante-millième partie de la masse du globe. Ainsi, à la température de 13 ou 14 degrés qu'elle possède aujourd'hui, elle n'a pu dissoudre les portions terreuses ou métalliques qui composent notre planète. Lors même qu'elle serait beaucoup plus élevée, elle ne le pourrait pas davantage; car l'eau ne dissout pas, quelle que soit sa température, un poids de matière solide qui lui soit de beaucoup supérieur. Donc, pour que ce liquide eût pu dissoudre le globe terrestre, il aurait dû être en excès par rapport aux matières terreuses et métalliques. Or, le contraire est complétement démontré.

On ne serait pas plus avancé, si l'on voulait prétendre que l'eau liquide est retirée vers les profondeurs et le centre du globe; car sa moyenne densité est cinq fois plus grande que celle de l'eau. Donc, loin que les parties centrales de la terre soient occupées par l'eau, ce liquide a dû refluer et a reflué en effet à la surface, position que lui assignent d'ailleurs les lois hydrostatiques. Ainsi il n'y a pas sur notre globe assez d'eau, en la supposant chaude et aiguisée par les réactifs les plus énergiques, pour tenir en dissolution toute la partie solide.

Il faut donc, pour expliquer l'état liquide où s'est trouvée la terre à son origine, avoir recours au feu central. Son action paraît démontrée, puisque, indépendamment de la chaleur que lui envoie le soleil, le globe possède dans son intérieur une température d'autant plus élevée, qu'on s'enfonce davantage dans sa profondeur. Cette température est un reste de celle qui, aux premiers âges, a maintenu à l'état liquide, les matériaux les plus fixes et les plus denses.

Note 20, page 198.

Quoique les affinités chimiques aient dû agir avec énergie aux premières époques de la formation de notre planète, lorsque les matériaux qui la composent passaient de l'état gazeux à l'état liquide et à l'état solide, elles n'ont pas produit cependant des composés bien nombreux. Les molécules des corps animées d'une haute température, devaient pourtant se mouvoir en toute liberté, et, comme les éléments auxquels elles se rapportaient étaient nombreux, leurs combinaisons auraient pu être infinies, ou du moins très-considérables. Mais puisque la nature, ayant à sa disposition 55 corps élémentaires, n'a pas multiplié les composés qu'elle a produits, il faut qu'elle ait imposé aux combinaisons des corps bruts des lois absolues afin de les restreindre dans des limites fort étroites.

En examinant la partie aériforme, liquide et solide du globe, on est frappé de l'extrême simplicité de ces trois couches, sous le rapport de leur composition. Quatre éléments au plus forment l'air atmosphérique ou pour mieux dire l'atmosphère. Deux seulement peuvent être considérés comme essentiels, l'oxygène et l'azote. La constance de leurs proportions (quoique ces deux gaz y soient simplement à l'état de mélange) dans tous les temps, dans tous les lieux et à toutes les hauteurs, indiquent assez leur importance dans la constitution de la couche aériforme. Un de ces éléments s'y retrouve encore combiné avec deux autres corps, le carbone d'une part, et l'hydrogène de l'autre. Ces nouveaux composés, comme tous ceux qui forment la couche liquide et solide, annoncent l'influence de l'oxygène dans la formation du globe. Ce corps entre en effet dans la plupart des composés naturels ; il constitue aussi en partie l'acide carbonique, et l'eau qui comme cet acide fait aussi partie de l'atmosphère.

Il compose avec l'hydrogène toute la partie liquide de la terre, où il se trouve combiné avec les métaux et certains des métalloïdes qui forment les sels en dissolution dans les eaux des mers. Il est cependant un de ces sels, le chlorure de sodium, ou sel marin, auquel il est tout à fait étranger ; mais à part ce composé, dont le chlore fait une notable partie, l'oxygène se rencontre presque dans tous. Du moins la quantité des bromures et des iodures disséminée dans les eaux des mers y est si petite, qu'elle n'est d'aucune importance, surtout si on la compare à l'immensité du liquide dans lequel ces sels sont en dissolution. Ainsi, cinq ou six éléments au plus entrent dans la composition des eaux des mers, tandis que celle des eaux douces est bornée à deux seulement.

Une pareille simplicité se montre également dans la couche solide. En effet, la plus grande partie de l'écorce du globe est formée par trois espèces minérales, la silice, les silicates et le calcaire. La première en compose les $\frac{35}{100}$, la seconde les $\frac{55}{100}$, et la troisième seulement $\frac{5}{100}$. Il ne reste donc plus que $\frac{5}{100}$ pour les autres minéraux ; ce qui peut déjà nous donner une première idée de leur peu d'importance dans la structure de notre planète. Elle est d'autant moins grande, qu'à mesure que nous nous enfonçons dans la profondeur des couches terrestres nous voyons l'épaisseur et la prédominance des silicates augmenter de plus en plus, et ces roches finir par être à peu près les seules.

Si maintenant nous cherchons à reconnaître le nombre des corps élémentaires de ces composés, qui forment à eux seuls les $\frac{95}{100}$ de la totalité du globe, nous le verrons également très-restreint. Ainsi deux seulement constituent la silice ou le quartz, l'oxygène et le silicium. Cette même silice, en se combinant avec l'alumine, la potasse, la soude, la chaux et la magnésie forme les principaux silicates ; toutes ces bases sont aussi bien oxygénées que l'acide avec lequel elles sont combinées. Quant à la troisième espèce, ou le calcaire, nous y retrouvons la chaux, qui, au lieu d'être associée avec la silice comme chez les silicates, y est au contraire réunie à l'acide carbonique.

Huit ou neuf corps simples composeraient donc à eux seuls la très-grande partie de l'écorce du globe qui nous est connue, c'est-à-dire les $\frac{95}{100}$. Ces éléments seraient, en les nommant dans l'ordre de leur importance, l'oxygène que nous retrouvons partout, le silicium, le potassium, le sodium, l'aluminium, le magnésium, le calcium, le carbone et le fer. On pourrait tout au plus ajouter le soufre à ces éléments. Ainsi, moins du sixième de la totalité des corps simples qui nous sont connus (55) constituerait la portion du globe que nous avons fouillée. Mais encore dans les $\frac{5}{100}$ restants, ces neuf ou dix au plus éléments essentiels se montrent encore en combinaison avec les 45 ou 46 autres qui ne font pas partie de ces trois espèces essentielles à la formation du globe.

Malgré le grand nombre des corps élémentaires et les conditions favorables qui devaient en faciliter les combinaisons, rien n'est moins compliqué que la composition de la charpente solide du globe. La nature, en nous dévoilant toute sa puissance, semble nous avoir fait sentir qu'elle arrive constamment à ses fins, de la manière la plus simple, quelque nombreux et variés que soient ses moyens. Il est donc probable, par suite du plan d'unité si manifeste dans les œuvres de la création, qu'à mesure que l'analyse chimique fera des progrès, elle réduira le nombre des éléments ; car l'on ne conçoit pas trop de quelle utilité peuvent être pour la structure du globe, des corps qui ne paraissent pas y être pour quelques kilogrammes.

Quoi qu'il en soit, parmi les éléments, l'oxygène est celui qui a eu la plus haute influence dans la formation de notre planète. Il constitue les vingt centièmes du volume de l'atmosphère, et forme la troisième partie en volume, des gaz qui entrent dans la composition de l'eau. On le trouve en quantité immense dans les diverses roches qui, prises en masse, ne sont que des amas de substances oxydées.

Après l'oxygène vient le silicium dans l'ordre d'importance ; mais ce corps n'est jamais dans la nature à l'état de simplicité ; il y est au contraire constamment uni à l'oxygène, et il ne s'y trouve que comme silice. Or ce composé, sans autre combinaison analogue à celle qui forme les silicates, constitue les $\frac{35}{100}$ de la totalité du globe, auxquels il faut ajouter $\frac{27}{100}$ pour la silice qui entre dans la composition des silicates ; ce qui donnerait pour la totalité de celle dont la masse du globe est composée $\frac{62}{100}$. Mais, comme d'après M. Berzélius la silice est formée de 48,4 de silicium et de 51,6 d'oxygène, la part de ces corps relativement à la silice, serait de $\frac{17}{100}$; et comme les silicates forment à eux seuls les $\frac{55}{100}$ de la portion solide de la terre, ce n'est pas trop présumer d'admettre que l'oxygène en forme les deux tiers, c'est-à-dire environ les $\frac{36}{100}$. Ces $\frac{36}{100}$ ajoutés aux $\frac{17}{100}$ donneraient un total de $\frac{53}{100}$ pour la proportion de l'oxygène dans la partie solide de la terre, sans y comprendre la portion qui est combinée dans le calcaire et les $\frac{5}{100}$ des minéraux restants. Cet aperçu suffit pour faire juger la grande importance de l'oxygène dans les trois couches qui composent le globe terrestre, c'est-à-dire la couche aériforme, liquide et solide.

Note 24, page 201.

Quoiqu'il soit bien extraordinaire qu'un mélange ait des proportions constantes dans tous les lieux et à toutes les hauteurs, il est cependant démontré que l'azote et l'oxygène ne sont pas combinés dans l'air atmosphérique. Ils y sont en état de simple mélange, puisque la réfraction de l'air atmosphérique est une moyenne entre celle de l'azote et de l'oxygène, rapport qui n'a jamais lieu lorsqu'il y a réellement combinaison ; car alors la réfraction n'est pas la moyenne des deux corps qui font partie de la combinaison.

D'un autre côté, l'eau qui traverse l'atmosphère dissout une plus forte proportion d'oxygène que d'azote. Cette circonstance n'aurait certainement pas lieu, malgré la plus grande solubilité du premier, si les deux gaz étaient combinés.

L'état de mélange de l'azote et de l'oxygène dans l'air atmosphérique est loin d'être indifférent dans les desseins de la nature. Si elle l'a adopté, c'est à raison des avantages que devaient y trouver les êtres vivants qui y sont plongés. Il est de fait qu'il faut plus d'efforts pour détruire une combinaison que pour défaire, que l'on nous permette cette expression, un mélange. Il aurait fallu donner aux organes pulmonaires des animaux ou aux organes respiratoires des végétaux, une plus grande énergie que celle qu'ils possèdent, complication qui en aurait entraîné une foule d'autres dans l'organisation.

La nature s'est arrêtée, à cet égard, à ce qu'il y avait de plus simple et de plus avantageux aux êtres vivants. Elle a composé l'air atmosphérique d'un simple mélange d'oxygène et d'azote, et, en rendant le premier plus soluble que le second, elle a favorisé par là l'existence des animaux qui, ne respirant pas l'air en nature, ne reçoivent d'autre impression de l'oxygène que de celui en dissolution dans l'eau.

Enfin ce mélange devait être constant dans sa composition, pour permettre aux animaux de vivre dans toutes les parties du globe, et aux plantes de pouvoir se fixer fort loin des lieux où elles ont pris naissance. Sans cette uniformité, les animaux n'auraient pas résisté à des changements de pays aussi divers que ceux que parcourent les oiseaux et les poissons dans leurs voyages lointains et périodiques. La nature, loin de présenter cette variété, que les migrations introduisent dans ses productions, aurait été triste et monotone.

L'homme n'aurait pas pu se transporter dans toutes les régions de la terre, et amener avec lui les animaux qu'il a soumis à son empire, ou les végétaux qui peuvent lui être utiles. Il n'aurait pas pu, sans compromettre son existence, quitter les lieux qui l'ont vu naître, où il aurait été fixé par un destin impérieux. Voilà une partie des avantages d'un fait en apparence insignifiant, l'uniformité de composition du mélange gazeux qui constitue l'air atmosphérique.

Note 22, page 202.

La position du chlorure de sodium ou du sel marin, au milieu des terrains de sédiment de l'époque secondaire moyenne et peut-être aussi de la période tertiaire, mérite aussi bien l'attention que la quantité que l'on en découvre dans les eaux des mers, dans les étangs rapprochés de ces grands bassins, et dans les eaux salées qui découlent de l'intérieur de la terre. Ce sel forme environ les deux centièmes et demi de l'eau de mer, et sa proportion est encore plus considérable dans les eaux salées, comme celles des étangs qui perdent plus d'eau par l'évaporation, qu'elles n'en reçoivent.

Les chlorures de magnésium et de calcium, qui se trouvent aussi dans l'eau de la mer, contiennent une proportion considérable de chlore. Les diverses masses de sel gemme enfouies dans les couches des terrains secondaires et tertiaires, en renferment encore un volume important. Cependant, malgré la grande quantité de sels qui ont été déposés dans la mer, soit par voie chimique, soit par voie mécanique, il y a peu de traces de chlorides parmi ces dépôts, quelle que soit d'ailleurs leur abondance.

Si réellement les amas de sel gemme se rencontrent dans les terrains supérieurs à la craie, comme l'on suppose que sont ceux de Lunebourg en Hanovre, de Segeberg en Holstein, de Wieliecka et de Bochnia en Pologne, et enfin de Cordona en Espagne, cette substance ne serait point bornée aux formations secondaires. Mais cette question géologique n'est point décidée, et les doutes les plus graves s'élèvent encore sur la véritable position de ces divers amas, dont plusieurs paraissent appartenir à des dépôts bien anciens. En effet, d'après M. Boué, ceux de la Pologne se rapporteraient aux terrains pœciliens ou aux grès bigarrés.

Si l'opinion de M. Boué était fondée, et que les autres masses de sel marin dépendissent, aussi bien que ceux de la Pologne, des formations secondaires, on s'expliquerait facilement leur formation. Du reste, on peut aussi la concevoir, en la supposant propre à l'ensemble des terrains de sédiment, soit secondaires, soit tertiaires, comme le restant des épanchements de matières portées de l'intérieur de la terre à l'extérieur et à diverses époques. Ces épanchements se seraient ainsi successivement opérés sans avoir des places bien fixes au milieu des formations sédimentaires. Il en serait de ces éjections comme de celles du gypse, substance qui avec les argiles muriatifères accompagne constamment le chlorure de sodium. On ne pourrait pas en dire de même des épanchements qui ont déversé au dehors des masses plus ou moins considérables de dolomies. Du moins ces roches ne paraissent pas se montrer dans les terrains supra-crétacés ; elles sont au contraire bornées aux formations secondaires, quoiqu'elles se trouvent aussi bien dans les volcans éteints qu'au milieu des produits rejetés par les volcans brûlants.

L'hypothèse qui considère les amas de sel gemme opérés par de véritables épanchements, est fondée sur ce que les volcans actuels, tels que le Vésuve, ainsi que ceux de Ténériffe, de l'île Bourbon et d'Hécla, rejettent aussi quelquefois des masses de sel gemme. On en voit également une preuve dans les amas fort étendus de sel ammoniac que l'on rencontre au pied du grand Altaï, amas qui sortent des solfatares ou des volcans en activité. Il serait possible encore que les dépôts de chlorure de sodium fussent des relaissés des sels contenus dans les mers ou dans les grands lacs salés des temps géologiques. Ce qui donne du poids à cette supposition, c'est que nulle part le sel ne forme la masse principale des dépôts où on le découvre. Il y est subordonné à des couches épaisses d'argiles ou de marnes au milieu desquelles il forme, avec le gypse qui l'accompagne à peu près constamment, des amas ou des nids plus ou moins considérables dans lesquels il est disséminé. Comme le sel marin se présente dans toutes les parties du monde, et qu'il forme des masses immenses et même des montagnes, il faut que les causes qui ont concouru à sa formation aient été aussi générales que puissantes.

Note 23, *page* 205.

Les faits prouvent donc que la proportion d'acide carbonique disséminée dans l'atmosphère, et qui varie maintenant de 4 à 6 millièmes, a été jadis beaucoup plus grande. On en trouve en quelque sorte la démonstration dans les masses immenses de charbon que nous ont laissé les anciens végétaux, masses d'autant plus considérables que les végétaux dont elles sont les restes, ont appartenu aux âges géologiques les plus rapprochés de l'apparition des êtres vivants.

Il est cependant difficile de supposer que cette primitive végétation

a été favorisée par un terreau abondant, puisque rien ne l'avait pré-
cédée. Il a donc fallu qu'elle trouvât dans l'air un aliment propre à
faciliter son développement; cet aliment paraît avoir été un excès d'a-
cide carbonique. Une autre circonstance prête à cette hypothèse un
appui puissant; c'est l'absence de presque tout animal respirant l'air
en nature, à l'époque où la végétation qui a formé les bancs si étendus
des charbons de pierre développait toute son activité et toute sa vigueur.

Le grand nombre de volcans brûlants de l'époque géologique a été
sans doute utile au développement de l'ancienne végétation. En pro-
duisant une forte proportion de vapeurs ammoniacales, ils ont fourni
aux végétaux l'azote qui leur est si nécessaire, et que ne pouvaient leur
donner les animaux terrestres, puisque ceux-ci n'existaient pas encore.

Les premiers végétaux et les reptiles qui leur ont succédé ont probablement servi à diminuer l'excès de l'acide carbonique de l'atmosphère, et à la rendre ainsi propre à la vie des animaux qui ont besoin
d'un air plus riche proportionnellement en oxygène que n'était celui
des anciens âges.

Une autre cause n'a pas été sans influence; elle tient à la formation
des roches calcaires, jusqu'alors peu abondantes. Ce n'est en effet qu'a-
près la végétation des terrains houillers, que le calcaire est devenu la
roche générale des formations de sédiment. Or, comme elle est formée
par la chaux et l'acide carbonique, on ne voit pas pourquoi la première
de ces substances, dont l'affinité pour le gaz du charbon est des plus
grandes, ne l'aurait pas absorbé et n'en aurait pas ainsi dépouillé,
du moins en grande partie, l'air atmosphérique.

Aussi, après la formation des calcaires secondaires, les animaux qui
respirent l'air en nature, et les végétaux les plus compliqués, c'est-à-
dire les dicotylédons, ont dominé sur la scène de l'ancien monde, et
ont succédé aux animaux et aux plantes dont les analogues vivent encore dans les lieux les plus chauds et les plus humides.

Le carbone, indépendamment de ce qu'il existe dans l'atmosphère
à l'état d'acide carbonique, et de sa présence dans les corps organisés
vivants, est encore enfoui dans l'écorce terrestre en proportion notable,
soit dans les végétaux fossiles, soit dans les calcaires qui composent les
$\frac{5}{100}$ de la totalité de la surface du globe. Quant à l'acide carbonique
disséminé dans ces roches, il en compose à peu près la moitié du volume. L'analyse la plus exacte y découvre de 40 ou 43 pour cent du
poids total du carbonate de chaux.

Le carbone se trouve également dans certaines variétés de houille,
puisqu'il forme jusqu'aux trois quarts de leur poids. D'un autre
côté, l'acide carbonique étant composé de volumes égaux de vapeur de

25

carbone et d'oxygène, le volume de la vapeur de carbone condensée dans les couches calcaires doit être énorme. Si donc la totalité du carbonate de chaux dont les masses calcaires sont formées, et celui qui est disséminé dans les roches était décomposé, le volume de l'acide carbonique, ainsi devenu libre, serait extrêmement considérable.

Il faut encore ajouter l'acide carbonique qui se dégage des eaux minérales et des fissures de l'écorce terrestre, pour se faire une idée complète de l'importance de ce corps dans la formation de notre planète. A la vérité, ces dégagements sont des accidents locaux, limités le plus souvent, soit aux régions volcaniques anciennes, soit à celles où il existe des volcans en activité. Néanmoins, la proportion qui s'en déverse de cette manière doit avoir une assez grande influence, surtout si l'on y comprend le volume moyen de cet acide qui se dégage annuellement par les orifices volcaniques eux-mêmes.

Note 24, *page* 208.

Il est difficile, lorsqu'on compare l'étendue de l'ancien Océan avec l'Océan actuel, de ne point admettre que les eaux salées occupaient jadis des espaces bien plus considérables. Il en était de même des eaux douces, à en juger du moins par la grandeur des dépôts qu'elles nous ont laissés. D'un autre côté, comme à l'époque où ces quantités d'eau existaient sur la terre la température était plus élevée, il est difficile de ne point admettre que l'évaporation entretenait aussi une plus grande humidité dans l'atmosphère.

On est d'autant plus porté à adopter cette supposition, que les végétaux et les animaux des anciennes époques, sont analogues à ceux qui vivent maintenant dans les lieux à la fois chauds et humides. D'une part, ce sont des lycopodiacées, des prêles gigantesques et des fougères arborescentes; et de l'autre, des reptiles des plus grandes dimensions, ou des libellules, insectes qui habitent le bord des eaux. A la vérité, les mollusques des eaux douces se sont peu montrés à ces premiers âges, quoique les espèces marines y aient été fort nombreuses. Cette circonstance, encore inexpliquée, tient peut-être à ce qu'à cette époque les eaux douces n'étaient ni bien séparées ni bien distinctes des eaux salées.

Note 25, *page* 212.

L'organisation des anciens reptiles, quoiqu'elle ait été le résultat des mêmes lois que celles des espèces vivantes, en différait cependant assez pour faire supposer que les premiers de ces animaux avaient été soumis à des conditions différentes. Les détails de leur structure font supposer des milieux ambiants, peu analogues à ceux sous l'influence desquels vivent aujourd'hui les reptiles. Ce qui semble confirmer cette supposition, fondée du reste sur l'ensemble de l'organisme des uns et des autres, c'est que les races anciennes de cet ordre d'animaux ont vécu à peu près seules à l'époque où elles ont pris leur plus grand développement. Elles ne paraissent du moins avoir été accompagnées par d'autres animaux terrestres, que par des insectes; encore ces articulés n'appartenaient-ils pas à des ordres extrêmement variés.

La rareté des animaux qui respirent l'air en nature est frappante aux premiers âges de la terre, même lorsqu'une végétation vigoureuse couvrait les parties des continents hors du sein des eaux. Ainsi on rencontre dans les terrains de transition un très-petit nombre d'insectes ayant appartenu à quatre classes différentes. Il est du reste fort douteux que les cinq genres qui y ont été indiqués se rapportent à cet ordre de formations. On n'a reconnu dans les terrains houillers que trois genres d'insectes, et deux individus d'un genre d'arachnides de la famille des scorpionides. On commence cependant de découvrir dans ces terrains quelques mollusques à respiration aérienne, parmi lesquels on a signalé des hélix et des hélicines. C'est à ces espèces, dont le nombre des individus est fort restreint, que se réduisent les animaux terrestres de cette première période.

Cette excessive rareté, surtout lorsqu'on la compare avec le nombre des espèces marines qui existaient dans ces premiers âges, annonce nonseulement l'étendue que les mers avaient alors, mais surtout que l'atmosphère n'était pas propre à la vie de pareils animaux. Un semblable état de choses s'est perpétué pendant toute la seconde période, quoique les reptiles aient paru dès la première époque de cette même période, et qu'ils aient pris un extrême développement lors de la cinquième époque. Toutefois, la plupart de leurs espèces étaient essentiellement aquatiques. D'un autre côté, quoique les insectes aient paru en certain nombre à la même époque, ils ont été loin d'y être dans la même proportion que lors de la période tertiaire. On les remarque autant dans ces terrains par leur variété que par la quantité des individus qui se rapportaient à chaque espèce en particulier.

Ce n'est donc que pendant cette période que les animaux terrestres ont pris un certain développement, non pas sans doute comparable à celui qu'ils ont acquis maintenant, mais hors de proportion avec leur nombre lors des premières et des secondes périodes.

Note 26, *page* 213.

L'oxygène de l'air est, comme on le sait, consommé par les animaux dans l'acte de la respiration ; mais il est rendu à l'atmosphère par les plantes, en vertu de la propriété qu'elles ont de décomposer sous l'influence de la lumière l'acide carbonique.

Cette action des végétaux n'est pas cependant sensible sur la constitution de l'air atmosphérique, à raison du volume immense d'air qui environne le globe, et qui contient une quantité d'oxygène telle que, n'eût-il aucun moyen de se régénérer, et les hommes et les animaux fussent-ils encore plus nombreux, cet oxygène suffirait aux besoins de leur respiration pendant plusieurs centaines de milliers d'années.

En supposant, du reste, une absence complète de végétaux et d'animaux à la surface de la terre, l'oxygène de l'air ne diminuerait que de $\frac{1}{8000}$ au bout d'un siècle.

Ce n'est donc pas pour purifier l'air, pour y régénérer l'oxygène, que les végétaux sont utiles ; mais c'est surtout pour préparer l'alimentation des espèces animales. On ne saurait donc trouver dans les plantes, ni dans les animaux, une cause propre à opérer le moindre changement dans la composition de l'air atmosphérique. Si les effets qu'ils produisent sont différents, ils se compensent mutuellement.

Les quantités d'acide sulfureux, de chlore et de ses composés, qui se forment dans certaines combustions, et principalement dans les éruptions volcaniques, sont en trop petite quantité pour avoir quelque influence sur l'atmosphère et y produire quelque changement. Ces productions de chlore et d'acide sulfhydrique ou d'acide sulfureux n'ont pas lieu du reste dans toutes les éruptions ni dans toutes les régions, mais uniquement dans certaines contrées.

Ainsi les volcans de l'Italie sont à peu près les seuls qui exhalent de l'acide hydrochlorique. Il paraît s'y produire par le concours de l'eau et de quelque acide sur les chlorures. Toutes les fois que, dans ces volcans, les laves ont le contact de l'eau, il s'y forme constamment de l'acide hydro-chlorique et à toutes les températures.

Les volcans de l'Amérique offrent au contraire de l'acide carbonique, de l'acide sulfhydrique, et enfin une grande quantité de vapeur d'eau, vapeur que lancent en abondance les volcans de l'Italie. On y observe, dans les uns comme dans les autres, du gaz sulfureux et de l'azote ; mais ils semblent y être accidentels. Les volcans de l'équateur ne lancent donc pas au dehors les mêmes gaz, car on peut encore citer l'hydrogène, parmi ceux particuliers aux foyers brûlants de l'Italie. Du reste, ces gaz auraient sans doute des effets très-funestes si leur quantité pouvait être considérable dans l'atmosphère. Rien ne peut le faire prévoir ; car leur proportion a diminué d'une manière sensible depuis l'apparition de l'homme, à en juger d'après le nombre des volcans éteints. Cette cause perturbatrice, comme toutes celles de désordre qui ont longtemps agi à la surface de la terre, a diminué singulièrement dans son action et son intensité. Aucune circonstance ni aucun fait physique n'annonce donc que l'atmosphère puisse éprouver dans l'avenir quelque changement notable analogue à ceux qu'elle paraît avoir ressentis dans les temps géologiques.

Note 27, page 214.

De pareils effets ne seraient possibles que si les espèces vivantes pouvaient se transformer les unes dans les autres. Voyons ce qu'il en est de ces prétendus passages, qui, considérés d'une manière absolue, pourraient d'une monade en faire par degrés des êtres de plus en plus parfaits, et arriver ainsi jusqu'à l'homme.

Si de pareils passages s'étaient opérés entre les espèces de l'ancien monde et celles du monde actuel, on en découvrirait quelques traces dans les couches de la terre où sont ensevelies les générations des temps géologiques. Ces générations s'étant succédé avec une certaine lenteur, si elles s'étaient transformées les unes dans les autres, on devrait trouver des individus intermédiaires entre telle ou telle espèce bien déterminée. On n'observe cependant rien de semblable, ce qui serait bien extraordinaire, si on admettait une fusion entre elles, puisqu'elles se sont succédé en raison directe de la complication de l'organisation.

D'un autre côté, si ces passages avaient réellement lieu, on devrait en voir les effets dans les espèces ensevelies dans les anciennes catacombes, ou qui sont gravées sur les monuments de l'antiquité. Or, comme ni les unes ni les autres ne montrent la moindre différence avec les espèces auxquelles elles se rapportent, il est naturel d'en conclure que deux ou trois mille ans ne sont pas suffisants pour opérer de semblables métamorphoses. Il faudrait donc, pour les admettre, avoir recours à une hypothèse gratuite, ou se rejeter dans des espaces de temps presque indéfinis, et leur supposer un pouvoir que n'auraient pas eu les temps que nous pouvons apprécier.

Faute de pareils appuis, ceux qui ont admis ces métamorphoses ou ces fusions des espèces les unes dans les autres, ont invoqué l'influence des modifications que les animaux éprouvent aux différentes époques de leur vie ; ils ont cru prouver ces passages à l'aide de leur influence. Examinons donc cette question sous ce nouveau point de vue.

L'homme a été considéré comme un exemple remarquable de ces transformations. Cet exemple a paru d'autant plus digne d'attention, qu'à la tête de la série animale, l'espèce humaine ne semblait pas devoir retracer dans ses développements les divers états permanents des espèces inférieures. Nous observerons à cet égard, qu'il n'existe entre l'embryon humain et les divers animaux que de simples ressemblances, et jamais une identité parfaite. Ces ressemblances sont tellement transitoires, que l'embryon humain ne rappelle plus, dès le troisième mois, que le type de l'espèce humaine, et ne peut plus alors être comparé à l'état permanent d'aucun autre animal.

Aussi les partisans de l'opinion que nous combattons ont eu tantôt recours à la configuration et à la consistance, et tantôt à la disposition de tel ou tel système d'organes. Aussi, lorsqu'ils ont voulu comparer l'embryon humain à un mollusque, ils ont invoqué la mollesse de ses tissus dans les premiers moments de sa formation. Lorsqu'on a voulu l'assimiler ou le rapprocher d'un insecte, on a fait remarquer la disposition primordiale linéaire du cœur et des vaisseaux principaux. Enfin, lorsqu'on a entendu montrer les analogies de l'embryon humain avec les poissons, on a parlé des branchies ou des apparences de pareils organes, qu'il paraît présenter aux premiers instants de sa formation.

Un être n'est pas mollusque parce que sa structure est lâche et sa consistance molle. Il l'est en vertu d'un type particulier d'organisation, et non sous un tout autre rapport. De même, un animal n'est pas poisson, parce qu'il a des branchies à une époque quelconque de sa vie ; car ces organes ne forment pas le seul caractère essentiel de cet ordre d'animaux. Il est en effet une foule d'êtres qui ont un pareil système respiratoire, et qui cependant ne sont pas pour cela de véritables poissons.

Dans tous les cas, ce ne peut être par une circonstance isolée, comme celle de la disposition d'un organe ou d'un système d'organes, que l'embryon humain retrace telles ou telles espèces inférieures. Des ressemblances aussi fugaces et aussi limitées, ne peuvent nullement justifier et encore moins démontrer la généralité et la justesse de l'hypothèse des transformations.

D'ailleurs ces analogies n'ont été établies que sur des organes d'une existence douteuse. Les branchies ou les apparences branchiales de l'embryon humain, de l'aveu même de Rahké, qui les a découvertes sur les côtés du cou, disparaissent quelques jours après leur formation. Dès lors, qui pourrait affirmer qu'on n'a pas été victime de quelque illusion dans la détermination de parties dont la réalité est incertaine et la durée si courte.

Du reste, la succession des ressemblances de l'embryon humain avec les diverses espèces animales n'est pas rigoureusement en harmonie avec l'échelle zoologique. Loin de représenter tour à tour un zoophyte, un articulé ou un mollusque, l'être humain, vers la première moitié du second mois, est à la fois mollusque par sa consistance, reptile par son système vasculaire, poisson par ses branchies, mammifère inférieur par son prolongement caudal, et réellement homme par la prédominance de l'appareil cérébral ou de la substance qui en tient lieu.

On ne saurait donc voir une gradation rigoureuse dans les diverses phases de la vie embryonnaire. Ainsi, c'est sans fondement qu'on nous a représenté une monade placée dans l'ovaire d'une femme, se transformant, par suite de métamorphoses plus ou moins nombreuses, en homme, après avoir passé par toutes les formes animales.

Si le principe par lequel on a voulu considérer les phases de l'évolution des êtres supérieurs, comme la traduction temporaire de l'état permanent des animaux inférieurs, était entièrement vrai, il faudrait que ces derniers dans leur développement successif ne présentassent aucun des traits propres au développement des animaux, qui occupent le haut degré de la série. Cependant les faits sont en opposition avec cette marche. En effet, les larves de beaucoup d'insectes respirent par des branchies, tandis que les individus parfaits exercent la même fonction au moyen des trachées. Néanmoins ce système respiratoire est inférieur au premier. Il n'est donc pas toujours nécessaire que toutes les parties de l'organisation animale se perfectionnent pour faire arriver un être à son plus grand degré de complication.

Sans doute, les têtards dans leur jeune âge sont de véritables poissons, et perdent leurs branchies pour acquérir des poumons, c'est-à-dire des organes propres à respirer l'air en nature. Avec ce perfectionnement de leurs organes respiratoires, ces animaux en éprouvent une infinité d'autres, par suite des nouvelles conditions auxquelles leur vie va les soumettre. Ainsi, le têtard, en perdant sa nageoire caudale et ses branchies, acquiert en même temps quatre organes locomoteurs et des poumons. De poisson qu'il était aux premières époques de sa vie, il devient grenouille ou reptile. De même son appareil digestif, qui dans le principe était organisé pour l'alimentation végétale, perd son premier caractère et prend celui qui convient à l'alimentation animale.

Ici le perfectionnement de l'organisme est complet ; il résulte en quelque sorte de la transformation d'un animal à formes et à organisation zoologique inférieure, à une supérieure, dans laquelle le nouvel être doit vivre et engendrer. Cette transformation, quelque considérable qu'elle puisse paraître, ne fait pas passer l'être qui l'éprouve, de grenouille à la forme de lézard, genre de reptile dont l'organisation paraît plus avancée. Le perfectionnement du têtard en grenouille s'arrête à ce point. Il ne s'étend pas au delà, preuve évidente et sensible que ces métamorphoses sont toujours limitées, et n'arrivent jamais au delà du but qui leur a été assigné dans les desseins de la nature.

Si ces changements successifs sont plus fréquents et plus marqués chez les êtres inférieurs que chez les supérieurs, c'est que les premiers ont plus de distances à franchir que les seconds, pour arriver au summum de complication. Mais les êtres les plus simples, comme les plus élevés dans la série animale, ne peuvent, par suite des variations que leur organisation éprouve aux diverses phases de leur vie, se transformer les uns dans les autres, de manière à former une chaîne non interrompue dans la série des êtres.

Du reste, lors même que l'existence des fissures branchiales serait aussi certaine que le prétend Rahké, on serait toujours en droit de se demander si elles ne dépendent pas plutôt d'un état pathologique ou d'une sorte de développement, que d'une condition anatomique de cette phase de la vie embryonnaire. Pour affirmer que ces fissures sont permanentes dans un certain état de l'évolution fœtale, il faudrait les avoir rencontrées dans des fœtus humains à peu près de la même époque. On devrait également être certain qu'elles ne tiennent pas à un état morbide de la mère ou de l'embryon.

L'observation à cet égard est extrêmement difficile ; heureusement pour l'humanité qu'il est fort douteux qu'on n'ait pas été victime de quelque erreur. Si ces organes branchiaux étaient réellement essentiels, et exerçaient quelque influence sur la vie du fœtus, ils ne seraient certainement pas aussi limités, et seraient loin de durer aussi peu. La permanence des organes est en effet liée à celle de leur nécessité et de leur importance lors de la vie embryonnaire ou lors de la vie fœtale.

Les connaissances sont encore si peu avancées sur le mode même de la respiration du fœtus, qu'il règne le plus grand désaccord à cet égard entre les auteurs les plus modernes. Ainsi, d'après M. Geoffroy Saint-Hilaire, le fœtus absorbe de l'air ou tout autre gaz vivifiant par toute la surface du corps, au moyen des espèces de trachées analogues à celles que l'on voit chez les insectes. Il se pourrait encore, d'après lui, que cette absorption eût lieu par les petites fissures placées sur les côtés du cou chez les jeunes embryons.

Cette alternative ne peut avoir été proposée, que parce que l'existence des trachées chez le fœtus n'y est pas plus démontrée que celle des fissures branchiales, ces deux modes de respiration s'excluant pour ainsi dire l'un l'autre. Mais il est de fait que le fœtus, tant qu'il est dans le ventre de sa mère, n'absorbe nullement de l'air ni aucun gaz quelconque. Il vit seulement au moyen du sang oxygéné, qu'il reçoit de sa mère et qui vivifie celui qu'il envoie au placenta. Par cette absorption, sa vie est entretenue, et il profite de la respiration dont jouit seule celle qui l'a engendré.

Dans ces derniers temps, M. Serres, cherchant à expliquer le mode de respiration propre à l'embryon humain, a cru qu'il s'opérait par un appareil d'organe provisoire, et en second lieu par un organe définitif. D'après lui, pendant les quinze ou vingt premiers jours de la vie embryonnaire, les villosités du chorion perçant la caduque réfléchie et plongeant dans le liquide contenu dans cette dernière membrane constitueraient un véritable appareil branchial. Le placenta se charge de cette fonction à mesure que l'appareil branchial perd de son importance. Ainsi, d'après cet anatomiste, le sang du fœtus, arrivant au placenta par les artères ombilicales, est vivifié par le contact médiat du sang de la mère, de même que le sang des artères pulmonaires, l'est par l'air atmosphérique dans le poumon de l'adulte.

Trois circonstances essentielles lui paraissent confirmer cette modification imprimée au sang du fœtus dans le placenta: 1° la rapidité avec laquelle le fœtus succombe, lorsque la tige ombilicale étant aplatie par la compression, la circulation est interrompue dans le cordon ; 2° les phénomènes pathologiques de l'asphyxie que l'on constate toujours à l'autopsie ; 3° l'antagonisme qui existe entre le placenta et le poumon.

L'enfant nouveau-né peut en effet se passer de la respiration pulmonaire, tant que la communication entre lui et le placenta n'est pas interrompue. Mais elle peut être interceptée sans danger, lorsque le fœtus respire par les poumons.

Quoique MM. Geoffroy Saint-Hilaire et Serres aient adopté le même principe d'évolution embryonnaire, ils ne s'accordent pas cependant sur le siége de l'appareil branchial et même sur sa réalité. Dès lors l'existence de ces prétendus appareils branchiaux étant tout au moins douteuse, il est difficile d'asseoir sur elle la théorie des transformations que subirait l'embryon humain. Les faits sur lesquels on l'a appuyé ne justifient donc pas cette proposition fondamentale de M. Geoffroy Saint-Hilaire, qui l'a formulée en ces termes. « Les êtres inférieurs sont comme des embryons permanents des êtres supérieurs, et réciproquement les êtres supérieurs, avant de présenter les formes définitives qui les caractérisent, ont offert transitoirement celles des êtres inférieurs. »

On a bien tenté de corroborer cette proposition, en portant l'attention sur quelques traits de ressemblance de l'homme et des animaux inférieurs. Mais, dans des questions de ce genre, il ne faut pas seulement avoir égard à quelques similitudes, il faut encore porter son attention sur l'ensemble de l'organisme et sur tous les appareils qui concourent à l'exercice des fonctions. Autrement on s'appuie sur des faits isolés, sans relations avec la généralité de l'organisation comme ayant une importance plus grande que celle qu'ils ont réellement.

D'après cette manière d'envisager les faits, on a cru que tous les êtres étaient formés sur un même plan, ce qui n'empêchait pas que certains animaux eussent des anomalies produites, les unes par défaut ou arrêt dans tel ou tel système d'organes, et les autres par excès de développement ou par déviation organique. La raison de ces anomalies, du reste apparente, ne paraît pas tenir à ces circonstances, mais dépendre des conditions d'existence auxquelles sont soumises les espèces. Aussi, lorsque ces conditions éprouvent quelques différences notables, l'organisation, liée à elles d'une manière nécessaire, se conforme toujours aux changements et aux modifications qu'elles subissent. Si donc l'organisation est en rapport avec la nature des milieux dont les êtres vivants ressentent l'influence, ces milieux n'ayant pas été les mêmes à toutes les époques, pas plus qu'ils ne le sont maintenant dans les diverses contrées de la terre, les végétaux et les animaux ne peuvent pas tous avoir été formés sur un plan unique, quoique les lois de leur organisation soient et aient été constamment les mêmes. Ce plan change et se modifie avec les conditions nouvelles, et produit des êtres totalement différents de ceux qui n'en ont pu supporter les changements.

C'est ce qui est arrivé aux anciennes générations qui n'ont presque rien de commun avec les générations actuelles, si ce n'est que les unes et les autres ont été formées d'après les mêmes lois d'organisation, qui depuis l'origine des choses, ont présidé à l'harmonie générale des êtres. Cette constance du type primitif des êtres vivants est le fait le plus remarquable de la nature animée. Elle tient peut-être aux modes de propagation donnés à chacun d'eux pour se perpétuer, enfin à ce que la génération est le moyen unique dont la nature s'est servie pour la transmission des mêmes fonctions et des mêmes caractères. Cette importante fonction est en quelque sorte comme le *criterium* des mêmes espèces.

On n'observe plus chez aucun être organisé de véritables métamorphoses du moment où cet être a acquis la faculté d'engendrer. Les animaux ne procréent jamais qu'à l'état parfait ; ce dernier état caractérise donc seul l'espèce. Tous les modes qui le précèdent ne peuvent être rapportés à aucune espèce particulière, quelque ressemblance qu'ils puissent présenter d'ailleurs avec certaines d'entre elles. Si les transitions qui signalent le développement d'un être représentaient autant d'états spécifiques, cet état devrait les reproduire d'une manière permanente. Or, précisément le contraire résulte des observations précédentes ; elles démontrent que jamais, et à aucune des phases de la terre, les espèces n'ont passé les unes dans les autres.

Note 28, page 249.

Bien différent de l'ancien monde, qui offrait les mêmes espèces dans les régions les plus diverses, à raison de l'uniformité de la température, la distribution des êtres vivants est aussi inégale dans le monde actuel que celle de la chaleur. Chaque contrée est distinguée à la fois par la nature de ses productions et les phénomènes qui en caractérisent le climat. La variété a ainsi succédé à l'uniformité et à la monotonie des premiers âges ; elle a été d'autant plus manifeste qu'aux causes actuelles l'homme, par ses voyages multipliés, a ajouté son influence en modifiant la distribution primitive des espèces vivantes.

L'observation relative à la distribution des êtres à la surface du globe indique une analogie frappante entre le mode de répartition des végétaux et des animaux. On ne peut s'en rendre compte qu'en supposant l'existence primitive d'un certain nombre de foyers de création épars à la surface du globe et la formation dans chacun de ces points d'un certain nombre d'espèces particulières, dont les tribus se sont peu à peu dispersées et étendues.

Partout on aperçoit des indices de l'influence de la chaleur, tant sur la première formation de ces êtres que sur leur disposition subséquente. La température paraît une des principales forces régulatrices de ce phénomène. Du moins une chaleur élevée est une des conditions les plus favorables pour la multiplicité des espèces et la perfection de leur organisation. On reconnaît en effet partout l'existence d'un certain rapport entre le climat des diverses régions et les formes des êtres qui l'habitent.

Sans doute les règles qui découlent de cette étude n'ont pas toute la netteté et la constance que l'on se plaît à rencontrer dans les sciences exactes ; mais il ne faut pas en conclure que les tendances qu'elles indiquent n'en sont pas moins réelles.

La distribution géographique des animaux et des végétaux est encore intéressante à étudier sous un autre rapport, c'est celui de ses relations avec la valeur des caractères sur lesquels on établit des coupes généri-

ques ou même spécifiques. Lorsqu'on examine ces groupes d'espèces auxquels on a donné le nom de famille ou de genre, les uns
paraissent habiter certaines contrées du globe quelquefois très-limi-
tées, tandis que les autres sont répandus sur une plus grande étendue
de pays. Enfin, parmi eux, il en est, mais en fort petit nombre, qui
semblent avoir été jetés sur la plus grande partie et quelquefois même
sur la presque totalité du globe.

Certaines tribus, comme certains genres, se font remarquer par un
facies particulier et une ressemblance des plus grandes dans leurs
formes et leurs couleurs. Dans ce cas, ces familles ou ces genres sont
très-naturels, ce qu'indiquent assez leurs analogies. Après ceux-ci,
on trouve d'autres tribus et d'autres genres en plus grand nombre, que
l'on peut regarder encore comme naturels, mais qui le sont cependant moins que les précédents. Toutes les espèces qui les composent
ont bien entre elles d'assez grandes analogies; mais on y reconnaît des
différences plus prononcées dans leurs formes et surtout dans leurs
couleurs.

Plus donc un genre est naturel, plus il se trouve confiné sur le
globe dans un espace restreint et où toutes les circonstances du sol, de
l'humidité, de la température sont à peu près identiques. Les genres
peu naturels se trouvent répandus sur divers points du globe, et
supportent ainsi l'influence des circonstances les plus différentes.

Les espèces se trouvent dans les mêmes rapports avec les lieux
qu'elles habitent, que les genres, les tribus et les familles auxquelles
elles appartiennent. Certaines sont répandues dans des pays très-
divers, et il en est même plusieurs que l'on découvre depuis les régions
polaires jusqu'à la zone torride. Ces races sont donc infiniment robustes; elles supportent les conditions les plus diverses sans en éprouver d'autres altérations que celles de leurs caractères les plus variables.
En effet, l'épaisseur ou la finesse de leurs poils et de leur fourrure,
ou l'éclat de leurs couleurs éprouvent seuls quelques modifications. De
pareilles circonstances ne paraissent pas se rencontrer chez les végétaux dont les espèces sont assez restreintes dans leurs habitations.
Quoique les bruyères et plusieurs autres plantes sociales se découvrent
dans la plupart des régions de la terre, la même tribu est bien univer-
sellement répandue, mais point les mêmes espèces, tandis que pour
les animaux c'est bien la même race. Le loup, le renard, le corbeau
et certains autres vertébrés habitent les régions caractérisées par les
températures les plus différentes, et, malgré l'impression qu'elles doivent en éprouver, on ne voit pas que leurs squelettes présentent la
moindre dissemblance.

Ce que nous venons de dire de ces trois animaux s'applique non-seulement à des espèces marines, mais encore à des races terrestres, moins cependant chez les invertébrés que chez les vertébrés; enfin il est certaines races dont l'organisation est tellement délicate, qu'on ne les rencontre que dans des localités extrêmement limitées. Parmi ces dernières se placent certaines espèces peu robustes qui vivent solitaires, et qui sous le rapport de leurs habitations sont opposées à à celles qu'on a nommées sociales.

Les espèces répandues dans des contrées très-différentes sont susceptibles d'éprouver de grandes variations; mais elles sont d'autant plus bornées que ces races appartiennent à des êtres plus compliqués ou plus avancés en organisation. Aussi ne les voit-on en grand nombre que chez les animaux invertébrés, tels que les mollusques, les articulés et les insectes, tandis qu'elles sont à peine sensibles chez les vertébrés, quel que soit l'espace qu'ils occupent sur la surface de la terre.

Le nombre des espèces et probablement celui des individus qui en font partie est plus grand à l'équateur qu'aux pôles; il en est de même des plaines comparées aux montagnes. Il décroît d'une manière sensible, et cesse tout à fait à des hauteurs déterminées pour chaque latitude.

Quant à l'élévation absolue à laquelle peuvent atteindre les végétaux et les animaux, elle est relative à la température et au climat; mais celle à laquelle parviennent les uns et les autres dépend de circonstances totalement différentes. Ainsi les animaux qui respirent le plus s'élèvent aux hauteurs les plus grandes, soit les vertébrés, soit les invertébrés. Pour les premiers, ce sont des oiseaux et des mammifères terrestres, et pour les seconds, des insectes de l'ordre des lépidoptères, des diptères et des orthoptères. Pour les végétaux, ce sont ceux qui respirent le moins, tels que les umbilicaria, les lichens et les mousses; les cryptogames parviennent à des niveaux plus élevés que les herbes les plus chétives et dont les organes absorbants sont le moins développés.

Les végétaux et les animaux dont la respiration est la moins considérable descendent dans les profondeurs les plus grandes de l'intérieur du globe. Parmi les premiers, on peut citer les *mucor*, les *byssus*, les *agaricus*, les *boletus*, et parmi les seconds, quelques insectes, ainsi que des reptiles et des poissons. La même loi paraît se manifester chez les espèces des deux règnes qui descendent le plus bas dans les eaux des mers, et qui supportent les plus grandes pressions. Les *ulva*, les *conferva*, les *ceramium* et les *fucus* se trouvent dans les eaux les plus profondes, comme d'autre part les zoophytes, certains mollusques et certains poissons dont les organes respiratoires peu développés annoncent une activité et une énergie bien faibles dans la fonction de la respiration.

Si nous considérons maintenant la distribution générale des végétaux et des animaux relativement aux divers continents, nous verrons que chacun d'entre eux a ses espèces distinctes et différentes de celles des autres continents. Elles sont même d'autant plus dissemblables entre elles qu'elles appartiennent à des régions de date plus diverse. Ainsi, les espèces de l'ancien continent diffèrent bien plus de celles de la Nouvelle-Hollande, que celles-ci avec les races qui peuplent le nouveau continent. Il y a en effet, entre les créations de la Nouvelle-Hollande et de l'Amérique, des rapports que l'on ne voit pas entre les productions de la première de ces régions et celles de l'ancien continent. Les végétaux et les animaux des îles se rapportent principalement ou du moins ont la plus grande analogie avec celles des continents les plus voisins. Peu d'îles, à l'exception des plus étendues, ont des créations particulières et distinctes ; celle de Madagascar est seule en dehors de cette loi générale ; d'après ses productions, on pourrait supposer que cette île a été séparée de quelque grand continent dont elle a conservé la plupart des particulari'és.

Note 29, page 220.

La chaleur solaire est dans un tel état de stabilité que, d'après l'ensemble des recherches faites jusqu'à ce jour, il existe pour la température de l'air à la surface du sol et pour celle de l'air qui repose sur le bassin des mers, un *maximum* et un *minimum* qui ne sont jamais dépassés. Les moyennes déduites de l'ensemble des observations faites sur les climats terrestres et dans les lieux les plus différents, conduisent à ce résultat remarquable.

La chaleur solaire ne paraît donc pas avoir éprouvé le moindre changement depuis les temps historiques et peut-être même depuis l'apparition de l'homme. La constitution physique ainsi que l'éclat de la lumière de cet astre n'ont donc pas éprouvé de changement.

Il en serait différemment si la théorie admise par Herschel pour expliquer la formation des taches solaires était fondée. Il faudrait pour lors s'attendre à trouver que le soleil n'émettrait pas constamment les mêmes quantités de chaleur et de lumière. De grands noyaux, de larges pénombres, des rides, des facules indiqueraient l'existence de courants ascendants très-actifs, et on aurait par là une abondante émission calorifique et lumineuse. L'absence de ces divers genres de taches, au contraire, signalerait une augmentation d'activité dans la constitution solaire, et une extrême netteté dans les nuages lumineux

Mais la comparaison des années où le soleil a présenté une grande quantité de taches, avec celles où il n'en a pas offert, prouve que leur nombre ou leur absence est tout à fait sans influence sur les climats terrestres. La température moyenne annuelle n'a pas été affectée d'une manière sensible; elle est toujours restée dans ses limites, et n'a différé d'une année à l'autre que de 1° à 2° du thermomètre centigrade.

Il est donc loin d'être certain que les taches noires solaires soient des signes d'une abondante émission de lumière et de chaleur, plutôt que d'un affaiblissement de ces deux genres de rayonnement. Toutefois, de nouvelles observations éclairciront encore mieux ce que ces phénomènes qui se rapportent à l'astre dont les effets sont si grands sur la terre peuvent avoir d'obscur et de mystérieux.

Note 30, page 225.

On peut distinguer trois époques principales dans l'histoire de l'Océan : la première se rapporte au moment où il n'existait encore qu'une seule mer, les méditerranées ou les mers extérieures n'ayant pas été séparées du grand Océan. La seconde est celle où, par le relèvement du sol secondaire, les eaux salées ont été refoulées dans différents bassins, et ont formé ainsi plusieurs mers. Enfin la troisième, la plus récente de ces trois époques, est relative au moment où les mers, déjà distinctes et séparées les unes des autres, sont rentrées dans les limites que nous leur voyons aujourd'hui, limites que les mers intérieures et l'Océan lui-même n'ont plus dépassées.

A ces périodes correspondent des événements géologiques importants. Ainsi, pendant la première ou la plus ancienne, les productions marines ont été presque uniformes partout, par la raison toute simple qu'il n'existait encore qu'une seule mer, et enfin parce que la température était à peu près égale dans tous les climats. La variété dans les productions des mers a commencé à la seconde époque; elle a été d'autant plus manifeste que les bassins des eaux salées étaient à de plus grandes distances.

Les dépôts de sédiment précipités lors de la troisième époque n'ont plus été caractérisés, comme ceux qui les avaient précédés, par des limons ou des produits des mers. Formés sur un sol que les eaux salées avaient abandonné, ils n'ont plus eu rien de marin, à l'exception toutefois des productions que les mers avaient abandonnées en se retirant, ou de celles que des irruptions momentanées peuvent y avoir jetées.

Note 31, *page* 226.

La distinction des dépôts des eaux douces et salées, si tranchée lors de l'époque tertiaire, où les mers intérieures étaient déjà séparées de l'Océan, est loin d'avoir été aussi sensible dans les temps antérieurs à cette époque. On ne saurait distinguer les deux ordres de dépôts, ni par leur nature, ni par les espèces des corps organisés qu'ils renferment. Ainsi on ne peut par aucun caractère appréciable séparer les poissons des anciennes époques, qui peuvent avoir vécu dans les eaux douces ou les eaux salées. Cette distinction est presque impossible; car les poissons antérieurs aux terrains crétacés n'ont presque aucune analogie avec les espèces actuelles.

Sans doute il existait avant le dépôt de ces terrains, des îles ou des terres hors du sein des eaux, des baies profondes, dont la salure pouvait être peu considérable à raison des eaux courantes qu'ils recevaient. Leur nature pouvait s'approcher de celle des eaux douces, et nourrir des êtres analogues à ceux de nos mares ou des étangs si nombreux auprès des côtes de la Méditerranée, en quelque sorte intermédiaires entre les deux principaux genres de stations.

Il ne paraît donc pas y avoir eu à cette époque de différence tranchée entre la nature des dépôts, du moins analogue à celle des terrains d'eau douce et marine. Cette circonstance tiendrait-elle au peu d'étendue que pourraient avoir eu les premiers de ces terrains, par le peu d'abondance des eaux dont ils auraient été les produits. Quoi qu'il en soit, il paraît du moins que si des formations d'eau douce ont été précipitées à cette époque, elles n'ont pas eu des caractères aussi tranchés que les couches des terrains tertiaires. Il se peut que les eaux de ces temps reculés, circonscrites dans des bassins moins fermés, n'eussent pas présenté des différences aussi sensibles que celles que l'on remarque de nos jours entre ces mêmes eaux.

Il y avait donc pour lors des baies, des criques, des golfes, dans lesquels s'écoulaient les fleuves et les rivières; ces lieux devaient être rapprochés des continents, où habitaient les animaux qui ne pouvaient se plaire dans les abîmes de l'Océan; ils y trouvaient les moyens de remplir leurs conditions d'existence, de se propager et de se défendre contre leurs ennemis.

Note 32, *page* 226.

Pour si peu que l'on observe la croute la plus superficielle du globe, on ne tarde pas à reconnaître que les couches qui la composent offrent de nombreux produits marins. Cette circonstance se représente même pour des couches fort éloignées du sein des mers actuelles, qui n'en fourmillent pas moins de débris d'êtres qui ont vécu dans des eaux salées. Du moins toutes les analogies de leur conformation indiquent ce genre d'habitation, de manière à ne pas permettre le doute.

Ces faits nous apprennent que les terrains où l'on découvre une si grande quantité de débris marins ont été déposés dans les bassins des mers anciennes, et, par conséquent, que celles-ci avaient une étendue plus considérable que les mers actuelles.

D'un autre côté, on observe, à des distances plus ou moins rapprochées de ces terrains, d'autres formations qui en diffèrent autant par la nature de la pâte qui les compose, que par celle des êtres organisés que l'on y découvre. Ceux-ci sont en effet semblables aux corps organisés qui vivent aujourd'hui dans les eaux douces.

Il est donc naturel de conclure de cette double circonstance, que ces derniers dépôts n'ont pas été précipités dans un liquide du même genre que les formations marines.

Comme ces dépôts lacustres ou fluviatiles ont souvent une grande étendue et une puissance bien supérieure à celle que pourraient produire les eaux actuelles, les anciennes eaux douces devaient être très-abondantes, en même temps qu'elles occupaient des espaces considérables.

Ainsi, tout annonce que les eaux salées et les eaux douces ont jadis eu un volume plus considérable que celui que nous leur voyons maintenant.

Note 33, *page* 230.

Les substances minérales hydratées sont plus abondantes dans l'écorce du globe que les minéraux anhydres. Lorsque la même espèce chimique offre de l'eau de composition ou en est privée, c'est toujours la première qui se trouve en plus grande masse. Le gypse ou sulfate de chaux hydraté, et l'anhydrite qui n'en contient pas, peuvent être cités comme des exemples de ce point de fait.

Mais, outre l'eau de composition, la plupart des roches ou des minéraux renferment presque toujours des quantités notables d'eau hygrométrique. Peu en ont d'aussi fortes proportions qu'une roche nommée domite, dont la masse principale du **Puy-de-Dôme** est composée. Cette proportion a été évaluée à la moitié de son poids; comme elle forme la montagne du **Puy-de-Dôme** en presque totalité, on a comparé cette montagne à une vaste éponge imbibée de la moitié de son poids d'eau.

Cet aperçu peut faire juger de l'hydrogène qui entre dans la composition du globe terrestre, surtout si l'on fait attention à l'étendue de l'Océan et à sa profondeur moyenne de 4,000 ou 5,000 mètres. L'Océan présente en effet un volume immense d'hydrogène en combinaison, auquel il faut ajouter celui qui forme l'eau disséminée mécaniquement dans les roches.

Sans doute une partie de cette eau, reçue de l'atmosphère pour jaillir ailleurs sous forme de sources, n'est contenue dans les roches que comme dans un réservoir momentané, et rien n'est plus beau ni plus simple que cette circulation de l'eau destinée à la vie végétale et animale. Mais il en existe en outre de disséminée dans les roches, à un état latent, pour ainsi dire, et celle-ci s'y trouve en proportion fort considérable. On doit le supposer, puisque les roches qui servent de canaux souterrains aux sources, et qui font l'office de filtres, ne permettent le libre passage de l'eau que lorsqu'elles en sont complétement saturées.

La plupart des roches renferment donc de l'humidité disséminée ; et il en est bien peu qui, exposées à une chaleur convenable, ne donnent point de l'eau. Quelques serpentines en contiennent jusqu'à 12 ou 15 centièmes.

Enfin une proportion notable d'hydrogène se trouve dans la houille et le lignite. Elle n'est pas moindre de 21,66 pour cent, à laquelle il faut ajouter l'hydrogène carboné qui existe dans les vésicules du charbon de pierre. A toutes ces quantités, il faut encore avoir égard à l'hydrogène qui se dégage des volcans, soit à l'état de vapeur aqueuse, soit en combinaison avec d'autres substances gazeuses. En additionnant tous ces nombres, il est facile de reconnaitre que l'hydrogène est peut-être la seconde en importance des substances gazeuses qui entrent dans la composition de l'écorce du globe terrestre.

Note 34, page 233.

Il n'y a pas de différence sensible entre le niveau de l'Océan et celui de la Méditerranée ; mais il n'en est plus de même lorsqu'on compare au premier de ces niveaux celui de la plupart des autres mers intérieures.

Ainsi, la hauteur de la mer Caspienne, située dans une portion de la grande dépression qui occupe le centre de l'Asie est inférieure non-seulement à la Méditerranée, mais à l'Océan. La différence paraît être entre 94 et 98 mètres, du moins d'après les observations de **MM.** Parrot et Erman. On s'est demandé s'il était possible de supposer que cette mer ait été jadis réunie avec la mer Noire, à raison de la diversité de leur niveau, qui est de 32 mètres. On a cru trouver une preuve du contraire dans la diversité des poissons et des autres animaux marins qui y vivent. Mais il est facile de juger que cette objection n'est pas sérieuse; car les deux mers, recevant des fleuves différents, doivent par cela même avoir d'autres espèces. Ces mers ont dû dans les temps géologiques n'en composer qu'une seule; mais elles paraissent avoir été séparées depuis l'époque de la constitution générale des contrées où elles se trouvent.

Il en a été ainsi de la mer Morte et de la Méditerranée, quoiqu'il y ait entre ces divers amas d'eau salée une différence au moins de 163 à 194 mètres. Elles n'offrent, du reste, pas plus l'une que l'autre, les mêmes espèces. Il en est de même de l'Océan et de la Méditerranée. Cependant ces deux mers n'en ont jadis formé qu'une seule, au moins d'après les faits géologiques.

Enfin la mer Rouge, différemment des mers inférieures, a un niveau supérieur à la Méditerranée d'après les anciens, ce qui a été démontré par les recherches de la commission de l'Egypte. D'après elle, le niveau de la mer Rouge serait supérieur à celui de la Méditerranée, de 9 mètres 908. De pareilles inégalités de niveau existent entre l'élévation des étangs salés et cette dernière mer. En effet, tandis que les uns lui sont supérieurs, il en est tout le contraire de certains autres, quoique ces amas d'eau salée aient tous la même origine, et aient communiqué tous les uns avec les autres.

Note 35, *page* 240.

Le degré de salure des mers est évidemment lié à l'existence des animaux qui l'habitent. Nous verrons plus tard qu'il devait être plus considérable dans les temps géologiques qu'actuellement; car les espèces marines dont on ne découvre plus d'analogues vivent dans les profondeurs des eaux là où leur salure est la plus grande.

En général, les animaux et les végétaux des mers supportent des degrés de salure différents, suivant leur organisation. S'il est une foule d'espèces qui ne vivent que dans les profondeurs, d'autres habitent constamment les hauts-fonds. Enfin quelques espèces peuvent abandonner plus ou moins longtemps le sein des mers, et remonter les eaux douces jusqu'à leurs sources à des époques déterminées.

Ces dernières sont en quelque sorte intermédiaires entre celles qui quittent peu les grands fonds, et celles qui, vivant constamment auprès des côtes, habitent les hauts-fonds qu'elles n'abandonnent jamais. Les espèces qui parcourent à la fois les eaux douces et salées doivent être les plus robustes, car elles supportent les conditions les plus diverses.

Il serait curieux de dresser des tables propres à nous faire connaître le degré de salure que peuvent supporter les principaux végétaux et animaux marins ; mais l'observation n'est pas encore assez avancée pour nous permettre d'entreprendre ce travail. Du reste, il est très-probable que cette circonstance n'est pas la seule qui ait de l'influence sur la distribution des végétaux et des animaux dans le sein des eaux salées ; la température et la pression n'y sont certainement pas sans effet. La pression semble avoir exercé à toutes les époques une influence manifeste sur les animaux et sur les végétaux qui peuplent les mers. Une trop grande pression et l'absence de toute lumière sont nuisibles aux êtres vivants, peut-être autant que le froid et la rareté de l'air. Nécessairement les deux premières de ces circonstances se rencontrent dans la profondeur, à raison de la compressibilité de l'eau et de l'impossibilité que les rayons lumineux traversent une grande épaisseur de couches liquides. Aussi, à plusieurs centaines de mètres au-dessous de la surface des mers, les ténèbres doivent être à peu près complètes.

Un autre effet de la pression des couches d'eau supérieures sur les inférieures, c'est l'élévation de température qu'éprouvent les masses d'eaux profondes, comparativement à celles de la surface. Ces diverses circonstances ont empêché à toutes les époques les végétaux vasculaires d'habiter les mers ; elles ont restreint aussi les animaux qui respirent l'air en nature. Dans les temps actuels, ces derniers sont bornés aux mammifères marins, parmi lesquels se trouvent les colosses de la nature vivante. Mais les reptiles confinés à peu près maintenant dans les eaux douces, à l'exception de quelques tortues et accidentellement des crocodiles, ont été au contraire dispersés en grand nombre au milieu des eaux des anciennes mers.

Note 36, page 241.

Lorsqu'on fait attention à la quantité de carbonate et de sulfate de chaux que l'on obtient en amenant les eaux des mers dans de vastes réservoirs, ainsi que celle des sulfates de soude et de magnésie, que l'on se procure pas les mêmes moyens, on est tenté de supposer que la composition des eaux des mers ne nous est point encore parfaitement connue. On l'admettrait d'autant plus volontiers, que les coquilles abandonnées par les animaux qui les ont formées se pétrifient dans le sein des mers actuelles comme lors des temps géologiques. Au carbonate de chaux qui les composait primitivement, il s'en substitue un autre tenu en dissolution dans l'eau des mers; la texture de ce dernier est différente de celui dont il a pris la place. Au lieu d'être compacte et feuilletée, cette texture, généralement cristalline, présente parfois des formes symétriques.

Cependant, si l'on consulte les analyses que nous possédons sur la composition des eaux des mers, ces sels ne paraissent pas en quantité notable, surtout eu égard à la proportion du chlorure de sodium. Dans les lieux où l'on fait précipiter ce dernier sel, il se forme des dépôts de sulfate de chaux qui acquièrent parfois jusqu'à dix centimètres d'épaisseur. La formation de ces plâtres paraît du reste aidée par des matières végétales en décomposition.

On admet assez généralement que les eaux des mers contiennent de 3,27 à 3,91 de sel pour cent d'eau, c'est-à-dire, environ un vingt-huitième de son poids.

Ce sel est composé pour cent :

    1° De chlorure de sodium. . . . . 72.
    2° De sulfate de soude. . . . . 17.
    3° De chlorure de magnésium. . . . . 10.
    4° De carbonate de chaux et de carbonate de
       magnésie. . . . . 0,578.
    5° De sulfate de chaux. . . . . 0,289.

On y reconnaît en outre du chlorure de calcium, du chlorure de potassium et du sulfate de potasse. Il faut encore ajouter à tous ces sels, des iodures, des bromures et des proportions plus ou moins grandes de sulfate de magnésie. Aussi d'après ces faits il est difficile d'avoir une grande confiance dans les analyses qui nous représentent la quantité de sulfate de potasse comme étant au plus de $\frac{1}{2000}$ du poids de l'eau, tandis que l'on en retire des proportions bien plus considérables par l'évaporation de l'eau de la Méditerranée.

Les proportions que ces analyses font supposer au carbonate de chaux et au sulfate de la même base, sont trop faibles pour pouvoir expliquer les faits que nous avons déjà exposés. Aussi il nous paraît que l'analyse de l'eau de la mer est à peu près à refaire; il serait essentiel de l'entreprendre simultanément sur celle de l'Océan et de la Méditerranée. Ces deux mers ne semblent pas du moins contenir une égale proportion du sel; on admet même assez généralement, ce que confirme du reste l'observation, que la dernière, plus chargée de sels que l'Océan, reçoit cependant un plus grand nombre de fleuves, même relativement à sa moindre étendue.

Le degré de salure des mers exerce une grande influence sur la dissémination des animaux. Il les empêche de remonter le cours des rivières, et lorsque le degré est peu considérable elle restreint singulièrement le nombre des espèces qui peuvent y vivre. Ainsi la Baltique et la mer Noire, où la proportion des matières salines ne s'élève guère au delà du tiers de ce qu'elle est dans les eaux de l'Océan Atlantique, offrent aussi un petit nombre d'espèces animales. On ne possède pas assez de données sur le degré de salure de la mer, à des parallèles ou à des longitudes différents, pour qu'il soit possible de déterminer l'influence de cette circonstance sur la distribution générale des animaux à la surface du globe. Peut-être contribue-t-elle à quelques-unes des inégalités que l'on remarque à cet égard dans les habitations de certaines races qui vivent dans les mers isothermes.

Note 37, page 242.

Quoique la salure des eaux des mers soit égale à leur surface dans toutes les latitudes, elle n'est pas cependant uniforme à toutes les épaisseurs de leurs couches. Elle semble en effet plus grande à mesure que l'on s'enfonce dans leur profondeur.

Il est un autre objet sur lequel nous porterons l'attention : c'est celui relatif aux gaz qui se trouvent disséminés dans les eaux des mers.

La quantité d'air en dissolution dans l'eau est moins considérable à la surface de la mer qu'à une certaine profondeur. La différence peut s'élever jusqu'à un centième du volume de l'eau. L'air qui provient d'une eau prise à une grande profondeur contient beaucoup plus d'acide carbonique que celui qui se trouve dans l'eau prise à la surface. Cette dernière est limpide, tandis que l'eau recueillie à une certaine profondeur tient en suspension des matières floconneuses abondantes.

L'acide carbonique qui se trouve dans les eaux profondes tient-il à la décomposition de ces matières floconneuses, ou existe-t-il tout formé dans l'eau? Les analyses et les observations subséquentes nous l'apprendront sans doute.

Au moyen de l'appareil imaginé par M. Biot, l'acide carbonique paraît en plus forte proportion dans le fond des mers qu'à la surface; des animalcules transparents existent également dans leur profondeur. Tout au moins y découvre-t-on une matière organique particulière, qui se décompose avec le temps, et prend à l'air tenu en dissolution dans l'eau, de l'oxygène pour former de l'acide carbonique.

Dans cette hypothèse, l'oxygène contenu dans l'air provenant du fond serait en plus grande proportion qu'à la surface ; car pour le premier cas, celui de la profondeur, l'oyxgène libre et l'oxygène de l'acide carbonique forment avec l'azote qui y est contenu un air beaucoup plus oxygéné que l'air atmosphérique. Dans le second , l'oxygène libre et l'oxygène de l'acide carbonique forment avec l'azote un air dont la composition diffère peu de celle de l'air atmosphérique.

Il est certain que, d'après cette propriété générale à l'eau de s'imprégner des gaz qui reposent sur sa surface, de l'eau de mer prise à la profondeur de 1,000 mètres a présenté un air qui contenait en volume environ 28 parties d'oxygène sur 100. Il en de même dans la Méditerranée. Ainsi, par sa plus grande solubilité, l'oxygène se trouverait dans l'eau en proportion plus considérable que dans l'air atmosphérique.

Ces circonstances ne peuvent qu'exercer une influence sur la distribution des animaux des mers ; il ne serait pas impossible qu'elles eussent été plus prononcées dans les temps géologiques, où ces animaux ont dû en éprouver de bien favorables à leur existence, d'après les dépouilles nombreuses qu'ils ont laissées au milieu des couches terrestres.

La diversité de salure des eaux des mers dans les différentes latitudes est une question qui n'est point encore parfaitement résolue, quoiqu'elle ait été étudiée par un grand nombre de physiciens. Elle présente cependant un véritable intérêt, et se trouve liée à quelques points de l'histoire du globe.

En effet, le degré de salure des eaux doit exercer une certaine influence sur la dissémination des êtres vivants dans le sein des mers. Cette cause empêche la plupart des animaux de remonter le cours des fleuves, ce qui rend leur nombre si faible dans quelques amas d'eaux salées. On peut citer à cet égard la Baltique et la mer Noire, où la proportion des matières salines s'élève à peine au tiers de ce qu'elle est dans les eaux de l'Océan Atlantique. Une pareille diminution dans la proportion des matières salines contenues dans ces deux mers intérieures produit un effet sensible sur le nombre des animaux qui y vivent. Aussi y est-il, toute proportion gardée, moins considérable que dans l'Océan.

On ne possède pas encore assez de données sur le degré de salure de la mer à des parallèles ou à des longitudes différents pour déterminer en ce moment l'influence que cette circonstance peut avoir sur la distribution générale des végétaux et des animaux à la surface du globe. Elle contribue probablement à produire quelques-unes des inégalités qu'on remarque sous ce rapport dans les mers à peu près isothermes.

Il serait pourtant intéressant de savoir si les eaux qui baignent les côtes de l'Inde et l'archipel d'Asie, ainsi que celles de la mer Rouge, sont plus denses que celles des Antilles et des côtes du Brésil, par exemple.

Il paraît que, par suite de l'influence exercée sur les végétaux et les animaux par le degré de salure, un petit nombre d'espèces marines pénètrent et vivent habituellement dans les étangs salés. Pourtant ces amas d'eaux sont parfois chargés d'une plus grande quantité de sel que la Méditerranée avec laquelle ils communiquent. A la vérité, cette dernière circonstance est loin d'être constante; car, si elle l'était, on y en verrait davantage. Souvent ces étangs ont, au contraire, un degré de salure moins considérable que la Méditerranée, par suite de la grande quantité d'eau douce qu'ils reçoivent en hiver. Il est tout simple qu'alors les végétaux et les animaux qui exigent des eaux salées à un degré déterminé et d'une manière constante ne puissent pas y vivre.

Ceci peut nous faire concevoir pourquoi le nombre des espèces marines est si restreint dans ces amas d'eaux salées, quoiqu'elles contiennent dans l'été jusqu'à 4 pour cent de sel. Mais elles en offrent à peine un centième dans les saisons pluvieuses, comme l'hiver par exemple. Les sels que renferment les eaux des mers s'élèvent en général à 3,5 jusqu'à 4 pour cent du poids de l'eau; proportion qui paraît constante dans l'Océan.

D'après certains observateurs, la quantité des matières salines contenues dans les eaux des mers éprouveraient quelques variations dans l'Océan pour les diverses latitudes. Ainsi, à l'équateur, elles en contiennent un peu plus que dans les régions polaires; mais la différence sous ce rapport, si elle est réelle, est peu considérable. En terme moyen, les analyses directes y ont fait reconnaître 3,27 à 3,91 de sel pour 100 d'eau; ce qui correspond à environ un vingt-huitième de son poids.

Ce rapport varie sans doute d'une localité à une autre; mais il est toujours facile de remonter jusqu'aux causes premières de ces variations. Ainsi il est tout simple de voir la salure des eaux diminuer dans les endroits où de grands fleuves en se mêlant à l'eau des mers font sentir leurs effets à de grandes distances de leurs embouchures. L'eau de l'Océan en devient quelquefois douce.

En général, les mers intérieures qui communiquent avec l'Océan sont moins salées que lui. La Méditerranée semblerait faire exception à cette loi, du moins si l'on s'en tient à la densité spécifique de ses eaux. Quant aux autres mers intérieures ou lacs salés maintenant sans aucune communication avec l'Océan, il se pourrait que leur degré de salure éprouvât à la longue de notables différences. Cet effet doit être d'autant plus sensible, que dans plusieurs il n'y a pas compensation entre la quantité d'eau enlevée par l'évaporation et celle que les fleuves y entraînent.

D'un autre côté, si à une époque quelconque il y a égalité entre l'évaporation et les affluents, les dépôts entraînés par les fleuves, comblant peu à peu le fond des mers, leur niveau s'élève d'une manière en quelque sorte nécessaire. Leur surface s'étend par cela même, et l'évaporation, devenant pour lors plus considérable, diminue la quantité d'eau. La salure devient ainsi de plus en plus forte, et finit par l'être à tel point, qu'il se forme des dépôts salins plus ou moins étendus.

Les différences dans la salure des mers, particulièrement dans celle de leur surface, semblent dépendre en partie de la proximité des glaces éternelles, et de celle du nombre des fleuves qui y déversent le tribut de leurs eaux. Ainsi la Baltique, la mer Noire, la mer Blanche et la mer Rouge sont moins salées que l'Océan, parce que comparativement elles reçoivent de plus grandes quantités d'eau douce. Aussi, d'après la faible proportion de sel contenu dans la mer Noire et la mer d'Azof, les golfes de la première contiennent fréquemment de la glace. La seconde est même gelée pendant quatre mois de l'année. Quant à la salure plus forte de la Méditerranée, quoique ce soit une mer intérieure, elle a été attribuée à l'évaporation qui se produit à sa surface, que l'on suppose plus grande que la quantité d'eau douce qu'elle reçoit.

Cependant, d'après le docteur Marcet, l'Océan méridional contient plus de sel que l'Océan septentrional, dans le rapport de 1,02919 à 1,02757. Quant à la pesanteur spécifique moyenne des eaux de la mer près de l'équateur, elle est égale à 1,02777, ce qui forme un intermédiaire entre celle de l'eau de la mer dans les hémisphères nord et sud.

Les observations faites depuis ces recherches n'ont pas démontré la justesse des aperçus du docteur Marcet. Ainsi MM. Gay-Lussac et Despretz, qui ont analysé de l'eau de l'Océan Atlantique prise en pleine mer, à peu près à toutes les latitudes, depuis le tropique du Capricorne jusque dans nos latitudes, n'ont vu la quantité des substances salines varier que de 3,48 à 3,77 pour cent parties d'eau, dont la moyenne est 3,62.

Irwing a également trouvé la proportion des substances salines entre 3,40 et 3,50 au 80e degré de latitude nord presque sous les glaces du pôle. L'opinion de Marsigli, Bergman et Wilcke, qui prétendaient que la salure des mers du nord augmentait dans leur profondeur, n'est pas plus fondée que celle de l'inégalité de cette même salure. En effet, Irwing n'a pas reconnu de différence appréciable, entre l'eau prise à 1,250 mètres et celle de la surface, toutes circonstances égales d'ailleurs.

Nous ajouterons que, d'après plus de douze observations rapportées par Marcet sur de l'eau puisée à différentes latitudes et à des profondeurs également très-diverses, il n'y a pas de variations produites par la profondeur.

Les vents et les courants qui agitent continuellement les eaux des mers les mêlent tellement, que la différence entre leurs divers degrés de salure ne saurait être considérable. Cet effet est nécessairement produit, quoique les plus fortes tempêtes n'élèvent jamais les vagues à plus de six mètres au-dessus du niveau moyen de la mer.

Nous ferons cependant observer que, d'après le capitaine Vauchope, l'eau du fond des mers contiendrait plus de matière saline que celle de la surface (1). Ainsi ses observations lui ont prouvé que, tandis que la dernière retient au plus de 3 à 3,5 pour 100 de sel, les premières en présentent jusqu'à 4,5. D'un autre côté, tandis que les eaux profondes ont 1,50 pour expression de leur pesanteur spécifique, celles de la surface ne pèsent que 1,235. Les unes et les autres contiennent des traces de brôme et d'iode ; mais celles du fond contiennent seules du sulfate et du carbonate de chaux.

La théorie est ici d'accord avec l'observation ; car, lorsque les mers se gèlent, elles passent seulement à leur surface à l'état de glace. Or l'eau pure se solidifie, et, à mesure qu'elle passe à l'état solide, elle se sépare des sels qu'elle contient. Par cela même, les eaux profondes doivent être plus chargées de sel que les plus superficielles.

Il résulte donc de l'ensemble des observations faites jusqu'à ce jour qu'il n'y a pas de différence sensible dans la salure de la mer sous différents méridiens et à diverses latitudes. Il paraît toutefois que les mers sont plus salées à une grande profondeur qu'à leur surface. En effet, l'Océan contient plus de sel dans les lieux où il est le plus profond et le plus éloigné des continents, et sa salure diminue d'une manière constante dans le voisinage des masses de glaces, comme auprès de l'embouchure des grands fleuves.

La salure des mers, comme la plupart des phénomènes physiques, est donc arrivée à un état de stabilité remarquable ; cette stabilité,

---

(1) *Bibliothèque universelle de Genève*, tom. **xx**, pag. **391, 1839**.

comme les autres faits naturels, annonce que tout est achevé pour notre planète.

Ce que nous venons de dire de la salure des eaux des mers a pu faire juger qu'il doit en être de même de la composition de l'Océan, comme de celle de l'atmosphère; l'une et l'autre sont à peu près uniformes à toutes les latitudes. Si cette salure avait éprouvé de grandes variations, l'existence des êtres qui y vivent aurait pu être compromise, et c'est ce que la nature a voulu éviter.

On peut prouver l'uniformité de composition des eaux de l'Océan, en étudiant leur pesanteur spécifique à diverses latitudes. Ainsi cette pesanteur ne paraît varier qu'entre 1,0272 à 1,0297, dont la moyenne est 1,0284. D'après des pesées faites entre le 60e degré de latitude boréale et le 40e degré de latitude méridionale, la densité spécifique de l'eau de la mer varierait à + 17 degrés entre 1,0269 et 1,0285.

Les faits en étaient là, lorsque le docteur Marcet a entrepris une série d'observations sur cette densité en l'appréciant sur des eaux puisées à diverses latitudes.

Nous en ferons connaître les résultats, et nous les présenterons sous forme de tableaux, afin d'en faciliter la comparaison, avec celle que nous devons à Scoresby.

Désignation des mers.	Pesanteur spécifique.
1° Océan arctique.	1,02664.
2° Mers équatoriales.	1,02829.
3° Hémisphère nord.	1,02821.
4° Hémisphère sud.	1,02882.
5° Mer Jaune, golfe de Pékin.	1,02291.

Afin de juger si la salure était uniforme, Scoresby a pris la pesanteur de l'eau de l'Océan à une même latitude, mais à différentes profondeurs.

Eau puisée à la latitude de 76 degrés 34 minutes nord.

A la surface.	1,0265.
A 36^m,575.	1,0264.
A 75^m,15.	1,0266.
A 108^m,726.	1,0280.
A 182^m,288.	1,0267.

Ces nombres font présumer que depuis la surface jusqu'à 185 mètres, la salure de l'Océan est sensiblement semblable, du moins dans la même localité.

M. le docteur Marcet a cherché à apprécier la densité de l'eau de plusieurs mers intérieures et de certains lacs. D'après ses observations, elle serait chez toutes plus faible que celle de l'Océan, à l'exception pourtant de la Méditerranée et du lac Ourmia.

Dénomination des mers ou lacs.	Densités spécifiques.
1° Mer Noire.	1,01418.
2° Mer Baltique.	1,01523.
3° Mer de Marmara.	1,01915.
4° Mer Méditerranée.	1,02930.
5° Lac Ourmia.	1,16507.

La pesanteur de la mer d'Azof doit être beaucoup moindre ; car elle est moins salée que la mer Noire. Aussi gèle-t-elle maintenant comme du temps de Mithridate. Depuis un temps immémorial cette mer n'avait pas été gelée, lorsqu'il y a quelques années sa surface passa en entier à l'état de glace. On s'empressa d'en conclure que sa solidification devait être due à un abaissement dans la température du globe. On avait oublié que Mithridate avait profité d'une semblable circonstance pour faire traverser cette mer à son armée, et enfin qu'en l'année 828 le Nil malgré sa rapidité avait été gelé.

Nous ferons observer que les densités que nous venons d'indiquer aux eaux des différentes mers sont celles de ces eaux ramenées à la pression de l'atmosphère. En effet, à mesure qu'on pénètre dans la profondeur de l'eau liquide, sa densité augmente à raison de ce qu'elle est compressible, d'environ 51 millièmes de son volume primitif, par chaque pression atmosphérique surajoutée.

On sait qu'on entend par là l'effet du poids de la couche d'air qui entoure le globe, sur les corps placés à sa surface et au niveau de l'Océan. Cet effet est égal à celui d'une colonne d'eau d'environ $10^m,5$. Par chaque augmentation de $10^m,5$, l'eau diminue de son volume, puisqu'elle est compressible. D'après cette loi, la densité de l'eau dans les profondeurs de 3,000 à 4,000 mètres est tellement augmentée, qu'aucune espèce végétale ni animale ne peut plus y vivre, la lumière n'y pénétrant presque pas. A la vérité, d'autres circonstances physiques que nous avons déjà fait connaître, et sur lesquelles nous ne reviendrons pas, mettent également obstacle au développement de la vie à de pareilles profondeurs.

Tous les faits nous apprennent donc que la composition de l'eau des mers est presque aussi uniforme que celle de l'atmosphère : on arrive aussi bien à cette identité en évaluant sa salure que sa pesanteur spécifique.

Note 38, page 258.

Nous citerons deux faits relatifs à la structure et à la composition de la terre, qui semblent démontrer que notre planète doit avoir eu une température plus élevée à sa surface, que celle dont elle jouit maintenant; cet excès de chaleur dérivait de celle qu'elle possède dans son intérieur.

Lorsqu'on étudie les terrains dont la solidification a été produite par un pur abaissement thermométrique, on reconnaît qu'ils appartiennent aux plus anciens âges. Ces terrains, composés par des silicates, forment l'ossature du globe. Les carbonates sont fort rares au milieu de ces terrains, tandis qu'ils abondent dans les formations de sédiment déposées dans le sein des eaux.

Les silicates exigent pour leur formation une température fort élevée, tandis que, loin de favoriser celle des carbonates, elle les décompose lorsqu'ils sont constitués. Ainsi la présence et l'immense étendue des premiers de ces composés, et la rareté des seconds, nous annoncent quelles étaient pour lors les conditions de la terre. Ces conditions devaient être une chaleur excessivement considérable ; elle a permis à certains éléments, comme ceux des silicates, de se réunir, et a empêché les autres de se constituer.

D'autres faits non moins remarquables nous apprennent que cette température devait provenir de l'intérieur de la terre ; en effet, les silicates se montrent souvent déposés en masses compactes, entre lesquelles on n'observe pas la moindre tranche de séparation. Ces masses sont quelquefois traversées par des fissures ou des fentes plus ou moins considérables ; elles se montrent remplies de substances métalliques, ou de dépôts pierreux composés le plus ordinairement, comme les terrains primitifs, par des silicates. On a donné aux premiers de ces dépôts le nom de filons et aux seconds celui de dyckes.

Mais ce que ces filons ou ces dyckes ont de particulier, c'est que souvent ils ne parviennent pas jusqu'au sol superficiel ou jusqu'au jour. Ce fait prouve que les matières qui les remplissent ne sont pas venues par le haut, mais bien du bas ; comme elles ont visiblement altéré les roches qu'ils ont traversées, leur sublimation a dû avoir lieu par l'effet d'une température élevée. Ces effets proviennent de la chaleur qui est dans le sein du globe, et leurs analogies avec les phénomènes volcaniques sont évidentes.

Les uns et les autres sont produits par l'action d'une planète liquéfiée dans son intérieur, sur sa surface en partie durcie et solidifiée. Ils

dépendent donc, comme un grand nombre d'autres phénomènes terrestres que nous étudierons plus tard, de la chaleur centrale, dont les
effets, maintenant à peu près insensibles sur l'écorce du globe, n'en ont
pas moins été très-prononcés dans les temps géologiques.

Note 39, *page* 261.

Quoique la géologie des eaux thermales ne soit pas très-avancée,
on peut signaler quelques faits généraux relatifs à leur position.

Les eaux minérales sortent de tous les terrains, quelle que soit leur
époque de formation ou leur nature minéralogique ; mais les rapports
réels d'une eau minérale avec le terrain d'où elle paraît sortir sont en
général peu connus. D'après les circonstances assez différentes de température et des principes qu'on observe dans les eaux minérales des
terrains les plus inférieurs et les plus supérieurs, ou des terrains les
plus anciens et les plus récents, on peut établir avec quelque probabilité, et sauf quelques exceptions, que les eaux minérales des formations
les plus nouvelles ne viennent pas d'une grande profondeur. Ces eaux
n'ont donc pas traversé, pour sortir à la surface du globe, la série de
toutes les formations qui se sont succédé depuis les granites.

Ce qui rend le gisement des eaux minérales difficile à déterminer,
c'est la reconnaissance de la nature des terrains desquels elles sourdent.
Lorsqu'elles s'écoulent des granites, elles ne peuvent avoir leur origine
que dans cette roche ou au-dessous d'elle. Mais quand on les voit sortir des schistes, des calcaires compactes de transition, des psammites
schistoïdes et rougeâtres, qui accompagnent ou recouvrent les terrains
houillers, des calcaires alpins ou du Jura, on ne peut trop savoir si ces
eaux proviennent de la roche d'où on les voit s'épancher, ou si, ayant
pris leur origine dans le granite, elles n'ont pas traversé toutes les formations intermédiaires entre cette roche et la roche supérieure qui leur
donne issue.

Aussi remarque-t-on beaucoup moins d'anomalies dans les circonstances de température et de composition des eaux provisoirement rapportées aux terrains primordiaux et aux terrains de sédiment supérieurs
ou tertiaires, que celles qui sourdent entre ces deux terrains si éloignés
l'un de l'autre et si différents. En un mot, la distinction à faire entre
les eaux minérales des terrains primitifs et tertiaires est plus facile que
pour les eaux des autres terrains.

Ces difficultés, inhérentes au sujet lui-même, sont augmentées par
l'incertitude des observations sur la véritable position des eaux minérales, et sur la nature des roches d'où sortent ces mêmes eaux.

L'observation démontre que les eaux minérales des terrains primordiaux et des formations volcaniques ont une température élevée, qui se maintient entre 45 et 100°.

Les matières qui y dominent d'une manière prononcée sont : 1° l'acide sulfhydrique ; 2° l'acide carbonique libre ; 3° les sels à base de soude, les sulfates, les chlorures, et peut-être même des sels à base de potasse ; 4° la silice, rendue soluble par l'intermède de la potasse et de la soude, ou même à l'état naissant. Les caractères négatifs de ces eaux se déduisent de la rareté des sels à base de chaux, et en même temps du fer, substance métallique que l'on y rencontre rarement.

Ainsi les eaux minérales, soit gazeuses, soit salines, caractérisent ces terrains ; parmi ces dernières substances, les sels à base de soude s'y trouvent toujours en excès. Les eaux sulfureuses qui découlent des roches primitives, outre qu'elles renferment du sulfate de soude, du chlorure de sodium et du silicate de soude, contiennent en dissolution une quantité notable d'une substance azotée qui se dépose quelquefois sous forme de gelée, et qu'on a désignée sous le nom de *barrégine*. Aussi ces eaux contiennent une certaine proportion de gaz azote qui s'en dégage spontanément avec un mélange d'acide carbonique et d'acide sulfhydrique.

Ces eaux sulfureuses naturelles, comme toutes celles qui sortent des roches primordiales, n'offrent presque jamais la moindre trace de sulfate ni de chlorhydrate de chaux et de magnésie. Enfin, plus les sources sulfureuses naturelles sont chaudes, plus elles sont chargées de soufre ; aussi le deviennent-elles de plus en plus à mesure que l'on s'enfonce dans la profondeur.

Les lois du gisement des eaux minérales des terrains primitifs s'appliquent à celles des terrains volcaniques, soit sous le rapport de leur température élevée, soit sous celui des sels qu'elles tiennent en dissolution. L'analogie qui existe entre des eaux qui découlent de formations aussi différentes annonce que les unes et les autres prennent leur source dans les mêmes terrains, c'est-à-dire dans les granites ou au-dessous de ces roches. Les sources thermales qui contiennent de la soude et qui sont sursaturées d'acide carbonique sont le dernier effet des volcans anciens.

Les eaux des terrains de transition participent beaucoup des propriétés de celles des formations primordiales. Aussi se pourrait-il que certaines eaux des premiers de ces terrains ne vinssent pas primitivement de dessous les terrains primitifs. Dans le plus ou le moins long trajet qu'elles ont parcouru avant d'arriver au jour, les roches qu'elles ont traversées ont pu modifier leur nature, et même jusqu'à un certain point leur température. Les eaux qui découlent de ces terrains se maintiennent encore à une température élevée, qui ne parvient pourtant pas au delà de +50°, et descend rarement au-dessous de + 36°.

Les minéraux qui y dominent sont les sels à base de soude; seulement le carbonate de cette base y devient plus rare. On y découvre aussi de la silice, mais en moindre quantité; l'acide carbonique qui s'en échappe est assez abondant. Certaines eaux qui sortent de ces terrains offrent du gaz sulfhydrique, comme celles des terrains primitifs. On peut citer comme exemple les eaux de Bagnols-les-Bains dans la Lozère, et celles de Bobbio près de Gênes.

Les eaux minérales des terrains secondaires, soit qu'elles proviennent de plus bas, soit qu'elles y naissent, ont des caractères très-différents de ceux propres aux eaux des terrains primitifs et volcaniques.

On remarque que les sels à base de chaux y sont les plus abondants, principalement les sulfates et les carbonates, sels si rares dans les eaux des terrains primitifs. Les substances salines à base de soude y sont peu fréquentes, surtout les sulfates. On n'en observe guère que dans les eaux thermales de Baden en Suisse. L'acide sulfhydrique y est assez rare; mais il n'en est pas toujours ainsi de l'acide carbonique.

La température de ces eaux est moins élevée que celle des eaux des terrains primitifs et de transition. Elle se maintient entre + 18° et + 36°, et arrive rarement à + 45°. Lorsqu'elle dépasse ce terme, on peut être presque assuré que ces eaux thermales proviennent de plus bas, ou de terrains plus inférieurs que les secondaires. Telles sont les sources qui alimentent les bains maudits dans la province de Constantine dans l'Algérie.

Ces eaux ont à leur sortie de dessous terre l'énorme température de + 95°; cependant elles découlent d'un terrain composé de grès ferrugineux et de marnes à fucoïdes. Aucune roche ignée ne se montre dans leur voisinage; mais les roches qui les avoisinent sont entièrement dépourvues de fossiles, les débris des corps organisés ayant été détruits par la chaleur.

Ce qui prouve que ces eaux proviennent de plus bas, c'est qu'elles sont chargées de soufre et de barrigine, deux corps qui abondent dans les eaux des terrains primitifs.

Les eaux minérales des terrains tertiaires sont aussi bien caractérisées que celles des formations primitives placées à l'autre extrémité de la série géologique. On n'y voit plus d'eaux thermales, les sources qui s'écoulent de ces terrains ayant à peu près toutes une température égale à la moyenne du lieu où on les observe.

Elles offrent une analogie de composition et des propriétés fort remarquables. On n'y découvre plus la moindre trace de gaz acide carbonique libre, excepté dans quelques lieux bas, où s'opèrent de nombreuses décompositions, ou, lorsque venant de loin, ces eaux entraînent du carbonate de chaux, qu'elles laissent précipiter dès qu'elles ont le contact de l'air.

Les sels qui dominent dans ces eaux sont le carbonate de chaux, le sulfate de la même base, le sulfate de magnésie, et enfin les sulfate et carbonate de fer. Les exceptions peu nombreuses tiennent ou à des circonstances particulières, ou à ce qu'elles dérivent de plus bas.

Il serait sans doute intéressant de démontrer les rapports qui existent entre la nature des sels des eaux minérales des terrains anciens, et ceux qui sont en dissolution dans les eaux des mers; mais ce sujet exigerait trop de détails pour être traité ici avec les développements convenables.

Nous ferons seulement remarquer qu'un objet plus digne de l'attention des géologues, dans l'observation des eaux thermales, est celui de la constance de leurs phénomènes et de leur température. En effet, à quelques exceptions près, dont plusieurs peuvent être appréciées, on remarque dans toutes ces eaux, et il y en a certaines qui nous sont connues depuis plus de deux mille ans, le même volume, la même composition, le même dégagement de gaz, lorsqu'il a lieu, et enfin les mêmes propriétés physiques et le même degré de chaleur.

Ainsi les eaux de Plombières étaient déjà employées à la guérison des soldats romains l'an 428 de Rome, ou depuis 2167 ans avant 1842. Les capitaines de Jules César se baignaient dans les eaux du mont Dore, comme le font les officiers de nos jours. Ces eaux ne devaient pas avoir pour lors une température supérieure à celle qu'elles ont aujourd'hui (+ 43° cent.); car c'est à peu près le maximum de chaleur que les hommes puissent supporter. Parmi toutes les causes qui peuvent en entretenir une pareille, il n'en est pas de plus puissante que la chaleur centrale, et d'un autre côté les eaux minérales trouvent dans les matériaux terrestres de quoi alimenter les sels qu'elles entraînent dehors.

Note 40, *page* 263.

Nous avons observé dans les environs de Montpellier un fait que l'on ne peut guère concevoir, si l'on n'admettait pas que la terre jouit dans son intérieur d'une chaleur propre. Les cavernes de Montels ont, à la faible profondeur de 34 mètres, une température constante d'environ +22°; ce qui donne un accroissement de plus de 1°,50 par mètre de profondeur, l'expression de la température moyenne de Montpellier étant de +15°,5.

La même chaleur se reproduit dans les eaux des puits pratiqués à la base de la colline de Mansion, dans laquelle sont ouvertes ces cavernes. Ces collines sont composées d'un calcaire compacte jurassique, dans lequel on ne voit aucune autre substance minérale. La décomposition des sulfures ou de tout autre minéral ne peut être la cause de cette espèce de chaleur, puisqu'il n'en existe aucune trace; la roche calcaire pure est exempte de tout mélange avec des corps étrangers.

Ces roches sont fortement et profondément fissurées; de ces fissures proviennent des courants d'air chaud, qui échauffent les cavernes où ils ont lieu. Sur certains points, il s'échappe des fentes de ces rochers des courants de vapeur d'eau pure, dont la température se maintient entre +24° à +28°. Cette circonstance et les courants d'air annoncent qu'il existe au-dessous du point où cette vapeur et ces courants se dégagent une chaleur élevée qui agit avec une constance remarquable. On ne peut attribuer de pareils effets qu'à la chaleur centrale, dont l'affaiblissement est si lent. Si l'on voulait admettre que ces phénomènes sont produits par une cause volcanique, ce ne serait nullement changer la cause première; car les foyers des volcans sont une des preuves les plus évidentes de la chaleur de l'intérieur du globe.

Cependant aucun courant d'air ou de vapeur d'eau chaude ne s'échappe des formations volcaniques de Valmahargues et de Montferrier, situées à une lieue des cavernes de Montels. Les eaux des puits de ces deux localités, où l'on découvre des traces de volcans éteints, ne se maintiennent qu'à +13°,5, tandis que celles des lieux les plus rapprochés des cavernes, ont constamment +21°,5 à +22°.

D'après toutes ces circonstances, la température constante des souterrains de Montels doit dépendre de la chaleur centrale, dont l'influence se fait d'autant plus sentir, que les roches qui les composent sont profondément fissurées. On le doit d'autant plus que d'autres faits analogues sont non moins concluants pour nous faire regarder l'hypothèse du feu central comme la seule qui puisse expliquer l'ensemble des phénomènes calorifiques du globe.

Note 41, page 270.

Il est incontestable qu'il s'opère encore tous les jours, et sous nos yeux, des soulèvements ou plutôt des relèvements du sol. Il paraît cependant difficile de supposer qu'il puisse s'en opérer de comparables à ceux qui ont produit le surgissement des Alpes, de l'Himalaya et des Cordilières. La croûte solide du globe oppose dans ce moment une résistance trop grande à l'expansion des vapeurs qui tendrait à la briser, pour s'élever en chaines élevées et d'une étendue considérable.

Pour en être convaincu, il suffit de fixer son attention sur les redressements qui s'opèrent encore de nos jours, et de reconnaître dans quelles limites étroites ils sont bornés.

Dans les soulèvements du sol qui ont encore lieu dans ce moment, il faut distinguer ceux dus à un relèvement constant, gradué et successif, des exhaussements produits par des causes violentes et agissant d'une manière brusque et subite. Nous commencerons l'étude de ce phénomène par les plus importants, parce qu'ils paraissent du même ordre que ceux qui ont opéré le surgissement de la surface du sol.

D'après Johnston, un changement dans le niveau des terres et des eaux s'opère dans plusieurs lieux rapprochés des côtes de la Baltique (Comptes rendus de l'académie des sciences, 12 juillet 1834, p. 224). Cependant le niveau de cette mer n'a pas varié depuis plus de six siècles. Néanmoins les changements remarquables qui se passent sur les côtes de la Suède sont dus à une élévation du sol, qui continue encore aujourd'hui, mais d'une manière presque insensible.

D'après M. Bothlingk, envoyé à cet effet par l'académie de Saint-Pétersbourg en Finlande et en Laponie, l'exhaussement successif du sol de la Suède et de la Finlande peut être d'environ 3 ou 4 pieds par siècle. Il a dû se produire sans interruption depuis un temps presque incalculable. Du moins ce géologue assure avoir observé dans l'intérieur de ces contrées, et jusqu'à une élévation de 200 mètres au-dessus du niveau de la mer, des atterrissements composés de grands blocs évidemment formés jadis par le brisement des flots.

L'absence de toute tradition, comme de toute trace d'action volcanique dans la péninsule scandinave, empêche d'attribuer à pareil relèvement du sol à cette cause. Il dépend probablement du refroidissement graduel de la surface du globe, qui, en causant une contraction et une compression des points où ce refroidissement est à son maximum, tend à élever le sol extérieur dans les lieux où il offre un minimum de résistance.

Le centre de cette action paraît être pour la Scandinavie dans la chaîne de montagnes qui traverse la Norwége, la Suède et la Finlande, et se réunit à l'embouchure de Bothnie. En attribuant, avec M. Elie de Beaumont, la formation de cette chaîne au refroidissement séculaire de notre planète, on trouve dans l'observation du sol encore apparent en Scandinavie un reste de l'action puissante à laquelle elle doit son origine.

Si l'on avait fait des observations analogues sur d'autres points où une chaîne de montagnes est parallèle à la mer, on aurait probablement remarqué les mêmes phénomènes que sur les rivages de la Baltique.

Il est donc bien constaté qu'il s'opère dans toute la Suède et la Finlande, depuis Frederikshalle jusqu'à Abo, et peut-être jusqu'à Saint-Pétersbourg, un soulèvement lent et gradué. Quant à la grandeur de ce soulèvement, plusieurs géologues, à la tête desquels nous nommerons M. de Buch, l'ont évalué à 2 ou 5 pieds par siècle, et d'autres de 3 à 4. Il n'y a du reste de difficulté que pour cette quantité; car, pour le point de fait, il est bien constant, d'après les recherches de M. de Buch en 1810, de MM. Bruncona et Haeltsrom en 1821, de M. Lyell en 1836, et enfin de Bothlingk en 1840. D'après les observations d'Olivier dans le golfe de Santorin, le fond de la mer, surtout en face de Théra, se relève d'une manière constante. En effet, à l'époque de ses voyages, il ne reconnut que 15 à 20 brasses, là où la profondeur de la mer passait autrefois pour être très-grande. En 1829, M. Virlet n'a trouvé dans le même lieu que 4 brasses et demie d'eau; l'amiral Lalande quelques années plus tard (1835), seulement 2 brasses. Un banc d'une étendue considérable, d'environ 2,400 pieds sur 1,500 paraît s'élever au-dessus des eaux; aussi avait-on présumé qu'il devait atteindre la surface et former une île cette année 1842.

Les navigateurs pourront facilement vérifier ce fait lorsqu'ils parcourront les parages où il se présente.

Du moins, d'après M. Austin, la côte de Watterford-Haven s'est grandement exhaussée depuis l'apparition de l'homme. A l'ouest de Watterford-Haven, depuis Rock-Passage jusqu'à Woodstown, on rencontre des collines d'argile et de cailloux roulés dépendant du vieux grès rouge. Cette argile recèle un banc de *cardium edule*, de 5 à 4 pieds de puissance. Ce banc renferme aussi quelques autres coquilles marines; on y a découvert près de Newtown la plus grande partie d'un squelette humain. Il gisait à peu près à 5 pieds au-dessous du sol, et à la ligne des hautes eaux. Le crâne renfermait quelques coquilles.

D'après toutes ces circonstances, **M**. Austin présume que depuis l'inhumation de ce cadavre un changement de niveau s'est nécessairement opéré. Ce changement a été dû à la projection des roches de trapps, qui ont imprimé une certaine courbure à ce banc de coquilles et l'ont soulevé.

De même qu'il s'opère dans certains points des exhaussements du sol plus ou moins considérables, des affaissements progressifs se produisent sur d'autres. Tels sont ceux qui ont lieu sur une partie des côtes du Groenland, et celui qui paraît s'être effectué auprès de Pouzzoles dans le royaume de Naples.

Il est essentiel de faire remarquer que ces soulèvements et ces abaissements partiels du sol ont très-peu d'importance sur la configuration du globe, surtout lorsqu'on les compare avec ceux des temps géologiques.

Les exhaussements du sol dus à une cause subite et violente, comme les éruptions volcaniques, sont si nombreux et si évidents, même dans les temps actuels, que les preuves sur lesquelles s'appuie leur réalité se présentent en foule et se rapportent à toutes les époques historiques.

Ainsi, l'an 196 avant J.–C., la petite île de Hiera, appelée aujourd'hui *Hiera-Nisos* ou *Paléo-Kaimeni*, la Vieille-Brûlée, s'est élevée dans l'Archipel grec auprès de l'île Santorin. Depuis lors, elle s'est encore exhaussée, et s'est successivement accrue, notamment en 726 et 1427. L'an 19 de l'ère chrétienne est apparue, tout à côté de la précédente, une île nouvelle, plus petite encore, nommée *Thea* ou la Divine. Elle n'existe plus aujourd'hui.

En 1538 et le 29 septembre, pendant un tremblement de terre, la haute colline de forme allongée connue sous le nom de *Monte-Nuovo* s'est formée auprès du Vésuve dans le royaume de Naples. Sa hauteur actuelle au-dessus de la mer est de 440 pieds, et son pourtour d'environ une demi-lieue. En 1573, on vit également apparaître dans l'Archipel grec, près de Santorin, une troisième île, *Micri-Kaimeni*, la Petite-Brûlée. Elle se maintient à 1,000 pieds au-dessus des eaux.

Le 23 mai 1707, on aperçut de Santorin, entre le grand et le petit Kaimeni, un rocher nouvellement sorti des flots dans un point où la mer avait auparavant de 80 à 100 brasses de profondeur. Ce rocher augmenta graduellement d'étendue et d'élévation; il finit par avoir plus d'un demi-mille de tour, et 7 à 8 mètres d'élévation. On le nomma l'île Blanche à cause de sa couleur. Il sortit de la mer successivement de nouvelles roches; elles formèrent à leur tour une île nouvelle, qui fut appelée l'île Noire à raison de ses nuances. Un an après sa formation, elle avait 5 milles de tour, 1 mille de large et plus de 60 mètres de hauteur. Enfin, par des accroissements successifs, les deux îles se joignirent en 1709. Il se forma au milieu d'elles un cratère dont le cône s'est élevé à plus de 500 pieds. Cette île est maintenant connue sous le nom de *Neo-Kaimeni* ou la Nouvelle-Brûlée.

M. de Humboldt a cité le soulèvement d'un terrain de 3 à 4 milles carrés situé dans l'intendance de Valladolid, au Mexique, qui s'opéra en 1759. Vers le centre de l'espace soulevé, l'exhaussement total est de 160 mètres , près de 500 pieds, et sur ses limites il est à peine de 12 mètres (57 pieds).

De même, en 1785, plusieurs îles furent soulevées sur les côtes de l'Islande ; elles sont même redoutées des navigateurs, étant des écueils dangereux. En 1820, une baie de l'extrémité occidentale de l'île de Banda fut remplacée par un promontoire composé de blocs de basalte d'une grosseur prodigieuse. On cite encore le soulèvement qui, en 1822, à la suite d'un effroyable tremblement de terre qui détruisit un grand nombre des villes du Chili , exhaussa la côte de cette contrée sur une étendue de plus de 50 lieues. Il y a seulement quelques années (1831) que l'île de Nerita s'est élevée brusquement d'environ 70 mètres de hauteur au-dessus du niveau de la mer ; son exhaussement est venu confirmer tout ce que les anciennes chroniques nous avaient appris sur de pareils surgissements. D'après la formation de cette île , qui a disparu, on conçoit qu'une montagne d'environ 1,000 pieds et de quatre lieues de tour a fort bien pu s'élever subitement , ainsi que' nous l'apprend l'*Encyclopédie japonaise*, dans la dixième année du règne de Mon-Song, roi de Corée (l'an 1007 de J.-C.).

A toutes les époques de la terre, il y a eu des soulèvements du sol, comme des éruptions volcaniques et des tremblements de terre. Ces phénomènes sont bornés, dans l'époque actuelle, aux lieux les plus rapprochés du bassin des mers, ou dans les îles et les terres les plus récemment sorties du sein des eaux et presque jamais dans le centre des continents.

Note 42, page 272.

M. de Bussy est même parvenu à liquéfier le chlore gazeux à l'aide d'un abaissement de température opéré par la volatilisation de l'acide sulfureux. Cependant aucun des agents physiques et chimiques dont nous disposons n'a pu jusqu'à présent ramener à l'état liquide ou solide les trois éléments gazeux qui existent en cet état dans la nature. Le chlore est le seul de ces corps naturellement gazeux dont on a changé l'état et que l'on a amené à l'état liquide ; il nous reste à le faire passer à l'état solide.

Parmi les gaz composés, l'acide carbonique est le seul que nous avons liquéfié et solidifié. On a cependant ramené l'acide sulfureux à l'état liquide en le soumettant à un degré de —20°. Dans cet état, il est tellement volatil qu'il peut, en s'évaporant à l'air, faire descendre le thermomètre à moins de 57°. Aussi détermine-t-on la congélation d'une petite quantité de mercure renfermée dans une boule de verre en la plongeant dans cet acide liquéfié, qu'on fait promptement vaporiser sous le récipient de la machine pneumatique.

Note 43, *page* 273.

M. Cacciatore, directeur de l'observatoire de Parme, a observé deux fois au mois de mai 1835 un astre présentant les apparences d'une étoile de septième à huitième grandeur. En le comparant à l'étoile voisine correspondante à 12″ 17′ du catalogue de Piazzi, il lui supposa un mouvement très-lent, et que ce pouvait être une comète située au delà de l'orbite d'Uranus.

Mais Olbers fit observer que l'on ne devait pas considérer comme une comète située au delà d'Uranus un astre qui se montrait comme une étoile de septième à huitième grandeur, et que l'on pouvait plus naturellement conjecturer l'existence d'une nouvelle planète. Cette planète, à cause du déplacement très-lent observé par **M.** Cacciatore, pourrait bien être située au delà d'Uranus, ce qui confirmerait une ancienne conjecture de **M.** Bouvard et de quelques autres astronomes.

D'un autre côté, l'assimilation du nouvel astre à une planète située au delà d'Uranus a paru bien hasardée à **M.** Valz, puisqu'on ne la fonde que sur la lenteur du mouvement; car toutes les planètes se trouvent à tour de rôle dans des circonstances semblables, et deviennent même stationnaires. Cet habile observateur a prouvé que le mouvement de l'astre aperçu par **M.** Cacciatore n'est direct qu'en ascension droite, tandis que sur l'écliptique ce mouvement est réellement rétrograde. Son extrême lenteur indique d'ailleurs la proximité de la station. Le 18 mai, date de la seconde observation, l'astre était à 126° du soleil, c'est à peu près la position de la station de Cérès; c'est aussi la région que **M.** Olbers avait indiquée et choisie pour la recherche des petites planètes. Deux observations suffisent à la déterminaison d'une orbite circulaire; il avait encore à sa disposition ce moyen d'investigation. Elle lui a donné pour résultat qu'on ne pouvait supposer une distance de l'astre au soleil plus grande que 2,3.

Aussi M. Valz trouve qu'il y a là assez de circonstances spécieuses réunies pour qu'on puisse admettre l'existence d'une cinquième planète semblable à Cérès, Pallas, Junon et Vesta. S'il en est ainsi, on aurait presque aux confins de notre système planétaire une planète d'une si petite dimension, qu'elle serait représentée par un grain de sable, le soleil étant supposé former une sphère d'un mètre de diamètre (voyez Comptes rendus de l'académie des sciences, année 1855, p. 150; — id., année 1856, premier semestre, p. 154; — id., année 1836, deuxième semestre, p. 142 et 454).

Note 44, page 276.

On a considéré la présence des hydatides dans le cerveau comme une preuve de la réalité des générations spontanées, parce qu'il a paru difficile d'admettre que leurs germes, plus gros que les molécules du sang, pussent parvenir à cet organe et s'y développer. Ils ne le peuvent pas davantage en traversant toutes les enveloppes qui protégent le cerveau contre l'action des agents extérieurs.

Sans doute cette dernière manière d'expliquer la formation des hydatides dans le cerveau ne saurait être admise; car leur passage à travers toutes les enveloppes de cet organe serait encore plus difficile à comprendre que le fait lui-même. Mais en est-il de même de l'autre explication? Nullement. Car on ne voit pas pourquoi les ovules des hydatides, quoique plus gros que les globules du sang, ne pourraient pas être entraînés par le torrent de la circulation jusqu'à l'organe où ils doivent se développer.

Du reste, dans l'hypothèse qui fait naître dans le cerveau, le foie ou tout autre viscère, les différentes espèces de vers intestinaux, dont les germes y ont été entraînés par la marche ordinaire de la circulation, il est tout simple que ces germes ne se développent que dans l'organe où ils pourront trouver à remplir les conditions de leur existence. Il en est de ces germes comme de ceux qui produisent tant d'espèces végétales qui apparaissent spontanément et subitement, lorsqu'elles trouvent quelque part les conditions favorables à leur croissance. C'est ce que l'on voit pour ainsi dire tous les jours, pour les *mucor*, les *byssus* et les *tremella*, dont la végétation est toujours déterminée par l'humidité et d'autres circonstances extérieures.

Ainsi, les germes se développent toutes les fois qu'ils rencontrent les circonstances favorables à leur existence; mais chacun d'eux choisit très-bien l'organe qui lui a été assigné dans l'ordre de la nature. Les hydatides du cerveau ne sont point les mêmes que celles du globe de l'œil, tout comme les ascarides de l'estomac ne sont pas identiques avec celles du tube intestinal.

Il en est des vers qui se tiennent dans le corps des animaux, comme des espèces parasites du règne végétal et animal. Ces parasites ne se trouvent pas non plus indifféremment sur les unes et sur les autres.

L'objection prise de ce que les vers intestinaux doivent nécessairement être produits par une génération spontanée, puisque leurs séminules n'ont jamais été observés à l'extérieur, ne peut pas être considérée comme sérieuse. Il faudrait du moins en dire autant des truffes. Leurs germes n'ont point été aperçus en dehors de la terre où croissent ces singuliers végétaux, dont le mode de génération ou de reproduction est encore si obscur.

Il y a donc tout au plus dans la nature des transformations d'une matière organique à une autre, ou si l'on veut des excitations nouvelles. C'est ainsi que l'on peut concevoir les formations dérivées de la matière verte lorsqu'elle s'organise de nouveau, et pourquoi les vibrions et les rotifères desséchés pendant des années entières, reprennent toute leur activité lorsqu'un peu d'humidité leur est donnée.

Du reste, si des générations spontanées avaient lieu, elles ne seraient pas bornées aux êtres les plus inférieurs; car si la matière brute avait le pouvoir de s'organiser et de donner la vie, elle qui ne la possède pas, elle devrait tout aussi bien engendrer des êtres très-compliqués que des êtres placés au plus bas degré de la série. Mais un pareil pouvoir ne lui est pas plus attribué pour les uns que pour les autres.

Note 45, page 280.

Quant aux végétaux et aux animaux dont nous pouvons suivre les développements, on les voit constamment sortir d'une souche première. Ils en dérivent comme ceux dont ils tirent leur origine. Il en est de même de tous ceux qui nous échappent par leur petitesse, mais dont nous pouvons étudier le mode de formation à l'aide du microscope. Au moyen de cet instrument, nous arrivons encore jusqu'à une mère commune. On les voit en provenir par des moyens divers. Le plus simple et le plus général est une séparation immédiate de la souche mère. Les générations prétendues spontanées s'évanouissent donc lorsqu'on les suit et qu'on les examine avec le microscope, cet instrument merveilleux qui nous a dévoilé un monde nouveau.

Sans doute une foule d'êtres se développent avec une rapidité si grande, qu'il est difficile de se faire une idée nette du mode qu'ils suivent dans leur formation. Tels sont ceux qu'un peu d'humidité fait apparaître en nombre prodigieux, ou bien ceux que la putréfaction de telle ou telle substance a l'air d'engendrer pour ainsi dire de toutes pièces. Toutes ces manifestations subites d'êtres vivants dans les lieux où naguère on n'en voyait aucune trace, dépendent de ce que leurs germes qui flottent dans l'atmosphère y ont trouvé les conditions favorables à leur existence. Il en est d'eux comme de ceux que l'on voit arriver en foule sur les cadavres des animaux, et dont par une de ces admirables combinaisons de la nature ils débarrasseront bientôt les lieux qu'ils auraient infectés.

En un mot, il est plus conforme à l'analogie, et plus d'accord avec l'observation, de ne pas admettre l'existence des générations spontanées, puisque tous les êtres dont nous pouvons suivre les développements proviennent d'une mère. Il est donc à présumer que si nous pouvions construire des instruments assez délicats pour apercevoir les germes des générations obscures, nous verrions qu'il en est de même de celles-ci.

Note 46, *page* 303.

Les moyens qui nous ont mis en communication avec les objets extérieurs, et qui nous en ont fourni des données précises, sont presque tous d'une date peu ancienne. En effet, l'invention des thermomètres est assez récente, ainsi que nous allons le voir, et surtout celle qui nous a permis de les comparer entre eux. Le baromètre ne remonte pas au delà de l'époque où Torricelli interrogea le tube à l'aide duquel il détermina, en 1643, la hauteur de plusieurs points plus ou moins élevés. Ce fut avec ce même tube que plus tard et en 1646 Pascal démontra la pesanteur de l'air en le portant sur la cime du Puy de Dôme.

Les autres instruments qui nous ont permis de reconnaître la température propre à chacun des corps, et en même temps d'apercevoir les plus petits objets comme de nombrer les étoiles de la voie lactée, sont cependant un peu plus anciens que l'invention du baromètre. Ainsi le thermomètre, imaginé en 1597 par Galilée, fut perfectionné par Sagredo, et devint entre les mains de Torricelli un instrument de météorologie. Mais le thermomètre ne devint très-important que lorsque Newton eut établi les deux points fixes qui en régularisent la marche et le rendent essentiellement comparable.

Quant à la découverte du télescope, la gloire de son invention paraît due à Galilée, qui sut y appliquer avec habileté les lentilles imaginées par le **Hollandais Mesbius.** Armé du télescope, **Galilée** découvrit les satellites de **Jupiter,** les taches du soleil qui lui firent connaître la rotation du soleil, pour l'explication desquelles Herschel a proposé beaucoup plus tard une hypothèse ingénieuse. L'époque de cette invention eut lieu vers 1595. Enfin le microscope, imaginé et perfectionné par l'académie del Lincegno, fut employé avec succès par **Robert Hock,** l'inventeur des montres de poche, à déterminer un grand nombre de petits objets dont cet observateur publia même la figure.

Enfin, l'instrument destiné à nous faire connaître le degré d'humidité de l'air est d'une date plus récente encore, puisqu'il ne remonte qu'à Saussure, et encore l'hygromètre imaginé par ce physicien en donnait à peine une idée. C'est de nos jours que M. Savary, en voyant toute son imperfection, a proposé de déterminer le degré d'humidité de l'air par l'appréciation du degré de température auquel cet air doit être abaissé pour que la vapeur d'eau se précipite.

Cet instrument se compose d'un thermomètre métallique roulé en spirale. Les éléments dilatables de cette courbe sont des lames d'or et de platine soudées ensemble. Le tout est renfermé dans une boîte circulaire en platine très-mince, ayant sur le contour supérieur un petit rebord, qui fait de cette face un godet susceptible de recevoir quelques gouttes de liquide.

Les lames métalliques, par leur construction ou leur extension, font marcher une aiguille indicatrice de la température comme dans tous les pyromètres. Pour se servir de cet instrument, on commence par le refroidir par l'évaporation de quelques gouttes d'éther, que l'on dépose sur le couvercle de la boîte de platine.

L'humidité de l'atmosphère se précipite alors sur sa surface, comme cela a lieu sur tous les corps froids, et particulièrement sur une carafe renfermant de l'eau froide. L'hygromètre marque pour lors un certain degré, qui est évidemment en rapport avec la quantité d'humidité répandue dans l'atmosphère; car il faut le refroidir d'autant plus que le temps est moins humide.

Note 47, page 312.

Si les migrations des oiseaux et des poissons avaient été l'objet de l'attention des anciens observateurs, nul doute que ces phénomènes ne fussent très-propres à nous démontrer l'invariabilité des climats. Du moins, les retours des mêmes espèces à des époques fixes, dans les lieux où elles passent l'hiver ou toute autre saison, démontrent assez bien la constance des climats actuels.

Un autre fait pourra encore dans l'avenir être invoqué à cet égard : ce fait se rapporte aux tableaux dans lesquels on établit le prix des diverses récoltes au moment de la moisson et de la vendange. Ces tarifs pourront nous apprendre si les moyennes de ces époques essentielles en agriculture ont ou non changé dans des espaces de temps plus ou moins considérables. Si nous consultons à cet égard les anciens registres, ces époques nous paraissent comme les autres phénomènes naturels, dans une stabilité remarquable.

Note 48, page 322.

Pour se former une idée précise des grandes inégalités de la surface du globe, il faut, d'une part, prendre la profondeur des mers et l'ajouter à la hauteur des montagnes les plus élevées. On trouve pour la première environ 5,000 mètres, et pour la seconde au plus 8,400 à 9,100 mètres, ce qui donne un total de 13,400 ou de 14,100 mètres. Si l'on compare le nombre le plus fort avec le rayon de la terre (6,366,407 mètres), les montagnes les plus élevées sont environ la sept-centième partie de ce rayon.

Ces inégalités sont moins considérables encore pour le nouveau monde que pour l'ancien continent. En effet, le point le plus haut de l'Amérique (le Nevado de Sorata) est de 7,696 mètres ; il s'élève donc de 1,152 mètres au-dessus du Chimborazzo, en sorte qu'en additionnant cette hauteur avec la plus grande profondeur de l'Océan on a 12,696 mètres, ce qui n'est que la huit-cent-vingt-neuvième partie du rayon terrestre.

On se tromperait grandement si l'on croyait que nous connaissons une semblable épaisseur de couches solides ; nous sommes loin de savoir à quel ordre de formation appartient le fond de l'Océan, et par conséquent nous sommes sans lumières sur les roches qui se trouvent à de pareilles profondeurs. Celles qui composent les grandes hauteurs nous sont également inconnues. Les neiges les recouvrent dans nos régions tempérées à 2,500 ou 2,700 mètres, et dans le nouveau monde où elles sont les plus élevées à 4,000 ou 4,800 mètres. Voilà les seules données que nous ayons sur la composition des roches qui forment la surface du globe. C'est donc sur la connaissance d'une aussi faible pellicule que sont établis tous les systèmes géologiques qui ont été imaginés jusqu'à ce jour.

Note 49, page 323.

Si les différentes chaines qui composent les montagnes ont été exhaussées par l'expansion des fluides élastiques contenus dans l'intérieur du globe, expansion produite par la chaleur centrale, il est plus naturel de supposer que cette force soulevante a suivi une direction déterminée, que de la considérer comme agissant sans aucune sorte de régularité. Dès lors les chaines qui appartiennent à une même époque doivent avoir une même direction, et l'on peut déterminer leur âge par leur alignement, comme on le fait en s'aidant des roches ou des formations qu'elles ont traversées.

Les dislocations des couches terrestres, caractère général des pays montagneux, ne sont point les résultats de phénomènes locaux, qui se seraient répétés d'une manière successive et irrégulière, mais bien les effets d'une cause brusque, et qui a agi dans des directions bien déterminées. La constance des directions moyennes suivant lesquelles les couches de sédiment se trouvent redressées sur des étendues immenses en est en quelque sorte la preuve physique.

L'examen pratique des montagnes a fait saisir aux mineurs la régularité des directions. Cette connaissance leur est d'une grande utilité pour la recherche des filons métalliques ou celle des couches de houille. Ainsi ce qui frappe le plus dans les chaines de montagnes, lorsqu'on les compare les unes aux autres, c'est la direction que le phénomène auquel est dû le redressement des couches leur a imprimée, en déterminant celle de la plupart des crêtes. Il en est également des filons de même nature qui en font partie; ces filons doivent leur origine à des fentes parallèles entre elles, ouvertes en même temps et remplies ensuite dans une semblable période.

Note 50, page 326.

On a cru pouvoir expliquer un certain nombre des faits physiques qui se rapportent à la terre, en supposant que notre planète avait éprouvé par une cause quelconque un déplacement sur son axe. Les auteurs de cette hypothèse se sont peu occupés de la question de savoir si le globe portait en lui-même des preuves d'un pareil déplacement, ou si la discussion des mouvements de son satellite, si féconde en résultats remarquables, ne prouvait pas que le mouvement de rotation de la terre sur son axe est invariable. La durée du jour n'a point changé de la centième partie d'une seconde depuis plus de mille années, ce qui n'aurait pas lieu si l'axe de notre globe avait été déplacé.

Aussi, pour expliquer les phénomènes de l'ancien monde, il n'est nullement nécessaire d'avoir recours à des causes cosmologiques d'autant moins admissibles qu'elles sont hors de la marche ordinaire des choses. En effet, un déplacement dans l'axe de la terre, comme un changement dans l'inclinaison de l'écliptique, ne pourrait avoir eu lieu sans de violents bouleversements dans notre sphéroïde terrestre , bouleversements que sa forme, sa densité croissant de la surface au centre, sont loin d'annoncer.

Sans doute la théorie de l'attraction démontre que l'obliquité de l'écliptique éprouve des variations séculaires; mais ces variations son t comprises entre des limites si resserrées, qu'il ne peut en résulter des changements notables dans les climats. Ces changements qui sont réels, lorsqu'on compare les climats des temps géologiques avec ce qu'ils sont maintenant, paraissent avoir dépendu de ce qu'aux anciennes époques les effets de la chaleur centrale, en s'ajoutant à l'action solaire, donnaient aux régions polaires une température supérieure à celle dont jouissent les contrées équatoriales.

Cette cause a donné aux pays glacés du Nord une végétation et des animaux analogues à ceux des tropiques, en répandant dans ces régions une température aussi élevée et une lumière aussi vive que celle qui échauffe et vivifie maintenant les parties de la terre les plus favorisées sous ce double rapport. De pareils effets sont loin de pouvoir être attribués au déplacement de l'axe de la terre, lors même que la possibilité d'un pareil déplacement serait démontrée, ce que l'observation et les faits sont loin de pouvoir faire admettre. Ils dépendent plutôt de ce que chacune des zones terrestres a passé par la température équatoriale, après avoir subi l'impression d'une chaleur plus élevée et avoir baissé jusqu'à la stabilité actuelle qui dépend uniquement des rayons solaires.

Note 51 , *page* 332.

D'après les observations de M. Arago, que M. Pontécoulant nous a fait connaître dans son Astronomie, l'aplatissement des planètes ne serait pas constamment en rapport avec leur vitesse de rotation. En effet, la rapidité des mouvements de Mercure et de Vénus, dont la durée de la rotation est à peu près égale à celle de la terre, n'offre pas de traces d'aplatissement. Mars présente cependant un plus grand aplatissement que la terre, quoique les mouvements de ces deux planètes soient peu différents. D'un autre côté, Saturne, dont la vitesse est moindre que celle de Jupiter, a cependant un aplatissement plus considérable.

Si les faits qu'annonce le tableau que nous avons extrait de l'ouvrage que nous venons de citer sont exacts, il faut que d'autres éléments aient eu de l'influence sur les degrés de l'aplatissement. Ces éléments peuvent dépendre de l'état particulier des masses qui composent ces astres, et des divers degrés de solidité qu'ils ont conservée depuis que leurs mouvements de rotation leur ont été imprimés.

Voici du reste ce tableau.

PLANÈTES.	DURÉE DE ROTATION.	APLATISSEMENT.
Mercure.	24 h. 5'.	Insensible.
Vénus.	23 h. 21' 19".	Insensible.
Terre.	24 h.	$\frac{1}{305}$.
Mars.	24 h. 39' 21".	$\frac{1}{194}$.
Jupiter.	9 h. 55' 49".	$\frac{1}{16}$.
Saturne.	10 h. 16'.	$\frac{1}{11}$.

Les éléments d'Uranus et des planètes microscopiques nous sont tout à fait inconnus.

Note 52, *page* 332.

Si la terre et les autres planètes du système solaire, ou le soleil lui-même, résultent de la condensation de la matière nébuleuse, les modifications que la terre a éprouvées étaient nécessaires pour l'amener à son état actuel. Sans doute les commotions qu'elle a ressenties dans sa portion solide, l'exhaussement des grandes chaines de montagnes, sont, si l'on veut, par rapport à nous et pour les végétaux et les animaux dont elles ont anéanti les traces, des révolutions effroyables; mais, relativement à la terre et au but pour lequel elle a été créée, ces événements étaient dans l'ordre de la nature.

Il fallait que des inégalités couvrissent la surface du globe; sans elles en effet les eaux courantes n'auraient pas pu la parcourir, car toute sa surface aurait été couverte d'une couche liquide plus ou moins profonde. Un pareil état de choses ne pouvait convenir aux animaux terrestres qui devaient la peupler. Dès lors il y a eu nécessité que des continents surgissent au-dessus du sein des eaux, et, pour opérer un pareil exhaussement, des soulèvements dans l'écorce du globe ont été indispensables.

Ces modifications ont amené toutes celles qui ont eu lieu plus tard : et peu à peu, par suite de leurs effets, la terre est arrivée à l'état de stabilité dans lequel nous la voyons maintenant. Cette stabilité assure la perpétuité des êtres actuellement vivants ; du moins peut-on prévoir avec quelque probabilité qu'ils dureront avec les mêmes conditions d'existence tant que des causes en dehors de celles qui agissent ne viendront pas troubler ou détruire cet ordre et cette harmonie.

Note 53, *page* 334.

Un des points les plus importants de l'histoire des végétaux et des animaux des temps géologiques, c'est que leurs anciennes générations n'ont pas toujours existé, même lorsque la surface du globe offrait une portion solide ou des continents élevés au-dessus du sein des eaux. L'observation fixe avec assez de rigueur le point de la terre où elles ont commencé ; elle nous apprend que leur existence est postérieure à l'époque de la formation de notre planète.

Quant à ces générations considérées en elles-mêmes, elles paraissent s'être succédé en raison directe de la complication de l'organisation, et la vie a marché ici-bas du simple au composé. Cette loi, la plus générale des anciennes créations, offre cependant quelques exceptions ; toutefois elles sont bornées aux êtres les plus simples, c'est-à-dire aux végétaux et aux animaux dont l'organisation est peu compliquée ; c'est donc chez les plantes cryptogames et chez les animaux invertébrés que se manifestent principalement quelques exceptions à la loi de complication.

Ainsi les mollusques céphalopodes, les plus avancés en organisation de tous les invertébrés, ont paru cependant aux premiers âges où la vie s'est manifestée à la surface de la terre, et l'ensemble de leur organisme est tout aussi perfectionné, que celui des espèces de cet ordre actuellement vivantes. De même, les végétaux cryptogames semi-vasculaires de la famille des fougères, des lycopodiacées et des équisétacées, les plus perfectionnés de cet ordre de plantes, ont prospéré dès les plus anciennes époques, tandis que nous n'y avons pas encore aperçu la moindre trace des végétaux cryptogames de la forme la plus simple, tels que des champignons, des lichens, des hépatiques ou des mousses. Les restes des monocotylédones des couches placées le plus bas dans l'intérieur de la terre appartiennent également aux familles les plus élevées de cette classe de végétaux. De pareilles exceptions ne se montrent pas chez les animaux terrestres, c'est-à-dire chez ceux qui respirent l'air en nature ; car on ne pourrait pas en trouver une fondée dans l'apparition de quelques arachnides ou de quelques insectes lors du dépôt des terrains houillers et même des terrains de transition.

Cette particularité tient probablement à la lenteur de leur développement et surtout à celle des mammifères terrestres. Ces derniers n'ont paru qu'avec les formations tertiaires. Si l'on suppose que les deux ou trois individus de Stonesfield appartiennent réellement aux mammifères, ce que contestent bien des zoologistes, leur petit nombre dans ces couches secondaires prouve qu'à cette époque, quoique récente en comparaison des formations de transition et houillères, les animaux de cette classe ne trouvaient pas encore des circonstances favorables à leur existence, puisqu'ils y étaient si rares.

Si nous comparons maintenant l'homogénéité des tissus végétaux avec la complication des tissus organiques animaux, il est difficile de ne pas convenir que l'organisme des derniers est plus avancé et plus perfectionné que celui des plantes. Or donc, si la loi générale de l'organisation a eu lieu en raison directe de la complication, il est naturel que les êtres les plus simples aient paru avant les plus perfectionnés. D'après cette conséquence en quelque sorte nécessaire, les mammifères terrestres, placés au plus haut degré de la série des êtres, ont apparu fort tard sur la scène de l'ancien monde.

D'autres motifs peuvent faire concevoir pourquoi les végétaux terrestres ont précédé les animaux qui respirent l'air en nature. Ces derniers se nourrissent uniquement de plantes ou d'autres animaux plus faibles et moins bien armés. Or, si des espèces herbivores ont dû exister avant les races carnassières, il a été nécessaire que des végétaux pussent servir d'aliment aux animaux herbivores.

Il est enfin une autre remarque relative à la tardive apparition des mammifères carnassiers. Elle prouve que la succession des êtres vivants a eu lieu ici-bas en raison directe de la complication de leur organisme ; car ces carnassiers, plus avancés et plus perfectionnés que les races herbivores qui leur servent de pâture, ont dû par cela même être précédés par ceux-ci.

Il est du moins certain que le règne animal prend au règne végétal ses éléments organiques tout faits, et restitue à son tour, par l'intermédiaire de l'air et du sol, aux végétaux les principes au moyen desquels ces derniers se développent et arrivent à leur perfection. C'est là une admirable réciprocité de service, un merveilleux échange de vie entre les deux règnes, qui annonce combien la nature veille à leur conservation.

Il découle encore de ces faits une conséquence géologique d'une haute portée ; c'est que les végétaux terrestres ont dû exister avant les animaux qui vivent sur les terres sèches et découvertes, puisque ceux-ci tirent essentiellement leur nourriture des plantes. L'observation des couches fossilifères confirme une conséquence qu'on peut déduire à priori, et par suite de déductions établies sur le raisonnement le plus simple.

Il y a donc eu progrès marqué et sensible dans l'apparition des êtres vivants ; ce progrès a été d'autant plus manifeste qu'on l'étudie dans les êtres les plus compliqués, c'est-à-dire les dicotylédons parmi les végétaux, et les mammifères terrestres parmi les animaux. Pour le prouver, il nous suffira d'étudier la succession des êtres animés dont les couches terrestres nous ont conservé la généalogie.

On peut circonscrire les anciennes générations dans trois grandes périodes aussi nettement déterminées par la nature et l'espèce des végétaux et des animaux qui y ont vécu que par celle des dépôts géologiques dans lesquels ils ont été ensevelis.

La première de ces périodes comprend les terrains de transition et houillers ; elle se compose de quatre classes de végétaux sur les six qui forment la flore actuelle. Sous le rapport de la végétation, elle est donc fort simple, puisque les cryptogames semi-vasculaires y dominent essentiellement, et que les monocotylédons et les gymnospermes, plantes d'un ordre plus élevé dans la série, y sont très-peu abondantes. Les agames ont été généralement fort rares pendant la période de transition, ainsi qu'à l'époque houillère. Cette ancienne flore a été encore remarquable sous un autre point de vue, celui de la grande complication qu'ont eue les cryptogames semi-vasculaires du moment que cette primitive végétation s'est manifestée à la surface de la terre. Cependant ces cryptogames sont les plus avancées parmi cette grande classe végétale, qui correspond en quelque sorte aux animaux invertébrés.

Les animaux de cette période se rapportent à trois classes d'invertébrés et à une seule de vertébrés, les poissons, dont l'organisation est la plus simple parmi les animaux de ce grand embranchement. Certains invertébrés qui composent le règne animal de cette époque se font surtout remarquer par la perfection de leur organisme tout aussi grande qu'elle peut l'être chez les espèces vivantes les plus compliquées. Ces invertébrés se rapportent aux insectes, aux crustacés et aux mollusques, dont les particularités de l'organisation sont tout aussi parfaites que celles qui caractérisent maintenant les espèces les plus avancées.

La seconde de ces périodes, plus étendue que la première, embrasse la presque totalité des formations secondaires et comprend des végétaux et des animaux plus variés. Elle réunit cinq classes de plantes sur les six qui font partie de la flore actuelle ; mais, parmi elles, la plus compliquée apparait vers la fin de cette période, c'est-à-dire, lors du dépôt des terrains crétacés les plus récents. Néanmoins, à aucune époque la vie végétale n'a déployé une vigueur comparable à celle de l'époque houillère, où elle a acquis le summum de développement qu'elle peut atteindre. Cette flore a donc été plus complète que la précédente, et plus compliquée, car c'est seulement à partir de cette époque que les végétaux dicotylédons ont paru sur la scène de l'ancien monde.

De pareils perfectionnements se sont également manifestés chez les espèces animales ; ainsi la seconde période a offert un plus grand nombre de classes d'invertébrés et de vertébrés. Au lieu d'être réduit à l'unique classe des poissons, cet embranchement comprend les reptiles, classe qui n'avait pas paru lors de la première période. On paraît avoir reconnu quelques traces d'oiseaux dans les formations crétacées. Il y aurait plus encore si l'on considérait les animaux de Stonesfield comme ayant réellement appartenu aux mammifères, ainsi que le supposent plusieurs naturalistes.

Cette période a donc été en progrès sur la précédente ; car, si d'une part elle a reçu un grand nombre de reptiles qui y ont pris un accroissement extraordinaire, elle paraît avoir eu vers sa fin quelques oiseaux, animaux plus compliqués que les poissons, les seuls représentants des animaux vertébrés lors des premières époques où la vie a brillé sur la terre. Ce perfectionnement n'a pas été moins manifeste lorsqu'on envisage la végétation ; en effet, c'est pour la première fois que les dicotylédons l'ont embellie lors de la seconde période végétale.

Une plus grande complication a eu lieu lors de la troisième période ; celle-ci a compris tous les dépôts de sédiment qui se sont opérés depuis les terrains tertiaires jusqu'aux dépôts historiques. Elle a porté sur les classes végétales et animales et sur le nombre des espèces compliquées. Celles-ci ont été sans cesse en augmentant, et à tel point que leur rapport avec les races plus simples a été à peu près le même que maintenant. Il y a donc eu lors de cette troisième période progrès dans les rapports numériques des classes et des espèces qui en font partie. Lorsqu'on arrive aux terrains tertiaires, ce n'est plus d'une manière dubitative que l'on admet parmi les nombreux débris de végétaux et d'animaux qu'ils recèlent la présence des dicotylédons, des oiseaux et des mammifères. Ce qui prouve d'une manière incontestable la tendance de la nature vers le progrès, c'est que le nombre des espèces qui appartiennent à ces classes les plus compliquées s'accroît constamment vers les couches les plus récentes de ces terrains. Il y a plus : à mesure que l'on s'approche des derniers temps géologiques, les espèces analogues s'augmentant, elles deviennent même peu à peu semblables aux êtres actuellement vivants. Ces dernières races forment comme le lien qui unit les générations des temps géologiques avec celles des temps historiques.

La remarque la plus singulière que présentent les anciennes créations, c'est d'avoir été composées pendant longtemps d'espèces aquatiques. Seulement, chez les végétaux, les espèces terrestres ont été en proportion numérique supérieure aux marines. Quant aux animaux qui ont eu ce même genre de station, ils ont commencé par des races semi-aquatiques, c'est-à-dire vivant dans le sein ou au bord des eaux.

Il y a donc eu progrès dans la marche de l'organisation et dans le genre de station qui a été particulier aux différentes espèces végétales et animales, lorsqu'on suppose que la station sur des terres sèches et découver s est la plus parfaite possible, relativement à la composition de notre globe. Aussi voyons-nous surtout les animaux commencer par des espèces marines, auxquelles ont succédé d'abord les races fluviatiles, puis semi-aquatiques, et enfin des espèces complétement terrestres.

Mais dans les combinaisons aussi diverses que multipliées que, par suite du changement des circonstances extérieures, l'organisation des anciennes créations a éprouvées, il n'y a jamais rien eu de déréglé. Les phénomènes de la nature ne nous paraissent tels que parce que nous n'en savons pas toujours bien saisir les rapports.

La loi du perfectionnement, écrite en traits ineffaçables dans les entrailles de la terre, n'est pas moins sensible chez les productions actuelles. Seulement elle a été toujours plus évidente chez les animaux que chez les végétaux. Ainsi, lorsque des récifs ou des îles s'élèvent au-dessus de l'Océan, les plantes les plus simples apparaissent sur leur surface dénudée ; mais, lorsqu'un peu d'humus s'est accumulé sur ces rochers madréporiques, des végétaux plus compliqués s'y établissent peu à peu et comme par degrés.

Cette végétation nouvelle attire bientôt quelques animaux d'abord simples et devenant graduellement plus avancés en organisation. La seule différence entre ce qui se passe maintenant et ce qui a eu lieu jadis tient à ce que les êtres qui s'établissent sur ces récifs ou sur ces îles nouvelles, n'appartiennent point à une création tout à fait différente de celle qui caractérise l'époque actuelle, comme cela a eu lieu pour les créations successives des temps géologiques.

Enfin l'ancienne création, si distincte de celle qui brille à nos regards, ne peut sous aucun rapport être considérée comme un complément de la création actuelle, car elle ne comble pas les lacunes qui existent entre certaines classes ; elle ne donne pas non plus une symétrie complète au tableau irrégulier des êtres vivants. On ne peut pas davantage considérer les êtres qui en faisaient partie comme la souche des espèces vivantes. Rien du moins ne démontre, ainsi que nous l'avons déjà fait observer, soit par rapport aux êtres ensevelis dans les couches terrestres, soit relativement à ceux qui sont aujourd'hui répandus sur la surface du globe, la possibilité de pareilles transformations, ni l'existence de races intermédiaires entre l'ancienne et la nouvelle création.

Note 54, page 336.

Le nombre des volcans éteints est extrêmement considérable dans l'ancien continent, bien plus que dans le nouveau ; il y est même d'autant plus grand, qu'on examine ceux qui ont existé dans l'intérieur des terres. Auprès du bassin des mers ou dans des îles d'une petite étendue se trouvent la plupart des volcans brûlants, du moins ceux qui lancent des laves ou des matières solides. Il n'y en a pas de pareils dans l'intérieur des terres à plus de douze lieues des mers ; ce phénomène est si général que le volcan de Jorullo, au Mexique, situé à trente-six lieues de distance de l'Océan, est la seule exception connue.

Sans doute, le centre de l'Asie à plus de quatre cents lieues des mers, offre des traces de phénomènes volcaniques ; mais les éruptions de ces bouches ignivomes lancent seulement des gaz ou de la vapeur d'eau. On n'en voit du moins jamais sortir des matières solides analogues aux laves du Vésuve, de l'Etna ou du pic de Ténériffe. D'autres phénomènes analogues ont eu lieu sur un grand nombre de points du globe ; mais, lorsqu'ils sont à plus de douze lieues de l'Océan, ils sont bornés à des dégagements de gaz ou de vapeurs aqueuses.

Les formations volcaniques qui se produisent encore depuis les temps historiques sont généralement peu étendues ; leur existence est éphémère, ainsi qu'on peut en juger par la courte durée de l'île Nérita. Ces pitons, opérés dans les points les plus bas de la surface du globe ou dans le sein des mers, prouvent, ainsi que les circonstances qui ont accompagné les formations volcaniques des temps géologiques, qu'il existe une certaine relation entre ces phénomènes et la présence de l'eau.

Nous avons déjà fait observer que les volcans brûlants lançant des laves étaient généralement peu écartés des mers, et nous ajouterons que les formations volcaniques de l'époque géologique sont accompagnées presque constamment par des dépôts fluviatiles et lacustres d'une grande étendue. Ainsi plusieurs de ces bouches ignivomes, qui n'ont cessé leur action qu'après la retraite des mers, n'en ont pas moins lancé leurs feux, lorsque des masses d'eau douce les recouvraient en partie. Tels sont les volcans éteints du plateau central de la France, dont les produits sont tous mélangés de dépôts fluviatiles et lacustres.

Il est donc de fait certain, et les nombreux foyers volcaniques éteints en sont du reste une démonstration assez complète pour ne pas douter que ces phénomènes perturbateurs, ainsi que les tremblements de terre, ont considérablement diminué même depuis les temps historiques. Il est facile de s'en convaincre en jetant les yeux sur les tables, qui ont été dressées, des diverses époques auxquelles les tremblements de terre se sont fait ressentir. Ces tables démontrent que ces ébranlements du sol deviennent de jour en jour moins nombreux et moins terribles. Ils ne sont même très-redoutables que dans le continent le plus récent, ou dans les îles rapprochées de l'Amérique.

Note 55, page 336.

La petite étendue des dépôts opérés sur la surface de la terre depuis les temps historiques est réellement frappante à côté du développement et de l'extension des terrains de sédiment de l'époque géologique. Il ne faut pas croire pourtant que les opérations de la nature soient pour cela interrompues, et que les causes qui ont agi à ces anciennes époques aient cessé leur action. Seulement leur énergie et leur puissance sont devenues moins considérables.

En effet, les fleuves entraînent toujours dans le sein des mers les matériaux qu'ils ont arrachés aux continents, et ils élèvent leur fond à l'aide des limons qu'ils entraînent avec eux. Ces dépôts solides s'amassent donc dans le sein des mers, tandis qu'une partie est rejetée sur les rivages, où ils forment des monticules plus ou moins élevés de sable toujours agités et battus par les vents par suite de leur mobilité. Il en est de même dans l'intérieur des lacs. Ces limons ensevelissent dans leurs dépôts un grand nombre de corps organisés, qui s'y pétrifient, comme l'ont fait dans les anciennes eaux les corps organisés des temps géologiques.

La matière inorganique des coquilles abandonnées par les mollusques qui les habitent, se détruit peu à peu dans le sein des eaux; il s'en substitue une autre plus dense et plus compacte, puisqu'elle ne renferme plus de traces de substance organique. Souvent la matière inorganique, substituée à l'ancienne, prend une forme cristalline, qui n'avait jamais caractérisé la première. Quelquefois la forme du carbonate de chaux nouveau est déterminable; alors elle dépend toujours du rhomboèdre qu'affecte cette substance.

De pareils effets ont lieu par rapport aux os entraînés dans les eaux des mers; ils y deviennent plus solides et plus denses qu'à l'état frais, par la substitution qui s'y opère de la matière organique en une matière inorganique. Jusqu'à présent nous n'avons pas observé dans les ossements des substitutions aussi complètes que celles qui se présentent chez les coquilles. Mais évidemment les ossements éprouvent dans le bassin des mers des altérations analogues, c'est-à-dire qu'ils reçoivent entre les mailles de leur substance organique plus de matière inorganique que celle qui y existait à l'état de vie. Toutefois, cette matière brute ne s'y amasse point et ne s'y accumule pas en quantité assez considérable pour opérer la pétrification complète des ossements comme elle le fait pour les coquilles.

Les végétaux eux-mêmes se pétrifient comme les ossements et les coquilles toutes les fois qu'ils sont dans des circonstances favorables à la substitution de la matière inorganique. La présence d'une grande masse d'eau, comme celle qui existe dans les mers, les lacs et les grands fleuves, parait nécessaire à cette opération. Les autres conditions dépendent de la proportion de carbonate de chaux en dissolution ou en suspension dans l'eau, et des effets électriques qui en déterminent la précipitation. La lenteur de la décomposition du tissu organique n'est pas sans quelque influence sur la production de ce phénomène; elle est avantageuse à une substitution qui s'opère molécule à molécule; car la matière nouvelle prend et suit tous les linéaments du corps organisé, et à tel point que la pétrification n'en change ni la forme ni les caractères.

D'après ces faits, il existe une grande différence entre les véritables pétrifications, qui opèrent un changement total dans la nature et la composition du corps organisé, et les incrustations. Celles-ci se bornent à le revêtir d'une matière inorganique qui se met sur eux sans pénétrer les tissus organiques qui composent le débris qu'elles ont recouvert. Aussi, en brisant ces enveloppes extérieures produites par les incrustations, on retrouve intact le corps sur lequel elles sont venues s'appliquer. On n'a jamais douté que de semblables dépôts ne se soient produits à toutes les phases de la terre; mais on ignore qu'il se forme encore des pétrifications; aussi avons-nous cru nécessaire d'y insister.

Ces pétrifications sont souvent saisies par des limons meubles qui se durcissent comme elles dans le sein des eaux ; dès lors on peut s'étonner qu'elles n'aient pas composé des bancs coquilliers d'une certaine étendue. Cependant ces bancs nous donnent une idée de la manière dont ont été produits ceux des temps géologiques, et ils se forment assez promptement, à en juger par les roches coquillières modernes des bords de la Méditerranée. Il faut donc que l'époque de leur formation ne remonte pas très-haut, puisqu'elle est si peu avancée.

On ne cite guère parmi les dépôts de ce genre que ceux des ports de Messine et de Copenhague, ainsi que les roches calcaires qui, sur les côtes de la Guadeloupe, ont enseveli quelques ossements de Caraïbes, anciens habitants de cette contrée. Outre ces formations marines, on peut, à la vérité, signaler celles des environs d'Alger, caractérisées par un amas de coquilles plus considérable qu'aucune des roches coquillières des temps géologiques ; mais nulle part ces bancs, d'origine moderne ou historique, n'ont acquis une certaine étendue ni une puissance qui puissent être comparées à celles de la moindre des couches de l'ancien monde.

Les dépôts où l'on découvre des pétrifications opérées dans le sein des eaux douces sont encore plus restreints que ceux produits depuis les temps historiques dans les eaux salées ; ils se bornent à quelques bois transformés en partie en carbonate de chaux et en arragonite. On a cité ceux de l'Auvergne, et les poutres du pont de Trajan qui ont été silicifiées dans les eaux du Danube. On peut signaler encore les dépôts d'eau douce découverts dans les lacs de l'Écosse, dépôts qui renferment une grande quantité de graines de charaignes d'eau (*chara*) converties en carbonate de chaux, comme celles qui abondent dans les formations lacustres des terrains tertiaires.

Note 56, page 341.

Des preuves physiques incontestables et des traditions positives attestent la réalité des cataclysmes qui, à une époque peu reculée, ont ravagé la surface de la terre. Parmi toutes les preuves du déluge, nous en rappellerons une peu connue. Des médailles ont été trouvées à Apamée en Phrygie ; elles représentent une caisse flottant sur les eaux contenant un homme et une femme. À droite, on y voit un oiseau tenant une branche entre ses pattes, et on y lit distinctement sur la face de l'arche les deux lettres grecques Νω. Ces médailles du temps de Septime Sévère ont une signification trop facile à saisir pour insister plus longtemps à cet égard. Les faits géologiques nous apprennent également que s'il peut y avoir eu plusieurs déluges, il en est un plus considérable que tous les autres : celui-ci a exercé des ravages bien supérieurs à ceux que pourraient produire les plus terribles inondations actuelles.

Ce déluge, avec lequel paraît avoir coïncidé le surgissement des Andes, a disséminé à la surface du globe de nombreux et d'immenses dépôts de cailloux roulés. On leur a donné le nom de dépôts diluviens ou de *diluvium*, afin de rappeler par là leur origine. La grandeur et la grosseur de ces matériaux annoncent la violence et la puissance de la cause qui les a dispersés. D'autres effets, plus gigantesques encore, semblent dépendre de cette cause, quoiqu'aux yeux de naturalistes habiles le transport des blocs erratiques fort loin de leur origine puisse plutôt être attribué à l'action des glaciers sur les montagnes élevées qu'à celle de l'eau en mouvement.

En considérant la dispersion des blocs erratiques comme un des résultats du déplacement des glaces des hauteurs, les effets diluviens n'en ont pas moins un caractère de grandeur tout particulier. Aussi, à la vue de l'ensemble de ce phénomène ou de la dernière modification que la surface du globe a éprouvée, on se demande quelles causes ont pu lui donner cette universalité.

Parmi celles qu'on lui a assignées, il n'en est pas dont l'action soit plus aisée à comprendre que le surgissement subit des grandes chaînes de montagnes. Un pareil changement de niveau dans une si grande quantité de matière solide a dû faire éprouver un notable changement au niveau des eaux, et par conséquent les distribuer d'une manière fort inégale sur les diverses parties de la terre. Mais les chaînes de montagnes de l'ancien continent, telles que l'Himalaya, les Alpes et les Pyrénées, avaient atteint leur hauteur actuelle lorsque le déluge a exercé ses ravages. Par conséquent leur exhaussement y a été sans effet.

Une chaîne du continent le plus nouveau de l'Amérique paraît avoir été exhaussée presque simultanément avec le dernier grand cataclysme, à en juger par la position des dépôts diluviens qui sont à sa base. L'étendue et la hauteur des Andes qui parcourent du sud au nord toute la longueur du continent américain, en s'élevant d'une manière subite, a dû produire un violent mouvement au milieu des eaux, du sein desquelles elles se sont exhaussées. Par suite de cette action, l'Océan a dû refouler une partie de ses eaux vers l'ancien continent, et y produire des effets d'autant plus terribles que la cause qui les opérait était instantanée.

Si les dépôts diluviens avaient été le résultat d'une irruption marine, ils devraient présenter quelques restes organiques propres à déceler leur origine. Les cailloux roulés qui composent la plus grande partie du diluvium ne devraient pas être semblables par leurs formes à ceux que charrient les eaux courantes. Ils seraient analogues aux galets aplatis plus étendus dans le sens de leur longueur que dans celui de leur largeur, que les mers rejettent sur leurs rivages. Si ces cailloux avaient été entraînés et ballottés par les eaux des mers, ils ne présenteraient point la forme globulaire qui caractérise les galets des dépôts diluviens.

Ces matériaux transportés devraient être beaucoup plus mélangés, c'est-à-dire qu'ils devraient appartenir à toutes les régions. Leur direction ne serait pas non plus bien déterminée ; on ne pourrait pas arriver jusqu'à leur point de départ. On ne trouverait pas la moindre coïncidence entre la nature des roches qui composent les cailloux roulés des dépôts diluviens et celles des pays voisins des lieux où ils ont été disséminés. En effet, la distribution des galets du diluvium diffère souvent dans des localités assez rapprochées les unes des autres, et dans ces variations il existe un rapport entre eux et les roches des montagnes les moins éloignées.

Dès lors, quoique les cataclysmes qui ont ravagé la surface du globe aient agi d'une manière générale, ils n'en ont pas moins produit des effets analogues à ceux des inondations partielles exercées par des eaux courantes. Ces particularités se font remarquer dans les dépôts diluviens du midi de la France ; ceux-ci varient pour ainsi dire à chaque pas, et se montrent à peu près constamment en rapport avec la nature des roches des localités environnantes. Lorsque ces dépôts ne présentent pas une pareille harmonie, on peut remonter jusqu'à leur origine et reconnaître leur point de départ.

Les blocs erratiques, dont les roches n'ont rien de commun avec celles des pays où ils sont disséminés, mais dont la direction est assez bien déterminée, permettent d'arriver jusqu'aux contrées d'où ils sont partis. Mais rien dans les limons qui les accompagnent ni dans ceux des dépôts diluviens proprement dits, n'indique l'action des eaux salées dans leur transport et leur dispersion.

Le diluvium n'a donc pas été disséminé sur la surface de la terre par une irruption marine, mais par l'action des eaux douces fortement agitées. Dès lors, le surgissement de la Cordilière des Andes, quoiqu'il ait dérangé le niveau des mers, n'a pas dû produire un grand effet sur des inondations du genre de celles des anciens cataclysmes, puisqu'elles ont été opérées par des eaux dont le cours devait être très-impétueux.

Il faut donc chercher l'explication de ce phénomène dans une tout autre cause. **Parmi celles qui peuvent avoir produit les déluges sur l'existence et la réalité desquels toutes les nations** sont d'accord, il n'en est pas de plus naturelle que l'excès d'eau qui se trouvait dans l'atmosphère des temps géologiques. Cette surabondance de vapeur aqueuse a dû se précipiter par suite de l'abaissement de la température que tant de faits établissent. Seulement cet affaiblissement, comme la plupart des phénomènes du globe, ne semble pas avoir été instantané. Il s'est opéré, au contraire, avec une certaine lenteur. Il est possible cependant qu'à l'époque où la terre a été ravagée par les déluges, la température soit arrivée à ce terme, au delà duquel des masses d'eau considérables ne pouvaient plus rester à l'état de vapeur dans le bassin atmosphérique.

Ainsi, quoique l'affaiblissement de la chaleur du globe se soit effectué par degrés, la précipitation de la vapeur d'eau peut avoir eu lieu d'une manière prompte et rapide; car sa dissolution dans l'air dépend essentiellement de la température. On peut concevoir dès lors la grandeur de ces anciennes inondations, et même présumer, d'après la proportion de vapeur vésiculaire disséminée dans l'atmosphère, que de pareils cataclysmes sont désormais à peu près impossibles.

Pour s'en assurer, il suffit de déterminer la vapeur d'eau disséminée dans l'air atmosphérique, quantité plus considérable sous les tropiques que dans les régions tempérées. En effet, elle compose environ les 30 millièmes de la portion de l'atmosphère qui la contient dans les premières de ces régions, et environ les 16 ou les 17 millièmes dans les dernières. Si donc cette vapeur venait à se précipiter en entier dans le même moment, elle produirait sur la surface du globe une lame d'eau de 9 à 10 centimètres d'épaisseur. Il faut bien observer que cette moyenne a été déduite d'après la supposition que la vapeur d'eau compose dans nos climats les 9 millièmes de l'air atmosphérique.

Lors même qu'on la porterait au double, l'épaisseur de cette couche d'eau serait beaucoup trop faible pour produire des déluges analogues au dernier cataclysme dont les faits physiques nous attestent la grandeur et la violence.

La quantité d'eau plus considérable de l'atmosphère des temps géologiques, comparée à celle que l'on y découvre maintenant, est démontrée par un assez grand nombre de faits. D'abord, l'étendue des mers était plus considérable, et le nombre des lacs était aussi pour lors plus grand. Par conséquent, les eaux liquides étaient en excès et la chaleur en même temps plus forte; l'atmosphère devait tenir en dissolution plus de vapeur d'eau.

La végétation des temps, qui offrait des circonstances aussi favorables à son développement, a acquis une vigueur qui n'a pas été surpassée depuis lors. Les animaux aquatiques sont également parvenus à des dimensions supérieures à celles des espèces actuelles. Les pluies des temps géologiques, qui ont laissé sur les roches de l'ancien monde des traces de leur présence, nous disent assez la grandeur de leurs effets. La violence des pluies des tropiques nous en donne à peine une idée. Les empreintes qu'elles ont laissées sur les roches de l'ancien monde, comparées à celles que produisent sur le sol les grandes pluies tropicales, n'ont pas présenté la moindre différence, si ce n'est que les premières ont été opérées par la chute de plus grandes masses d'eau.

Ces faits nous indiquent quelles causes ont pu produire les violentes inondations des temps géologiques et surtout le déluge qui les a surpassées en grandeur et en généralité. Ils nous font concevoir pourquoi l'arc-en-ciel ne s'est manifesté qu'après ce grand événement physique. Des raisons du même genre empêchent ce phénomène de présenter ces brillantes couleurs au milieu des régions tropicales, où les pluies sont aussi abondantes que violentes. Ces faits nous apprennent enfin que, comme les autres phénomènes perturbateurs, des inondations pareilles à celles du dernier déluge sont désormais impossibles.

La science bien interrogée tient donc le même langage que celui dont les paroles ne sauraient nous tromper : *Tant que la terre durera, la semence et la moisson, le froid et le chaud, l'été et l'hiver, la nuit et le jour ne cesseront point de se suivre et de se succéder.*

Note 57, page 347.

On trouve une confirmation de ce que nous venons d'avancer dans la marche de l'évaporation qui détermine la proportion de vapeur aqueuse disséminée dans l'atmosphère. Si le retour de l'eau sur la terre dépend de cette cause, il est évident que si l'évaporation se maintient ici-bas dans des limites qu'on ne lui voit jamais dépasser, les pluies doivent être dans un état particulier d'équilibre. L'observation et l'expérience nous apprennent en effet qu'elles sont proportionnées à la quantité d'eau qui se vaporise.

Cette quantité est égale dans le cours d'une année à une lame d'eau d'environ un mètre d'épaisseur. Ce rapport est sans doute variable, puisqu'il dépend de la température de la pression, et du degré de siccité de l'atmosphère et de son agitation. Mais, comme les variations de ces différents effets sont extrêmement limitées, la proportion que nous avons fixée à la masse d'eau qui s'évapore en un an est une moyenne assez rapprochée de la vérité.

Ce nombre prouve combien est restreinte l'évaporation de l'eau dont l'étendue est cependant si considérable à la surface du globe ; aussi est-elle moindre dans les couches liquides du bassin des mers, qu'elle ne l'est sur les masses d'eau répandues sur les continents, les premières s'échauffant beaucoup moins que les secondes.

La petite élévation à laquelle parviennent les nuages, moins grande, à ce qu'il paraît, dans les atmosphères océaniques que dans les atmos-phères continentales, est encore une preuve de la petite quantité d'eau qui entretient celle qui retourne sur la terre en forme de pluie.

Nous savons peu de chose sur la hauteur ordinaire des nuages, qui se forment au sein des atmosphères continentales et loin des montagnes. Cependant M. Gay-Lussac parvenu dans son voyage aérostatique, à une hauteur de 1,800 mètres, vit des nuages aussi élevés au-dessus de lui, que les nuages ordinaires le paraissent au-dessus de la terre. Ainsi les derniers nuages dépasseraient peu dans nos climats, 3,600 mètres. Mais en terme moyen on n'en découvre presque pas au-dessus de 2,800 ou 2,900 mè-tres. Les nuages atteignent rarement la cime du Mont-Blanc ; ils ar-rivent rarement auprès des approches de cette montagne ou sur cette montagne à 5,000 mètres ; ils se maintiennent assez constamment à 1,800 mètres au plus d'élévation.

Leur hauteur est cependant plus considérable dans les régions équa-toriales. M. de Humboldt a fixé pour dernière limite aux nuages les plus légers, nommés moutons à raison de leurs formes et de leur blancheur, 7,796 mètres. Mais ils parviennent peu à un pareil niveau ; on peut fixer leur plus grande élévation, en terme moyen, à 3,500 mètres ou 4,500 mètres au plus.

Or, comme la hauteur totale de l'atmosphère est de 100,000 mètres, les phénomènes atmosphériques relatifs à la vapeur d'eau, se passe-raient dans une épaisseur de couches d'air qui n'en serait que la ving-tième partie dans les climats tempérés, et environ la quinzième partie de sa hauteur totale dans la chaîne des Andes. Ainsi la zone atmos-phérique dans laquelle la vapeur d'eau est disséminée en quantité assez sensible, pour y produire des nuages ou ces amas de brouillards épais suspendus à diverses hauteurs dans l'air, est loin d'être fort étendue ainsi qu'on serait tenté de le supposer.

Cette zone est plus restreinte, lorsqu'on porte son attention sur la hauteur moyenne des nuages répandus dans les atmosphères océani-ques. La détermination de ces dernières hauteurs obtenues pendant la campagne de *la Vénus* est tout ce que nous en savons. Le résultat moyen qu'elles ont donné aux officiers de cette frégate relativement aux nuages qui se forment dans la région des vents alizés, tant dans l'Océan

Atlantique qu'au milieu de la mer du Sud, s'est toujours trouvé compris entre 900 et 1,400 mètres. La limite extrême de 1,400 mètres a été observée le 20 février 1838 par 13°,0″ de latitude australe, et 109°,3′ de longitude occidentale.

Ainsi, en prenant une moyenne entre ces deux nombres, la plus grande élévation que les nuages atteindraient au-dessus de l'Océan ne serait guère que la centième partie de l'atmosphère. Leur hauteur est donc inférieure à celle des nuages des atmosphères continentales.

Note 58, page 347.

Outre les eaux liquides de la surface du globe, on en découvre dans l'intérieur de la terre. Les faits les plus positifs démontrent l'existence des eaux souterraines ou intérieures ; car partout où l'on creuse, on découvre de l'eau liquide, du moins à une certaine profondeur.

Ces eaux souterraines sont de deux ordres : 1° les profondes ou constantes ; 2° les superficielles ou accidentelles. Les dernières, les plus rapprochées de la surface, semblent être alimentées par les pluies et les infiltrations. Aussi ne sont-elles jamais pérennes, et les masses d'eaux qu'elles déversent au dehors sont aussi variables que la cause qui les produit. Les premières, ou les profondes, paraissent plus indépendantes des causes extérieures et dépendre de bassins intérieurs plus ou moins considérables ; par cela même, elles ne tarissent jamais et fournissent les plus grandes quantités d'eau.

Les sources fournies et alimentées par ces eaux profondes proviennent probablement des rivières et des lacs qui se trouvent dans l'intérieur de la terre en nombre tout au moins égal à celui des masses d'eaux courantes et stagnantes. Aussi, lorsqu'on s'enfonce profondément, on découvre de nombreuses rivières souterraines. On peut citer celle qui a été reconnue auprès des mines de houille du Vigan, et de plomb de Bleny-Nant, près de Mold, dans le Flintshire en Angleterre. Cette rivière alimente la célèbre fontaine de Saint-Vinifred-Well à Holywell, éloignée de douze milles de la mine de plomb de Bleny-Nant.

Les puits artésiens, qui donnent des masses d'eau assez considérables pour former dès leur sortie des torrents ou même de véritables rivières, sont encore une preuve frappante de l'existence des fleuves souterrains ; peut-être sont-elles le résidu des eaux qui ont tenu en dissolution ou en suspension les terrains de sédiment. L'existence des eaux courantes et stagnantes intérieures peut expliquer ce qu'est devenu l'excès d'eau qui se trouvait dans les temps géologiques à la surface du globe ; l'épaisseur des dépôts sédimentaires nous démontre assez la grandeur et la puissance de ces eaux aujourd'hui refoulées dans le sein du globe.

D'autres faits confirment la réalité de ces cours d'eau intérieurs. Ainsi M. Fodéré, en étudiant les causes naturelles des inondations extraordinaires de 1824 dans les pays arrosés par le Rhin, surtout aux environs de Strasbourg, et qui eurent lieu dans une partie de la France, en Hollande et en Russie, s'est convaincu qu'elles ne pouvaient pas être l'effet des pluies, puisque ces inondations les avaient précédées. Elles paraissent, d'après lui, avoir été le résultat d'une série de secousses de tremblements de terre manifestées depuis 1820. Ces commotions furent assez fortes pour opérer des affaissements de terrains et enfin la destruction de quelques édifices comme ceux des villes de Chiras et de Kaisoul.

Ces phénomènes supposent des vides dans l'intérieur du globe ; les liquides souterrains s'en échappent par l'effet des contractions des couches terrestres, et ils se déversent au dehors en nappes souvent assez abondantes pour former des torrents ou même de véritables rivières.

L'existence des eaux souterraines, dont les réservoirs sont si étendus que leur masse est à peu près indépendante des eaux pluviales, coïncide d'une manière parfaite avec les lacs des grandes élévations, qui ne reçoivent aucun affluent et conservent néanmoins leur niveau. Évidemment les pluies ne peuvent pas les entretenir dans un état d'équilibre constant ; l'eau qu'elles y déversent étant insuffisante, ces réservoirs doivent la constance de leurs niveaux à la cause première qui les a formés. Cette cause est en effet indépendante des affluents ; elle paraît avoir opéré ces amas d'eau intérieurs, dont les observations récentes nous ont fait connaître l'importance et la grandeur.

Les eaux courantes ou stagnantes souterraines sont tout à fait indépendantes des pluies ; en effet, leur abondance croît avec la profondeur, comme leur température. Il en serait différemment si elles dépendaient de cette cause. On assure qu'il en est ainsi, même sous les tropiques. Les pluies y sont cependant si considérables, qu'elles ont exigé une végétation toute particulière pour en atténuer les effets. Elles tombent sur le sol avec une force si prodigieuse, que, sans les feuilles larges et épaisses des plantes équatoriales, l'humus en aurait bientôt disparu ; le sol ainsi dénudé n'aurait bientôt plus été propre à la végétation. Mais, si d'aussi grandes masses d'eau que celles qui tombent dans les contrées tropicales ne font pas varier d'une manière sensible les sources intérieures, leur abondance doit être extrême, quelque étendu et quelque rapide que puisse en être le cours. Ainsi s'explique l'équilibre dans lequel se maintiennent les eaux souterraines, dont la constance est d'autant plus frappante qu'on les examine dans les couches les plus profondes de la terre.

Note 59, page 349.

Il n'existe presque plus de contrée où l'homme n'ait porté ses pas. Des voyages ont été exécutés récemment dans les régions les plus reculées. On peut encore s'en assurer en considérant le nombre des hommes qui peuplent aujourd'hui la surface de la terre. Sans doute, ce nombre ne nous est point connu avec une grande exactitude ; mais le chiffre qui le représente peut nous donner une idée de la population du globe. Ce chiffre en porte le total à plus de sept cent millions, répartis de la manière suivante :

	Population.	Habitants par lieue carrée de 25 au degré.
Europe.	227,700,000.	472.
Asie.	390,000,000.	184.
Afrique.	60,000,000.	40.
Amérique.	39,000,000.	20.
Océanie (en y comprenant les îles de la Sonde).	20,000,000.	37.

La population, plus ou moins nombreuse d'un pays, dépend moins de son climat et de son étendue que de la civilisation de ses habitants. Dans l'empire britannique, on compte 1,480 habitants par lieue carrée ; dans la France, 1,200 pour la même étendue. La Prusse n'en a que 895, et la Russie en offre à peine pour la même superficie 202. Dans les possessions asiatiques de cette dernière puissance, il n'existe guère plus de 46 habitants par dix lieues carrées ; dans la Nouvelle-Hollande orientale, on n'évalue leur nombre qu'à environ 23 par cent lieues carrées, c'est-à-dire pour un espace qui en France serait peuplé par près de 120,000 âmes.

FIN.

ERRATA.

Page 88, ligne 1re, *lisez :* cette résistance a occasionné une avance de trois heures ; *au lieu de :* cette résistance a occasionné un retard.

Page 88, ligne 6, *lisez :* elles lui annoncèrent une avance ; *au lieu de :* elles lui annoncèrent un retard.

Page 89, ligne 17, *lisez :* d'une matière nébuleuse ; *au lieu de :* d'une matière éthérée.

Page 95, ligne 15, *lisez :* et par suite accélérées ; *au lieu de :* et par suite retardées.

Page 187, ligne 5, *lisez :* l'avance de trois heures ; *au lieu de :* le retard de trois heures.

Page 187, ligne 12, *lisez :* l'existence de la matière nébuleuse ; *au lieu de :* l'existence de la matière éthérée.

Page 187, ligne 15, *lisez :* ainsi, puisque la matière nébuleuse ; *au lieu de :* ainsi, puisque l'éther.

Page 187, ligne 19, *lisez :* mais si la matière nébuleuse ; *au lieu de :* mais si l'éther, etc.

Page 187, ligne 25, *lisez :* continue de la matière nébuleuse ; *au lieu de :* continue de l'éther.

Page 187, ligne 25, *lisez :* nous voyons cette matière nébuleuse ; *au lieu de :* nous voyons cet éther, etc.

Page 271, ligne 4, *lisez :* elle les a solidifiées ; *au lieu de :* elle les a cocréées.